普通高等教育"十一五"国家级规划教材
中国气象局 南京信息工程大学共建项目资助精品教材

微气象学基础

胡继超 申双和 孙卫国
毛留喜 王桂玲 　　编著

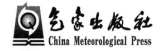

气象出版社
China Meteorological Press

内容简介

本书参阅了近20多年来有关的教科书、研究论文的成果,并结合多年的教学经验编写而成,所阐述的主要内容包括下垫面的辐射传输与能量平衡、土壤热量传输及温湿度变化、近地层的湍流交换、植被微气象和城市微气象等方面。编书过程中,力求对涉及的基本概念、规律、方法等基础知识做到深入浅出的阐述,并融入近年来的关注热点和研究成果,达到可读性、学术性和应用性的统一。

本书不仅适用于应用气象学、气候学等专业本科生的教材用书,亦对大气科学、生态、环境、农学、林学、地学等领域的科技工作者具有重要参考价值。

图书在版编目(CIP)数据

微气象学基础/胡继超等编著.
—北京:气象出版社,2014.12
ISBN 978-7-5029-5805-3

Ⅰ.①微⋯　Ⅱ.①胡⋯　Ⅲ.①微气象学—文集
Ⅳ.①P4−53

中国版本图书馆 CIP 数据核字(2014)第 300272 号

出版发行:气象出版社

地　　址:北京市海淀区中关村南大街 46 号	邮政编码:100081
总 编 室:010-68407112	发 行 部:010-68409198
网　　址:http://www.qxcbs.com	E-mail:qxcbs@cma.gov.cn
责任编辑:杨泽彬	终　　审:周诗健
封面设计:燕　彤	责任技编:吴庭芳
印　　刷:北京京科印刷有限公司	
开　　本:710 mm×1000 mm　1/16	印　　张:17.25
字　　数:350 千字	
版　　次:2014 年 12 月第 1 版	印　　次:2014 年 12 月第 1 次印刷
印　　数:1~2000	定　　价:42.00 元

本书如存在文字不清、漏印以及缺页、倒页、脱页等,请与本社发行部联系调换

前　　言

本教材为普通高等教育"十一五"国家级规划教材和中国气象局局校合作精品教材。

现实世界中,对人与生物影响最大、关系最密切的是微气象条件。微气象学理论在国民经济建设的各个领域和生产活动中都有重要的理论和应用价值,在农业、林业、畜牧业以及城市规划、环境保护、全球变化研究等方面尤为突出。微气象学是应用气象学专业的主干课程,因此,学习和掌握该学科的基础知识是非常必要的。

本教材是在南京信息工程大学多年的课程教学教案基础上写成的。第1章由申双和编写、第2章由孙卫国编写、第3～6章由胡继超编写、第7章由王桂玲编写。全书由胡继超统校。

编写好一本深入浅出的教材不是件容易的事情,既需要介绍适当深度的相关理论知识,又需要紧密联系实践应用,目的在于不仅使本教材能作为应用气象本科生的教材,还能供气象、生态、环境、农学等领域的科技工作者参考。为此,本书的编写者收集和阅读了国内外大量相关书刊资料,并多次修改原稿,故本书的成稿倾注了编写者大量的心血。在本书付梓之际,编者要深深感谢储长树先生为本书编写提供了多年的教学讲稿和相关材料,书中内容凝聚储先生多年教学经验的结晶;南京大学傅抱璞先生审阅了本书的编写大纲,并提出宝贵建议,在此表示衷心感谢。

同样,本书的出版也得到南京信息工程大学和中国气象局领导和同行的关心和支持,也得到了气象出版社的鼎力相助,在此,编者深表感谢!

由于编者水平限制,教材中难免存在不妥或值得商榷之处,敬请读者和有关专家不吝指正,欢迎积极交流讨论,以便于再版修正。

编　者
2014 年 3 月

目　录

第1章

绪 论

随着大气科学的发展,大气运动过程中微小尺度相互作用物理过程的系统性研究显得日益重要,尤其是发生在贴地气层中物理现象的研究。与自由大气相比,发生在近地气层或贴地气层的微气象物理过程有自身显著的特征,这就产生了一个分支学科——微气象学。

1.1 微气象学的概念

微气象学是研究发生在大气边界层下层及其下部土壤-植被-大气作用层中的微尺度、小尺度或局地尺度的大气现象、过程与变化规律的学科。在大气边界层下层,大气与地球表面具有显著的动量、质量及能量交换等相互作用,且因下垫面的非均一性,其观测特征如温度、湿度、速度及密度具有较大的时空变异性,从而对人类活动及生物的生存、繁衍产生影响。Stull 认为微气象学研究的是近地层中空间尺度小于 3 km、时间尺度小于 1 h 的微尺度的大气湍流现象和过程[1]。Glickman 定义微气象学是探讨大气边界层底层的空间尺度小于 1 km、时间尺度小于1 d的大气现象和过程的大气科学分支学科[2]。

从生活中,我们可得到这样的经验或常识,如:在天气晴朗的日子里,白天风大,晚上风小;朝南的房间冬暖夏凉,而朝北的房间冬冷夏热;城市热岛效应、沙漠绿洲效应;稻田灌水形成的微气象效应可防御高温、低温灾害;等等,还可列出很多类似的、人们能经常碰到的例子,这些都是一些什么样的现象和问题,它们是怎样形成的,机制是什么,这就是本书要着力阐述的内容,即近地气层或贴地层的微气象物理过程与变化规律,包括辐射收支平衡、能量平衡、湍流物理机制、不同下垫面条件下微气象要素的分布与变化规律,以及水汽、CO_2等物质通量变化规律等内容,并且侧重于农业或植被的微气象方面,对于大气边界层中上层的内容请参考相关的其他书籍。

由于微气象学紧密联系着大气边界层及下部其地表状况,故以下就微气象学所涉及的有关概念作简要介绍。

下垫面:又称作用面、活动面,指凡能借辐射方式吸收和放出热量从而使邻近空气层、土层的温度和湿度发生变化的表面。自然界许多暴露的表面,如地面、水面、冰雪表面、植被表面、植物的叶片表面等,这些表面既不断吸收外来辐射(包括太阳短波辐射、大气长波辐射),同时又不断向外放射辐射。下垫面类型有起伏地形、水体、冰雪、农田、森林植被、城市等,下垫面特征包括几何形状、粗糙度、颜色、湿润状况等。

由于任何一个自然表面,对辐射的吸收和放射不仅仅是在二维的几何表面上进行,而是要涉及一定的厚度层,该厚度层的厚度取决于表面的性质和辐射的波长。例如,对土壤表面来讲,短波辐射到达土壤表面时,只能穿过表面几毫米深度,即被全部吸收掉了,因此,土壤表面对太阳短波辐射是一个不透过面,而长波辐射可穿透几厘米土层。对水体表面来讲,短波辐射可穿过几米或几十米的深度,而长波辐射只能穿过十分之一毫米就被吸收掉了。因此,人们又把某介质能全部吸收辐射的厚度层叫做作用层或活动层,农田植被层就是典型的作用层或活动层。

下垫面条件及其构造特征从动力和热力两方面影响决定微气象要素的差异。正是由于下垫面的构造特性不同,导致对辐射吸收和放射能力的差异,从而引起下垫面的热状况、蒸发等过程的不同,于是就形成了不同的微气象条件或特征。如农田微气象、地形微气象等。在近地层的物理过程中,由于太阳辐射是最主要的能量来源,各种物理属性的输送和交换直接影响气象要素的垂直变化和水平分布,从而影响局地微气象的形成。所以,通过对不同下垫面辐射收支状况及动量、热量、水汽等物理属性的湍流输送和交换过程的观测和分析,可以了解和探知其辐射平衡、热量平衡、水量平衡以及近地层气象要素的廓线特征和分布规律。

大气边界层:也称为行星边界层,是指在下垫面影响下湍流化了的大气层,是介于地面的扰动气流与自由大气中无摩擦气流之间的过渡气层。在大气边界层中,湍流摩擦应力与气压梯度力、地转偏向力等有相同的数量级;大气边界层厚度大约由地面到 $1\sim2$ km 高度,与其上层(远离地面的靠近自由大气部分)的气流速度、铅直方向上的大气稳定度、下垫面不平坦性的尺度及形状有关;通常,白天由于地表受太阳辐射加热,厚度高;晚上,地表冷却降温比大气快,厚度降低。大气边界层下部的厚度约为其 10% 的气层称为近地层或普朗特(Prandtl)层。在层结不稳定时,厚度为从地面向上高度为大约 $20\sim50$ m 的气层,在稳定层结状况下厚度仅几米。该层内假设通量随高度不变化,又称为常通量层,在该层,通常把气压梯度力当作不变的发动力,而地转偏向力很小,可以不予考虑。近地层以上到动力边界层顶 1～1.5 km 高度的气层,称为上部摩擦层,又叫埃克曼层(Ekman layer),该层受下垫面的阻曳作用已很小,地转偏向力和气压梯度力的作用较大,风向随高度增加而发生向右偏转,逐渐接近梯度风方向。

　　由于湍流传输是分子扩散效率的 10^5 倍,加上常通量假设,所以,近地层的大气物理属性垂直梯度很大。按照莫宁一奥布霍夫相似理论,距地约 1 m 厚度的气层不受大气稳定的影响,即这一气层一直接近中性层结状态。

　　我们将大气边界层可按表 1-1 划分:

表 1-1　大气边界层结构划分[3]

高度(m)	名称		交换性质		稳定度
1000～1500	上层(Ekman 层)		湍流交换	非定常	受稳定度影响
50～100	湍流层			常通量层	
1	动力下垫面层	近地层 (Prandtl 层)			
0.01	黏性下垫面层		分子扩散/ 湍流交换		不受稳定度影响(近中性)
0.001	层流边界副层		分子扩散		

　　大气边界层结构如下图:

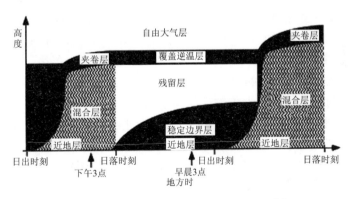

图 1-1　大气边界层结构的日循环示意图[1]

1.2　微气象学的发展历程

微气象学的研究可追溯到 19 世纪末，Reynolds 于 1894 年定义了湍流过程的平均，描述了湍流能量方程[4]。更进一步的发展是 Taylor 与 Prandtl 提出了混合长方法[5,6]及 Richardson 考虑了浮力的效应[7]。微气象的术语是 Schmidt 于 1925 年研究能量与物质交换过程中如何计算湍流交换系数时在维尔纳提出的[8]。1927 年，Geiger 总结了微气象的研究工作，出版了《近地层气候》一书。Albrecht 在波茨坦开展了湍流交换过程方面的试验和气候应用研究工作[9]。Lettau 于 1939 年在里斯本开展了大气边界层观测研究工作，并于第二次世界大战后在美国一直延续进行[10]。随着第二次世界大战的结束，由德国科学家在微气象领域主导 20 多年的时代也结束了，但湍流交换系数一直沿用至今。

微气象领域现代湍流的研究源于 20 世纪 40 年代的俄国。继 Kármán 和 Howardt 及 Taylor 提出各向同性湍流和湍谱的研究之后，Kolmogorov 于 1941 年给出了湍谱理论的推导。1943 年，Obukhov 发现了与所有近地层湍流过程相关联的尺度参数。1954 年，Monin 和 Obukhov 应用相似理论创立了交换过程中以稳定度为依变量的判据[11]。同时期，提出了湍流通量的直接测定方法——涡度相关法[12,13]，在超声风速仪开发出来后，该方法才真正在实际观测应用中建立起来，Schotland 给出了该方法的基本方程[14]。紧随超声风速仪的发展[15]，1 m 路径长的超声风速仪于 1953 年应用在 O'Neill 试验观测中。目前普遍使用的声速风速仪为 Bovscheverov 和 Voronov[16]首先设计，其后由 Kaimal & Businger[17]及 Mitsuta[18]改进的。声速风速仪由最初依据发送与接收信号之间的相位差原理设计，后来改进为测定信号沿着发送与接收两个方向路径上传输的时间差，80 年代后，改进为直接测定时间[19]。在 Sheppard 早期研究的基础上，Bradley 在澳大利亚使用了拖曳盘直接测定表面应力[20]，Dyer 等使用高灵敏传感器测定了感热和潜热通量[21]。近 20 年来，随着全球通量观测发展，测定 CO_2 和 CH_4 脉动量变化的高精度传感器也相继走向应用，促进了应用涡度相关技术对碳通量的监测。上述这些研究为其后的湍流交换试验观测奠定了基础，如著名的 Wangara 试验（1967 年，澳大利亚）和 Kansas（堪萨斯）试验（1968 年，美国），它们主要用来检验和测试 Monin-Obukhov 相似理论。Kansas 试验是普适函数公式和湍流能量方程形成的基础[22-24]。Haugen 在 1973 年出版了低层大气和地面之间湍流交换的重要书籍《微气象学》[25]。

在 20 世纪 80 年代，面对 Kansas 试验设计存在缺陷的质疑，重复开展了对微气象基础问题的试验研究，Högström 修正了普适函数[26]。在 80 年代后期，也开展了许多非均一下垫面的微气象试验观测,如美国的 FIFE[27]、法国的 HAPEX[28]、俄罗斯 KUREX[29],为后来更进一步的微气象观测试验研究奠定了基础。

自 90 年代以来,微气象发展的突出表现是,边界层地基遥感新手段(如光雷达和云雷达等)的兴起和基于微气象方法的全球地表通量观测网不断壮大,大涡模拟(LES)架起了边界层理论与试验观测的桥梁,使边界层参数化研究进一步深入,城市微气象观测和模拟的研究日益受到重视。自 1992 年以来,国外在大气湍流和微气象学方面出版了不少书籍[3,30-34]。

国内在湍流理论研究方面,1940 年周培源提出的湍流应力方程模式理论,是第一个对脉动方程提出求解办法的学者[35],苏从先于 1959 年研究报道了大气层结对近地层湍流交换的影响函数[36],周秀骥于 1977 年提出了湍流分子动力学理论[37],周明煜于 1981 年分析声雷达的连续探测资料认为边界层大气存在着密度不均匀的气块[38],这种气块的存在,对于波的传输、物理量(如动量、水汽热量等)的输送、污染物的扩散以及湍流化学等问题都会产生一定的影响。随后的 90 年代,胡隐樵等[39]根据"黑河试验"试验观测资料,研究了临近绿洲的荒漠大气,分析了绿洲与荒漠相互作用下热力内边界层的特征,并且以野外试验验证了局地相似性理论,给出了各种局地相似理论间的关系。王介民等从 80 年代后期开始相继开展了"中日黑河陆气相互作用外场观测实验"(HEIFE,1989-1993)、"内蒙古干旱草原土壤-植被-大气相互作用"(IMGRASS)"亚洲季风试验-青藏高原、淮河试验"(GAME-Tibet,HUBEX)、"第二次青藏高原科学试验"(TIPEX)等有影响的陆气相互作用试验观测[40]。2000 年以来,以涡度相关系统为主要组成的中国水热、碳通量观测网络不断发展。由于我国是多山地和丘陵国家,20 世纪 50—60 年代进行了局地微气候规律的考察研究,对山地气候、地表辐射分布与变化进行了深入的研究。80 年代以来,随着对大气污染治理重视和城市化的发展,推动了城市微气象的研究与应用。从 80 年代以来,我国先后出版了不少微气象或微气候方面的书籍[41-45]。

1.3 微气象学的研究方法

1. 观测试验研究

在局地小范围内,影响微气象的因素众多,因而微气象要素的分布及其变化十分复杂,仅用气象台站常规的气象观测资料不能满足需要,所以传统的研究方法是组织考察、实地加密观测、获取资料分析研究,不断发现新的观测事实或验证已有成果,从中归纳出分布规律,并提出各种理论假设。目前,随着传感器和数据采集技术的进步,自动气象观测技术的迅猛发展,为野外观测试验提供了极大的方便。

2. 数值模拟研究

数值模拟研究就是用系统的观点,从近地层大气物理系统所遵循的基本物理定律(质量守恒律、大气运动规律、能量守恒律)出发,根据下垫面特征,给出适当的边值条件和模式参数值,来研究某个下垫面的温度、湿度、风速等的分布和变化规律。由于数学上解析求解困难,故多数运用求微分方程的数值解来模拟微气象特征。计算机技术的飞速发展与应用为该方法带来广阔的前景。

3. 观测试验与数值模拟相结合的研究

上述二种研究方法各有长处,也各有局限性,二者结合是微气象研究更合理、更有效的方法,一般用试验观测资料验证数值模拟结果,或者通过观测试验确定数值模拟模式参数。

4. 模型试验研究

通过人造模型进行风洞试验来探索某些微气象规律属于模型试验研究方法,这方面的试验越来越多。例如沈阳应用生态研究所应用防护林带的模型进行风洞试验。因为用观测试验研究方法只能比较现有林带的优劣,且难以找出林带的最优结构,而影响林带小气候条件因子很多,有些因子又是随机出现的,数值模拟试验难以预先控制,各种参数也给分析单因子带来困难,故采用缩小的林带模型,进行风洞模型试验,然后将试验结果换算到原型林带。另外,国外对叶片边界层微气象的研究,大多采用模型试验。

参考文献

[1] Stull R B. An Introduction to Boundary Layer Meteorology. Kluwer Acad. Pub. ,Dordrecht, Boston,London,1988.

[2] Glickman T S. Glossary of Meteorology. 2nd ed. Boston:Am. Meteorol. Soc. ,2000.

[3] Foken T. Micrometeorology. Berlin:Springer,2008.

[4] Reynolds O. On the dynamical theory of turbulent incompressible viscous fluids and the determination of the criterion. London:Phil. Trans. R. Soc. ,1894,**186**:123-161.

[5] Taylor G I. Eddy motion in the atmosphere. London:Phil. Trans. R. Soc. ,1915,**215**:1-26.

[6] Prandtl L. Bericht über Untersuchungen zur ausgebildeten Turbulenz. *Zangew Math. Mech.* , 1925,**5**:136-139.

[7] Richardson L F. The supply of energy from and to atmospheric eddies. *Proceedings Royal Soci-*

ety,1920,**97**:354-373.

[8] Schmidt W. Der Massenaustausch in freier Luft und verwandte Erscheinungen. Hamburg:Henri Grand Verlag,1925.

[9] Albrecht F. Untersuchungen über den Wärmehaushalt der Erdoberfläche in verschiedenen Klimagebieten. Reichsamt Wetterdienst,Wiss Abh Bd. VIII,1940,Nr. **2**:1-82.

[10] Lettau H. Atmosphärische Turbulenz. Leipzig:Akad. Verlagsges. ,1939.

[11] Monin A S,Obukhov A M. Basic laws of turbulent mixing in the atmosphere near the ground. *Trudy geofiz inst. AN SSSR*. 1954,**24** (151):163-187.

[12] Montgomery R B. Vertical eddy flux of heat in the atmosphere. *J. Meteorol.* ,1948,**5**:265-274.

[13] Swinbank W C. The measurement of vertical transfer of heat and water vapor by eddies in the lower atmosphere. *J. Meteorol.* ,1951,**8**:135-145.

[14] Schotland R M. The measurement of wind velocity by sonic waves. *J. Meteorol.* ,1955,**12**:386-390.

[15] Barrett E W,Suomi V E. Preliminary report on temperature measurement by sonic means. *J. Meteorol.* ,1949,**6**:273-276.

[16] Bovscheverov V M,Voronov V P. Akustitscheskii fljuger (Acoustic rotor). *Izv AN SSSR,ser Geofiz*,1960,**6**:882-885.

[17] Kaimal J C,Businger J A. A continuous wave sonic anemometer-thermometer. *J. Climate Appl. Meteorol.* ,1963,**2**:156-164.

[18] Mitsuta Y. Sonic anemometer-thermometer for general use. *J. Meteorol. Soc.* ,*Japan*,1966, Ser. II,**44**:12-24.

[19] Hanafusa T,Fujitana T,Kobori Y,*et al*. A new type sonic anemometer thermometer for field operation. *Meteorology and Geophysics*,1982,**33**:1-19.

[20] Bradley E F. A micrometeorological study of velocity profiles and surface drag in the region modified by change in surface roughness. *Quart. J. Royal Meteorol. Soc.* ,1968a,**94**:361-379.

[21] Dyer A J,Hicks B B,King K M. The Fluxatron-A revised approach to the measurement of eddy fluxes in the lower atmosphere. *Journal Applied Meteorology*,1967,**6**:408-413.

[22] Businger J A,Wyngaard J C,Izumi Y,*et al*. Flux-profile relationships in the atmospheric surface layer. *J. Atmos. Sci.* ,1971,**28**:181-189.

[23] Businger J A,Yaglom A M. Introduction to Obukhov's paper "Turbulence in an atmosphere with a non-uniform temperature". *Boundary-Layer Meteorol.* ,1971,**2**:3-6.

[24] Wyngaard J C,Coté O R. The budgets of turbulent kinetic energy and temperature variance in the atmospheric surface layer. *J. Atmos. Sci.* ,1971,**28**:190-201.

[25] Haugen D H. Workshop on micrometeorology. Boston:Am. Meteorol. Soc. ,1973.

[26] Högström U. Non-dimensional wind and temperature profiles in the atmospheric surface layer: A re-evaluation. *Boundary-Layer Meteorol.* ,1988,**42**:55-78.

[27] Sellers P J,Hall F G,Asrar G,*et al*. The first ISLSCP field experiment (FIFE). *Bull. Amer.*

Meteorol. Soc. ,1988,**69**:22-27.

[28] André J C,Bougeault P,Goutorbe J P. Regional estimates of heat and evaporation fluxes over non-homogeneous terrain,Examples from the HAPEX-MOBILHY programme. *Boundary-Layer Meteorol.* ,1990,**50**,77-108.

[29] Tsvang L R,Fedorov M M,Kader B A,*et al.* Turbulent exchange over a surface with chess-board-type inhomogeneities. *Boundary-Layer Meteorol.* ,1991,**55**:141-160.

[30] Garratt J R. The Atmospheric Boundary Layer. New York:Cambridge University Press,1992.

[31] Kaimal J C,Finnigan J J. Atmospheric Boundary Layer Flows:Their Structure and Measurement. New York:Oxford University Press,1994.

[32] Arya S P. Introduction to Micrometeorology. 2nd ed. San Diego:Academic Press,2001.

[33] Wyngaard J C. Turbulence in the Atmosphere. New York:Cambridge University Press,2010.

[34] Emeis S. Surface-Based Remote Sensing of the Atmospheric Boundary Layer. New York: Springer,2010.

[35] 周培源. 关于 Reynolds 求似应力方法的推广和湍流的性质. 中国物理学报,1940,(4):1-33.

[36] 苏从先. 关于层结大气中近地层湍流交换的基本规律. 气象学报,1959,**30**(1):114 -118.

[37] 周秀骥. 湍流分子动力学理论. 大气科学,1977,(4):300-305.

[38] 周明煜. 大气边界中湍流场的团块结构. 中国科学,1981,(5):614 622.

[39] 胡隐樵,高由禧. 黑河实验(IIEIFE)—对干旱地区陆面过程的一些新认识. 气象学报,1994,**52**(3):285-296.

[40] 王介民. 陆面过程实验和地气相互作用研究—从 HEIFE 到 IMGRASS 和 GAME-Tibet/ TIPEX. 高原气象,1999,**18**(3):280-294.

[41] 翁笃鸣,陈万隆,沈觉成,等. 小气候和农田小气候. 北京:农业出版社,1981.

[42] 潘守文. 小气候考察理论基础及应用. 北京:气象出版社,1989.

[43] 傅抱璞,翁笃鸣,虞静明,等. 小气候学. 北京:气象出版社,1994.

[44] 周淑贞,束炯. 城市气候学. 北京:气象出版社,1994.

[45] 黄寿波. 农业小气候学. 杭州:浙江大学出版社,2001.

第 2 章

下垫面的辐射收支

下垫面辐射收支状况不同必将导致微气象条件的差异,在研究微气象形成的物理过程时,下垫面辐射状况是需要考虑的首要方面。

2.1 理想下垫面的辐射收支与能量平衡

不同下垫面的物理特征具有差异,导致邻近下垫面的近地气层和土壤上层中出现复杂的能量交换过程,从而对近地面微气象要素的分布和变化产生非常显著的影响。

2.1.1 下垫面的辐射收支方程

由下垫面与大气之间的辐射交换过程可知,对于晴空无云的白天来说,理想下垫面的辐射收入项包括:太阳直接辐射 S、天空散射辐射 D 和大气逆辐射 G;辐射支出项包括:短波反射辐射 R、地面放射辐射 U 和长波反射辐射 R_L。因此,理想下垫面的辐射收支平衡方程可表示为

$$R_n = S + D - R + G - R_L - U \tag{2.1}$$

设下垫面的短波辐射反射率为 A,地表长波净辐射(也称地面有效辐射)为 F;则有

$$R_n = Q(1 - A) - F \tag{2.2}$$

式中,R_n 为净辐射(net radiation),也称为辐射收支差额,Q 为到达下垫面的太阳总辐射。

对于全阴天来说,白天太阳直接辐射 $S = 0$,达到下垫面的短波辐射中只有散射辐射 D,这时下垫面的短波辐射反射率 A 只是下垫面对天空散射辐射的反射,故有

$$R_n = D - R - F \tag{2.3}$$

夜间,来自太阳的总辐射 $Q = 0$;对于无云的晴天来说,有

$$R_n = -F \tag{2.4}$$

当天空为云层完全遮蔽时,上式同样成立;只是阴天时地表净辐射通量与晴天时的数值略有不同。

地表辐射收支方程反映了下垫面上辐射能量的收入和支出状况,地表净辐射量的大小表示下垫面能量的盈余或亏缺多少,它在很大程度上决定了近地气层和土壤上层的温度分布,所以地表净辐射是一个十分重要的微气象条件形成因子。地表辐射收支状况对于研究地面与其下层土壤中的热量交换、地面与其上层大气之间的热量交换、蒸发和冰雪消融等微气象学问题以及气团的形成和变性、辐射霜冻和辐射雾、低温预报等天气学问题都有很重要的意义。

2.1.2 下垫面的能量平衡

根据能量守恒原理,对于整个地球行星系统多年平均而言,地气系统收入的太阳辐射能与其支出的能量是平衡的,即进入地气系统的太阳辐射能量与地气系统射出的红外辐射能量近似相等,两者平均差额趋于零。但是,下垫面的净辐射在空间分布上存在很大差异,有的地方能量盈余而有的地方能量亏缺;按照所有物理量都有趋向平衡的物理属性,太阳辐射能将转化为热量,热量多余和热量不足的地方就要发生热量的输送和交换,以此来实现能量平衡。通常,把下垫面辐射能量转化为其他形式能量的消耗或补偿之间的平衡,称为下垫面能量平衡。

下垫面净辐射的能量在铅直方向上的再分配主要有两种形式,即通过热量的湍流交换和分子传导作用来维持平衡。其中绝大部分能量转换是依靠地表与其上层空气之间进行的湍流交换过程来完成的,又包括两个方面,一是由近地层空气或水体的运动而带来或带走的热量,称为感热或显热(sensible heat);二是地表水分蒸发或凝结所吸收或释放的热量,称为潜热(latent heat)。净辐射中只有一小部分能量是通过地表与其下层土壤之间进行的分子传导作用实现能量转换的,称为土壤热交换(soil heat conduction)。不考虑平流作用、植被光合作用等能量消耗,在铅直方向上,上述四者能量之和是守恒的,故下垫面的能量平衡方程为:

$$R_n = H + LE + Q_{SF} \tag{2.5}$$

这里,H 为感热通量,LE 为潜热通量,Q_{SF} 为土壤热通量。

当下垫面净辐射 $R_n > 0$ 时,表示下垫面通过辐射交换获得能量,如果没有其他

热量损失或者即使有但比获得的热量少时,则下垫面温度将会升高;当 $R_n < 0$ 时,表示下垫面因辐射交换而失去热量,如果没有其他热量收入或者收入的热量比损失的少时,则下垫面温度就会下降;当 $R_n = 0$ 时,表示下垫面因辐射交换收入和支出的能量相等,如果没有其他热量收支,则下垫面处于热量平衡状态,其温度将不发生变化。但是,这种平衡状态只是短暂的、相对的,在其他因素的影响下,这种平衡很快会被破坏而出于非平衡态。

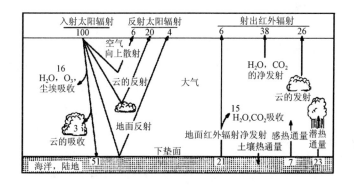

图 2-1　全球年平均能量平衡示意图（图中数值为占入射太阳辐射的百分比）

图 2-1 反映了地气系统全球多年平均能量收支情况,这是根据实际资料计算的结果[2]。就全球平均而言,下垫面吸收辐射约为入射太阳辐射量的 51%,地表通过发射红外辐射、与大气进行感热和潜热交换、与土壤进行热量传导等方式来分配这些能量。其中,地面有效辐射大约为入射太阳辐射量的 21%,因此地表净辐射量仅占入射太阳辐射量的 30% 左右;这部分能量与下垫面释放的蒸发潜热（23%）和向近地气层传输的感热（7%）达成平衡。据估计,如果没有地表与大气之间的潜热和感热交换,下垫面温度将高达 67 ℃（全球平均地表温度观测值为 15 ℃）,大约增高 52 ℃ 左右,近地层中生物将无法生存。土壤热通量的年平均值近似为零,在全球能量平衡中影响较小。

2.2　下垫面上的总辐射

地球大气上界的太阳辐射能量是由太阳相对于地球的天文位置所决定的,称为天文辐射。由于太阳相对于地球的天文位置不同,造成太阳高度和可照条件在时间和空间上的变化,又因为地轴与地球公转轨道之间有一个倾角,所以到达地球表面的太阳辐射量不但存在昼夜和季节变化,而且具有显著的地区差异。

在地球大气上界,当日地处于平均距离时,与太阳光线垂直的平面上的太阳辐射通量,称为太阳常数(solar constant),以 I_0 表示;其变化范围很小,通常取值为 1367 W·m^{-2}。当太阳辐射通过地球大气时,有一部分被大气吸收,有一部分被空气分子和浮游粒子所散射,故到达下垫面地表的太阳辐射能量被削弱,强度远比大气上界小,一般在 1000 W·m^{-2} 左右。

2.2.1 太阳直接辐射

所谓太阳直接辐射,是指来自日面的立体角内投射到垂直于立体角轴的表面上的太阳辐射[3]。如果地球外围没有大气,则到达地表的天文辐射量就是太阳直接辐射量,也是太阳总辐射量;而实际上,太阳辐射经过地球大气时受到了大气的散射和吸收,因此,到达地面的太阳直接辐射量取决于大气上界的天文辐射量和大气透明度系数。

1. 天文辐射

在地球大气上界,垂直于太阳光线平面上的瞬时太阳辐射强度为

$$I' = I_0 \frac{a^2}{\rho^2} \tag{2.6}$$

其中,I_0 为太阳常数,a 为地球绕太阳转动的平均距离,ρ 为瞬时日地距离。

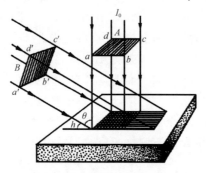

图 2-2 垂直于太阳光线平面和水平面上的太阳辐射

根据布格—朗伯(Bouguer-Lambert)定律[3],水平面上的辐射强度 I 与太阳高度角 h(图 2-2)的正弦或者天顶距 θ 的余弦成正比。即

$$I = I_0 \sin h = I_0 \cos\theta \tag{2.7}$$

则大气上界水平面上的天文辐射强度可表示为:

$$S' = I_0 \frac{1}{\rho^2} \sin h \tag{2.8}$$

　　根据天球坐标系统中的球面三角公式关系,太阳高度角可表示为

$$\sin h = \sin\varphi\sin\delta + \cos\varphi\cos\delta\cos\omega \tag{2.9}$$

该式表明,太阳高度角 h 是地理纬度 φ、太阳赤纬 δ 和时角 ω 的函数。$1/\rho^2$ 称为地球轨道偏心率订正因子(日地距离订正因子),$1/\rho^2 = (D_{r0}/D_r)^2$,$D_{r0}$ 为日地平均距离,D_r 为实际的日地距离。

　　根据(2.9)式,可以分析太阳高度角的变化特征:

　　①正午时刻(真太阳时):$\omega = 0°$,$\cos\omega = 1$,则由(2.9)式有

$$\sin h = \sin\varphi\sin\delta + \cos\varphi\cos\delta = \cos(\varphi - \delta)$$

因此,正午时刻的太阳高度角为 $h = 90° - |\varphi - \delta|$,这表明正午时刻的太阳高度角与地理纬度和太阳赤纬之差成相反关系;即 $|\varphi - \delta|$ 愈大,h 就越小;反之,$|\varphi - \delta|$ 愈小,h 就越大;当 $\varphi = \delta$ 时,h 最大。

　　②二分日(春分、秋分):$\delta = 0$,则 $h = 90° - |\varphi|$,这表明正午时刻的太阳高度角在二分日随地理纬度的增加而减少;即赤道处 $\varphi = 0$,$h = 90°$ 最大;而南、北两极 $\varphi = 90°$,$h = 0$ 最小。

　　③赤道上:$\varphi = 0$,则 $h = 90° - |\delta|$,这表明赤道地区正午时刻的太阳高度角在二分日最高,而在二至日最低。

　　④两极地区:$\varphi = \pm 90°$,则 $h = \delta$,这表明北极地区正午时刻的太阳高度角以夏至日最大,南极地区以冬至日最大。

　　由太阳高度角公式,可计算出任意地点、任意一天的日出、日没时刻的天文日照时数。日出、日没时,$h = 0$,$\omega = \omega_0$,由(2.9)式,有 $\sin\varphi\sin\delta + \cos\varphi\cos\delta\cos\omega_0 = 0$,则

$$\omega_0 = \arccos(-\operatorname{tg}\varphi \cdot \operatorname{tg}\delta) \tag{2.10}$$

式中,太阳赤纬 δ 可以从天文年历中查取或采用经验公式[6]确定。

　　由(2.8)、(2.9)式可得天文辐射的计算公式:

$$S' = I_0 \frac{1}{\rho^2}(\sin\varphi\sin\delta + \cos\varphi\cos\delta\cos\omega) \tag{2.11}$$

2. 大气透明度

　　太阳辐射通过地球大气被大气吸收和散射以后到达地面的辐射量,称为大气对太阳辐射的透射量。根据比尔(Beer)定律[2],大气对太阳辐射的减弱服从负指数规律;表示式为

$$I_\lambda = I_{0\lambda}e^{-A_\lambda m} \tag{2.12}$$

式中,$I_{0\lambda}$ 是入射波长为 λ 的太阳辐射强度;A_λ 为单位大气质量的减弱系数(包括散射减弱和吸收减弱);m 为大气质量数,如果不考虑地球的曲率,m 是天顶距 θ 的函数,即 $m = \sec\theta$(当 $\theta < 60°$ 时适用);天顶距不同,即大气光学路程不同,则大气质量 m 也不相同。

由(2.12)式可知,大气对太阳辐射的透射量与大气中吸收和散射物质的性质有关,与光线通过大气的光学路程有关。显然,天顶距越小,光线穿过大气的光程越长,大气对太阳辐射的减弱能力越大,则太阳辐射的透射量就越小;反之就愈大。因此,可定义

$$P_\lambda = e^{-A_\lambda} \tag{2.13}$$

称 P_λ 为对波长 λ 的透射系数,表示大气对太阳辐射的透射能力。由此,有 $I_\lambda = I_{0\lambda} P_\lambda^m$,则

$$P_\lambda = \sqrt[m]{\frac{I_\lambda}{I_{0\lambda}}} \tag{2.14}$$

对太阳辐射的所有波长积分,则有

$$I_m = \int_0^\infty I_{0\lambda} P_\lambda^m \, \mathrm{d}\lambda = I_0 P_m^m \tag{2.15}$$

$$P_m^m = \frac{I_m}{I_0} = \frac{\int_0^\infty I_{0\lambda} P_\lambda^m \, \mathrm{d}\lambda}{\int_0^\infty I_{0\lambda} \, \mathrm{d}\lambda} \tag{2.16}$$

这里,I_m 表示经过大气减弱后透射到地面的太阳辐射强度,可以通过日射观测仪器在地面直接测量来获得;I_0 为太阳常数。可见,P_m 是实际到达地面的太阳辐射强度 I_m 与到达大气上界的太阳常数 I_0 之比的积分平均值,通常称为积分平均大气透明度系数[7],表达式为

$$P_m = \sqrt[m]{\frac{I_m}{I_0}} \tag{2.17}$$

由于太阳辐射通过大气时各波长所受到的减弱作用不同,使得 P_m 与 P_λ 也不相同。它随大气质量 m 而变化,短波部分比长波部分所受到的减弱作用更大一些;所以通过大气质量越多,长波部分所占的比例就越大。因此,大气透明度系数 P_m 是随着大气质量数 m 的增加而增大的。此外,同一大气质量情况下的 P_m 在不同的季节、不同的月份中也是各不相同的,即大气透明度系数 P_m 是时间的函数,而且 $P_m(t)$ 这一函数关系的具体形式至今仍不清楚;大气透明度系数 P_m 还因大气分子、水汽和灰尘含量等而发生变化,不易精确计算。

3. 太阳直接辐射

实际到达地球表面的太阳直接辐射量,除了要考虑大气的散射和吸收减弱作用以外,还要考虑天空云的影响。云对太阳辐射的减弱作用也很大,经过云的反射、吸收和云粒散射,到达地面的太阳直接辐射大大地减弱了;低云甚至不能透射直接辐射,而且这种减弱作用也与波长有关,具有选择性。云状和云量的变化相当复杂,难

以精确地定量描述。

　　气候学中,直接辐射量的估算大多采用经验公式,即以经验方法确定大气透明度和云的影响,由天文辐射量进行推算。而在微气象学研究领域,由于要求精度高,则大多采用实地测量的方法来确定太阳直接辐射量[8];即根据热电原理,采用热电偶组成的热电堆作为感应面,将其制造成一级标准的"绝对日射表"(absolute pyrheliometer)或二级检定标准的(相对)日射表[9],来测量到达地球表面的垂直于太阳光线平面上的太阳直接辐射强度 S_m,再根据朗伯定律计算地表水平面上的瞬时太阳直接辐射通量 S。

　　到达地表水平面上的太阳直接辐射通量计算公式为

$$S = S_m(\sin\varphi\sin\delta + \cos\varphi\cos\delta\cos\omega) \tag{2.18}$$

　　上式表明,地表水平面上的太阳直接辐射 S 是地理纬度 φ,太阳赤纬 δ 和时角 ω 的函数。对于特定的地点(φ 为定值)和特定的日期(δ 为定值)来说,地面太阳直接辐射 S 随时角 ω 的变化而变化。若分别对(2.18)式中的地理纬度 φ、太阳赤纬 δ 和时角(取绝对值)求偏导数,可以分析地表水平面上的太阳直接辐射 S 随地理纬度和随时间的变化规律。

2.2.2　天空散射辐射

　　从天空中的空气分子、水汽、浮悬杂质等所散射出来并到达地球表面的太阳辐射,称为散射辐射。

1.散射辐射表达式

　　到达地球表面的散射辐射来自天穹各个质点。假设质点的散射辐射强度为 $I_{h,\psi}$,它是该质点位置(高度角 h 和方位角 ψ)的函数。在天穹球面上(图 2-3),取入

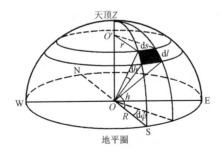

图 2-3　天穹散射示意图

射来的球面半径 R 为单位长度,由天穹某一点散射到地面 O 点的辐射强度为 $I_{h,\psi}\cos i$。这里,i 为散射光线的入射角。设单位半球表面上质点的密度为 1,则所取微面元内质点散射到 O 点的散射辐射量应该等于个质点辐射强度与微元面积的乘积,即 $I_{h,\psi}\cos i\mathrm{d}l\mathrm{d}s$,面元的边长 $\mathrm{d}l=R\mathrm{d}h=\mathrm{d}h$,$\mathrm{d}s=r\mathrm{d}\psi$,而 $r=R\cos h$,所以,有 $\mathrm{d}s=\cos h\mathrm{d}\psi$。对于整个天穹,高度角 $\mathrm{d}h$ 的变化范围为 $0\sim\pi/2$,方位角 $\mathrm{d}\psi$ 的变化范围为 $0\sim2\pi$。

因此,地表水平面上的散射辐射通量表达式为

$$D=\int_0^{2\pi}\int_0^{\frac{\pi}{2}}I_{h,\psi}\cos i\cos h\mathrm{d}h\mathrm{d}\psi \qquad (2.19)$$

由于天穹各点的散射辐射强度是各向异性的,与太阳的视位置有关。因此,从理论上来说,准确计算地面散射辐射通量是不可能的;只有在"各向同性"假设(即假定来自天穹各点的散射辐射强度 $I_{h,\psi}$ 都是相同的)条件下,才可能对(2.19)式进行数值积分。

2. 散射辐射的影响因素

到达地球表面的散射辐射量的大小,取决于入射光线的入射角,大气中的云量、水汽、尘埃、烟粒等的多少,而且还受到下垫面反射率的影响。

散射辐射随入射角(即天顶距 θ)的增大而减小,随天空浑浊程度的增大而减小。一般情况下,散射辐射量小于太阳直接辐射量,但也不是绝对的。在某些情况下,太阳总辐射中散射辐射所占比重会明显增大;例如,在早晚太阳高度角比较小($h<15°$)时,散射光所占的比重就比较大;阴天或者多云天气时,散射光也可比晴天大好几倍;而当地面有积雪或结冰时,下垫面反射率增大,地面散射辐射到达量也会增大。有的时候,地面散射辐射量可能比直接辐射量还大;例如,在高纬度地区冬季积雪且有云的天气,由于多次反射和散射的结果,使得地表散射辐射到达量明显增加,甚至比直接辐射量还要大好几倍;此时,光能和热能的主要来源不是太阳直接辐射,而是依靠大气散射所获得的辐射能量。

影响天空散射辐射的因素很多,而且这些因素又各有其不同的物理性质和变化;要想得出一个包含所有影响因素的理论公式是相当困难又非常复杂的,而且还不能保证获得比较准确的数值。所以,气候学中通常采用经验公式估算散射辐射通量,而大气观测中一般采用日射观测仪器[9](短波总辐射表)进行实地观测来确定天空散射辐射通量。

2.2.3 总辐射的时间变化及其传播

到达地表水平面上的太阳总辐射通量 Q 是太阳直接辐射和散射辐射到达量之

和。可以采用总辐射表(pyranometer)直接观测,也可以根据模型进行估算,这些模型包括理论模型和经验统计模型两大类。其中经验统计模型按模型中采用的因子不同分为日照百分率模型、云量模型、多因子模型等。经验模式结构简单,模型中多使用日照百分率、云量等常规气象观测资料,易于获取,应用性强;不足之处是经验模型中的经验系数需要长期的辐射观测资料确定,且只在局地有效。

如:翁笃鸣等于 1964 年采用天文辐射日总量 Q_0 和日照百分率(n/N)给出了以下计算我国太阳总辐射量的计算公式。

华南:$Q_s = Q_0(0.130 + 0.625n/N)$， 华中:$Q_s = Q_0(0.205 + 0.475n/N)$

华北:$Q_s = Q_0(0.105 + 0.708n/N)$， 西北:$Q_s = Q_0(0.344 + 0.390n/N)$

$$Q_0 = \frac{86400 I_0}{\pi \rho^2}(\omega_0 \sin\varphi\sin\delta + \cos\varphi\cos\delta\sin\omega_0)$$

1. 总辐射的时间变化

通常情况下,太阳直接辐射量大于散射辐射,所以总辐射的日变化主要受太阳直接辐射的影响。因此,到达地表水平面上的太阳总辐射 Q 也是地理纬度 φ、太阳赤纬 δ 和时角 ω 的函数,对于特定地点的特定日期来说,Q 随时角 ω 而变化。

晴天总辐射日变化的一般规律,表现为日出前 Q 就已大于零(此时 $S = 0$,但 $D \neq 0$),日出后随太阳高度角 h 的增大而迅速增加,直到正午时刻(真太阳时)出现最大值,尔后又随太阳高度角 h 的减小而迅速减小,直到日落后一段时间减小为零。

云天总辐射的日变化比较复杂,一般并不对称于正午;因为不同地区或同一地区午前和午后的大气透明度和云量往往是不相同的。例如,有些地区夏季午后的大气比午前混浊且多云,因此午后的 Q 比午前小;虽然午后 D 大于午前,但是由于 S 午后小于午前,且数值比 D 大,即 S 比 D 强烈,所以 Q 仍然小于午前;而在冬季,由于上午多雾,午前的大气透明度小于午后,因此午前的 Q 比午后小。

总辐射的年变化,主要取决于太阳直接辐射日总量随太阳赤纬 δ 的变化,其变化规律与太阳高度角 h 的年变化规律相同。对于北半球来说,到达地面的太阳总辐射一般 6 月份出现最大值(夏至前后),12 月份出现最小值(冬至前后),逐月之间的变化比较均匀。然而,实际上由于各地的地理条件及环境因素的影响,使得各个时期大气中的含水量及大气透明度有所不同,在一定程度上会影响地面总辐射的年变化规律。

必须指出,到达下垫面上的太阳总辐射随时间的变化是相当复杂的,这里讨论的只是其一般规律,实际工作中应根据不同下垫面的具体情况进行分析讨论。

2. 总辐射在植被层中的传播

到达植被上表面的太阳辐射(包括直接辐射和散射辐射),除了一小部分因没有受到植物阻挡而从空隙之间直接到达植被下的土壤表面以外,其余大部分投射到植物表面的太阳总辐射总是有的被叶面反射,有的被植物体(叶面和茎秆)吸收,还有的则穿过植物叶子到达第二层叶面上;然后,在第二层叶面又发生反射、吸收和透射过程,这样一层层的削弱,结果使得到达植被层下表面即地面上的辐射量大大地减小了。但是,由于植物密度、品种、叶子的性质(包括含水量、厚薄程度、颜色、大小、伸展状态等)以及植物的生长发育阶段等差异,使得各种植物的反射、吸收和透射能力也不一样,而且即使是同一种植物对于不同波长的辐射,其反射、吸收和透射能力也不相同。因此,太阳辐射在植被内部的传播过程是一个比较复杂的物理过程,总会受到不同程度的削弱。

为了讨论太阳总辐射在植被中的削弱过程,假设在植被中取一"均匀介质"的体积元 dV,其厚度为 dz,则光线穿过 dV 的路径为 dl,可知 $dz = sinh \cdot dl$,即 $dl = csch \cdot dz$,显然,太阳辐射穿过体积元 dV 的减弱量 dQ 应该与到达 dV 上表面的光强 Q 以及光线穿过 dV 所经路程 dl 成正比,即有

$$dQ = -\alpha \cdot Q \cdot csch \cdot dz \tag{2.20}$$

其中,α 称为消光系数,表示植被对太阳辐射的削弱程度。

由于植被对太阳辐射的削弱主要与植物叶子的面积有关,与植株高度的关系并不明显。为此,将上式中对高度的积分变换为对叶面积的积分,通常用积累叶面积指数 F 来表示植物叶面积随高度的变化。所谓叶面积指数 LAI(leaf area index),是指单位地表面积上自群体最上层至一定深度所分布的叶面积总量。

设到达植被上表面的太阳总辐射为 Q_0,显然,该处的累积叶面积指数 $F = 0$;植被中 H 高度处的太阳总辐射用 Q_H 表示,该处的累积叶面积指数为 F_H;则当太阳高度角 h 一定时,由(2.20)式有

$$\int_{Q_0}^{Q_H} \frac{dQ}{Q} = -\int_0^{F_H} \alpha csch dF \tag{2.21}$$

可得

$$Q_H = Q_0 e^{-\alpha csch \cdot F_H} \tag{2.22}$$

该式表明,太阳总辐射在植被中的传播服从负指数规律,即随着离植株顶部距离的增加,太阳辐射不断减小。实测结果也表明了总辐射在植被中的这一分布规律。如图 2-4 所示。由图可见,由于累积叶面积指数随植株高度的变化是非线性的,即在植株上部 1/3 和底部 1/3 高度处叶子较稀疏,而中部叶面积量较大,因此,太阳总辐射在植株中部递减最迅速,而在植株上、下部递减比较缓慢。

3. 总辐射在水体中的传播

对于波长为 λ 的单色光辐射在水体中的传播情况,类似于前面的讨论。假定水

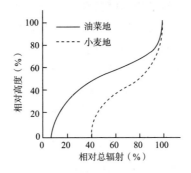

图 2-4　相对总辐射在植被中的分布

体均匀,水面平静;到达水体表面的未受水体影响的单色光辐射为 $S_{\lambda 0}$,到达水体中 H 深度处被水体削弱之后的强度为 $S_{\lambda H}$;光线入射角为 i(即天顶距);水体对波长为 λ 的光谱消光系数为 α_λ;则根据比尔(Beer)定律,深度为 $\mathrm{d}z$($\mathrm{d}z = \mathrm{d}l\cos i, \mathrm{d}l = \sec i \mathrm{d}z$)的水层对单色光辐射 S_λ 的削弱可以表示为

$$\mathrm{d}S_\lambda = -\alpha_\lambda S_\lambda \sec i \mathrm{d}z \tag{2.23}$$

水体中深度为 H 处的单色光辐射 $S_{\lambda H}$ 为

$$\int_{S_{\lambda 0}}^{S_{\lambda H}} \frac{\mathrm{d}S_\lambda}{S_\lambda} = \int_0^H -\alpha_\lambda \sec i \mathrm{d}z \tag{2.24}$$

可得

$$S_{\lambda H} = S_{\lambda 0} e^{-\alpha_\lambda H \sec i} \tag{2.25}$$

　　这是比较公认的式子,表示水体对单色光辐射传播的影响。对于水体,消光系数(即削弱系数)α_λ 主要与三个因素有关:一是水分子的散射作用而形成的削弱,对于纯水,分子散射与光线波长 λ 的四次方成反比;二是水分子的吸收作用(尤其是对长波辐射的吸收)所形成的削弱 $f(\lambda)$,它是波长的函数;三是水体中悬浮物质的散射和吸收作用所造成的削弱 γ。因此,水体对波长为 λ 的太阳辐射的削弱系数可表示为 $\alpha_\lambda = c\lambda^{-4} + f(\lambda) + \gamma$。

　　对于清洁水体,水分子对长波辐射的吸收能力很强;所以,太阳辐射进入水体后,长波部分很快就被吸收(0.1 mm 水层即可全部吸收),而太阳短波辐射则能透射到很深的水体中(可达 20 m 左右);由于水分子的散射,使得清洁水体的颜色总是呈天蓝色。而对于混浊水体,由于水体中悬浮物质(杂质、微生物等)的反射、吸收和散射,使水体颜色发浑,成黄绿色,因此,太阳直接辐射能到达的深度就比较浅。

　　对于太阳总辐射在水体中的传播,类似于单色光辐射的情况,总辐射在水体中的传播规律也可以用负指数关系来表示,即

$$Q_H = Q_0(1-A)e^{-aH} \tag{2.26}$$

其中，α 为水体对太阳总辐射的平均削弱系数。由于总辐射的光谱组成比较复杂，而水对不同波长光谱的削弱系数不同；所以，α 的确定通常采用经验方法，根据实测资料求其平均值。当然，对于不同的水域，α 值也不同。

太阳总辐射随水体深度的增加按负指数规律减小，这一结论已经被观测资料所证明。相对总辐射在水体上层削弱很快，大约 0.5 m 水深就减弱了 50% 左右，而在水体下层相对总辐射的减弱趋势比较缓和，太阳总辐射可一直透射到 10～20 m 深度。

4. 总辐射在冰盖雪被中的传播

雪被对太阳辐射的透射能力比在水体中要小很多。事实上，进入雪被内的太阳总辐射，只要经过几十厘米厚的雪层，就可以被全部吸收。雪被透射率的大小与太阳高度角、积雪的密度和性质有关。观测资料表明，太阳总辐射在雪被中的削弱过程也符合负指数关系；可以用经验公式表示为

$$Q = (Q_1 - Q_2)e^{-K\rho z} \tag{2.27}$$

式中 Q_1，Q_2 为在雪被上方 8 cm 高处测得的向下和向上（即反射）的总辐射；K 为雪被的吸收系数，它是积雪密度 ρ 的函数。实际上，式中（$Q_1 - Q_2$）就是雪被表面净吸收的太阳总辐射量，与 $Q(1-A)$ 是等效的。

积雪状态和结构对太阳辐射的透射影响很大。例如，干雪在表层 2～3 cm 深处约射透 90%，在 10 cm 深处透射 18% 左右，而在 50 cm 深处透射率减小到 0.9%；湿雪的透射率更小，在 10 cm 深处仅为 2.3%。此外，由于雪被对太阳辐射的强烈吸收作用，有时在积雪温度和气温为负值时也能出现融雪现象，这对于研究雪被及其下层土壤的热状况具有重要意义。

冰盖对太阳辐射的透射能力比雪被要大得多，但是小于水体的透射能力。由于冰的光学不均匀性比水大，即冰的透明程度比水小；所以，在可见光谱区，冰对太阳辐射的削弱系数平均要比水体大 8～9 倍。冰的透射能力主要取决于冰的光学不均匀性。冰对太阳辐射的透射也有选择性，在紫外光谱区，冰的透明度大。例如，在波长为 0.332～0.476 μm 的谱区，107 cm 厚的冰层透过的太阳直接辐射为 46%～55%，10 cm 厚的冰层平均可透过入射辐射的 97% 左右。

2.3　下垫面的反射率

到达地球表面的太阳辐射中被反射出去的那部分，称为反射辐射。地表反射辐射通量可以采用日射观测仪器直接测量，也可以根据太阳总辐射和地表反射率进行计算。

不同性质的下垫面，对太阳辐射的吸收和反射能力也是不同的。下垫面对太阳

辐射的反射能力,一般用反射率 A 来表示,数值上就等于该处的反射辐射通量 R 与太阳总辐射通量 Q 之比,$A = R / Q$,通常用百分数(%)表示。

由于不同时刻的太阳辐射强度不同,反射辐射在总辐射中所占比例也不相同,所以地表反射率随太阳高度角变化而变化。因此,瞬时地表反射率的使用价值并不大,一般采用其日平均反射率。但是,在计算日平均反射率时,并不是采用一天中各时次反射率的算术平均值,而是应该用反射辐射日总量与总辐射日总量之比求日平均反射率[10]。即

$$\overline{A} = \frac{\int_{t_1}^{t_2} R(t)\, \mathrm{d}t}{\int_{t_1}^{t_2} Q(t)\, \mathrm{d}t} \tag{2.28}$$

式中,t_1, t_2 为日出、日没时间。由于观测通常是离散的,故可以改写为

$$\overline{A} = \frac{\sum_{i=1}^{n} R_i \cdot \Delta t_i}{\sum_{i=1}^{n} Q_i \cdot \Delta t_i} \tag{2.29}$$

式中,n 为一天中从日出到日没的观测次数,Δt_i 为第 $i-1$ 次到第 i 次观测的时距。

微气象学中,局地之间反射率的差异往往是形成微气象条件差异的重要原因。在生活和生产实践中,人们可以通过人工措施改变下垫面反射率来达到改善局地微气象条件的目的,实际应用非常普遍。

2.3.1　不同类型下垫面的反射率

地表反射率取决于下垫面的类型和性质。下垫面的性质极其复杂,随土壤成分、地形特点、覆盖物类型、颜色、湿度、粗糙程度等而变化,因此,不同性质的下垫面,可以具有极不相同的反射率。不同类型下垫面的反射率相差很大,可以从 2% 变化到 90% 左右。例如,太阳高度角 h 为 90° 时,水面对直接辐射的反射率仅为 2%;冬季,新雪表面的反射率可达 90%,而发生融雪时雪面反射率会迅速减小。

1. 陆面反射率

综合国内外学者的研究结果,表 2-1 给出了几种典型下垫面的平均反射率。由表中数值可见,对于黑钙土,其反射率为 5%~12%,随地表粗糙度和土壤湿度而变化;对于沙土表面,反射率为 18%~40%,与地表颜色有关;对于农田下垫面,由于作物种类和生育期的不同,其反射率相差很大,如水稻田为 12%,冬小麦田为 16%~23%,棉花田为 20%~22%。

表 2-1　各种下垫面的平均反射率（％）

表面特征	反射率 A	表面特征	反射率 A
新翻、潮湿黑钙土	5	水稻田	12
平坦、干燥黑钙土	12	冬小麦	16～23
平坦、干燥沙土	19	棉花田	20～22
黄沙土	35	绿色高草	18～20
白沙土	34～40	黄熟作物	25～28
灰沙土	18～23	新雪	90
灰壤土	31	旧雪	70
松树	14	水面	2～78

植被反射率的大小，主要取决于植被种类、生育期、叶面积指数、颜色、叶片含水量、叶片结构等，其中颜色和叶面积指数是主要影响因素。植物颜色愈深，平均反射率愈小；如针叶松、柏、杉等树林，反射率为 $10\%\sim15\%$；绿色植物反射率为 20% 左右。苗期作物平均反射率大约为 10%，生长旺期 20% 左右，成熟期黄熟作物平均反射率在 25% 以上；在作物的整个生育期中，农田反射率通常经历一个从小到大的变化过程。落叶林的平均反射率具有明显的年变化特征，而针叶林反射率的年变化并不显著。植被平均反射率随植物叶面积指数的增加而增大，农田植被的叶面积系数一般经历一个由"小→大→小"的变化过程，就叶面积单因素影响来讲，农田植被的反射率随着生育期的进程也经历一个由"小→大→小"的变化过程。

2.水面反射率

水面反射率通常比陆面反射率要小得多。影响水面反射率大小的因素有太阳高度角、水面粗糙度、水体的混浊度等。

对于平静水面，其对太阳直接辐射的反射率随太阳光线入射角 i 的增大而增大，即随太阳高度角 h 的增大而减小，反射率变化范围在 $2\%\sim78\%$。水面对散射辐射的反射能力较弱，而且随太阳高度角的变化很小，为 $8\%\sim10\%$。就全球平均而言，海洋表面的反射率为 7% 左右，而且从赤道向极地冰区边缘不断增大，从 5% 增加到 $10\%\sim14\%$。

对于有波浪的水面，由于粗糙程度的增加，水面反射率也发生变化。当太阳高度角 h 比较小时，波浪表面的反射率比静水表面上小；太阳高度角 h 较大时，波浪表面的反射率反而比静水表面大。这是因为，当太阳高度角 h 小时，光线入射角 i 大，而波浪的作用使得入射角 i 减小，从而水面反射率减小；此外，当太阳高度角 h 小时，太阳光谱中长波辐射所占比重较大，波浪对光线有阻挡和遮蔽作用，而且水面对长波辐射的吸收能力很强,0.1 mm 水层就可以吸收全部长波辐射。反之,当太阳高度角 h 比较大时,入射角 i 较小,而波浪的作用使得入射角 i 增大,从而增大水面反射率;由于太阳高度角 h 较大时,太阳光谱中短波辐射所占比重大,而水面对太阳短波辐射的透射能力很强,反射能力也很强。

混浊水体的反射包括水体杂质反射和水分子反射两部分,水体中杂质越多水体就愈混浊,由于水体中杂质的尺度比水分子大得多,其反射能力比水分子强,故随着水体混浊度加大,反射率增大。

水体表面对太阳总辐射的反射率,可以表示为

$$A = \frac{R_S + R_D + R_m}{S + D} \tag{2.30}$$

式中,S 为到达水面的太阳直接辐射,D 为散射辐射;R_S 和 R_D 为水面对直接辐射和散射辐射的反射辐射;R_m 为水体中水分子以及各种杂质所造成的向上的散射和反射辐射,如果水体深度较浅(如水稻田),则还包括水底土壤表面的反射。

3. 冰雪面的反射率

由于冰雪表面对太阳辐射的反射、透射和吸收作用以及它的辐射特点,使得冰盖、雪被的太阳辐射状况与其他下垫面截然不同。例如,一般植被的反射率为 15%～20%,平静海洋的反射率 5%～10%,而冰雪表面的反射率可高达 60%～90%;这就大大减少了下垫面的太阳辐射获得量。同时,冰雪覆盖还阻碍并削弱了地面和大气之间的长波辐射交换,对地—气系统的温度变化影响很大。

雪面对太阳辐射的巨大的反射能力是影响雪面辐射收支状况的重要因素。雪面反射率随雪面状态和雪质的不同有较大的变化。一般新雪或结构紧密、干燥且洁净的雪面,反射率可达 90%,旧雪、多孔且湿润的雪面反射率在 40%～60%,而雪面浸水、玷污的脏雪,其反射率则下降到 30% 以下。雪面反射率的季节性变化也非常明显,冬、春季积雪较厚,反射率很大;而春、夏季冰雪开始融化以后,反射率就会迅速降低。

雪面对太阳辐射的反射也具有选择性。它对短波辐射的反射能力很强,当波长 $\lambda > 0.6\ \mu m$ 时,雪面反射率随波长 λ 的增加而降低;对于长波辐射来说,雪面近似为黑体,能强烈吸收长波辐射。因此,当太阳高度角降低时,太阳辐射中的长波部分增加,使得雪面反射率具有特殊的日变化规律;即正午前后最大,随着太阳高度角的降低,反射率减小。

冰面的反射率比雪面反射率要小得多,平均反射率大约为 30%～40%。我国天山的冰川反射率为 36%～45%。

值得指出的是,在高山上或者高纬度地区的冬季,有积雪地段和无积雪地段上的

反射率相差很大,可能造成十分明显的微气象差异。对于下垫面反射率较大的地段,在天空中云量较多时能够增加散射辐射到达量,即地面总辐射增加量;这是由于下垫面和大气及云层之间的多次反射所造成的。多次反射增加的散射辐射量可表示为:

$$\Delta D = \Delta D_1 + \Delta D_2 + \cdots + \Delta D_n$$

$$= QA_1A_2 + QA_1^2A_2^2 + \cdots + QA_1^nA_2^n \approx \frac{QA_1A_2}{1 - A_1A_2} \quad (2.31)$$

式中,A_1 为雪面反射率,A_2 为天空反射率。云的反射率一般为 $5\% \sim 81\%$。若取上式中雪面反射率 $A_1 = 0.8$,天空反射率 $A_2 = 0.5$,那么,$\Delta D = 0.67Q$;也就是说,由于冰雪表面和天空云层的多次反射可使散射辐射增加 $0.67Q$。由此可见,下垫面反射率对天空散射辐射的影响很大。

2.3.2 影响下垫面反射率的因子

各种下垫面反射特性的差异,主要与其物理性质有关,其中特别是颜色、湿度、粗糙度最为重要。另一方面,由于太阳高度角的改变,使得太阳光线的入射角和辐射光谱成分发生变化,因而反射率也不同。前一类因素影响各种下垫面反射率在空间分布上的差异,而后一类因素则是造成同一下垫面上反射率日变化的主要原因。

1. 颜色对反射率的影响

所谓下垫面颜色对反射率的影响,是指各种自然表面对太阳辐射可见光部分的选择性反射作用。日常生活中,人类的眼睛之所以能辨别各种物体的颜色,就是因为物体本身的反射特征在人的感观中的反映,任何物体表面都具有对可见光进行选择性反射的固有的物理属性。在可见光谱区内,各种颜色的表面其反射最强的光谱带就是它自身颜色的波长;蓝色衣服呈蓝色,就是因为它反射可见光中的蓝色光谱最强,黄绿色植物反射太阳光谱中的黄绿光谱最强;白色表面反射全部可见光,而黑色表面(绝对黑体)完全不反射,吸收全部可见光。

由表 2-1 中各种下垫面的平均反射率可知,下垫面颜色愈深,则其反射率越小。例如,新翻耕、潮湿的黑钙土,反射率只有 5%,而白沙土的反射率可高达 40%。试验表明[11],干黄土地表反射率为 27%,湿黄土为 13.5%,煤屑覆盖反射率为 8.4%,灰土反射率为 18.8%,稀石灰覆盖的地表反射率为 38.3%。

生产实践中,人们经常通过改变下垫面的颜色,来改变地表反射率,进而改变其辐射收支和热量交换状况,最终达到改变局地微气象条件的目的。例如,在我国北方春季气候干燥,人们往往会在冰雪覆盖的农田里撒上草木灰以减小其反射率,增加吸收辐射,从而达到融冰化雪、灌溉农田的目的;又如在低纬度热带地区,气候炎热,人们通常将建筑物外墙都涂成浅色调,目的就是增大其反射率,减小吸收辐射,创造适宜的微气象居住条件。

2.土壤湿度对反射率的影响

土壤湿度对地表反射率的影响很大。一般情况下,相同太阳高度角时,水的反射率比土壤小,因为水的透射率比较大。当土壤颗粒被包围了一层水膜后,与干颗粒相比更有利于太阳短波辐射的透射,从而影响地表反射率。观测结果表明[10],地表反射率随土壤湿度的增加而减小,且大致符合负指数关系。如图 2-5 所示,当土壤湿度增大时,地表反射率逐渐下降,这种下降过程在土壤湿度为 0~10% 范围内最为迅速;而当土壤湿度达到 20% 左右再继续增大时,地表反射率的递减速度明显减小,大体维持在 16% 的水平上。因为随着土壤湿度的增加,地表颜色加深,意味着土壤中包含反射能力更

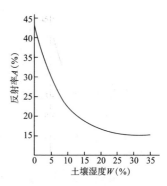

图 2-5 地表反射率随
土壤湿度的变化

差的水的比重增大了,所以地表反射率逐渐减小。这在农业生产上很有实用意义,特别是在干燥地区或干燥季节,人工灌溉农田以后,土壤湿度增大,地表反射率减小,可以使地面吸收辐射增多,从而显著增大地表获得的净辐射量,有利于改善土壤温度条件,促进农作物的生长发育。

3.粗糙度对反射率的影响

自然表面总是起伏不平的,如微风时水面的涟漪,新翻土地的坷坎等;而地形起伏或凹凸不平通常会引起太阳辐射的多次反射,导致地表反射率减小。假设太阳辐射投射到 A_1 地段后又反射到 A_2 地段,则 A_1 地段的反射辐射为 QA_1,A_2 地段的二次反射为 QA_1A_2,这样 A_2 地段的反射率为 $A = \dfrac{QA_1A_2}{Q} = A_1A_2$,显然 $A_1 \cdot A_2 < A_2$。因此,地表愈粗糙,反射次数愈多,平均反射率越小。一般平坦地面的反射率为 30%~31%,而新耕地反射率仅为 17% 左右。

粗糙度对地表反射率的影响,在农业生产上也具有实用意义。新翻耕地可以减小反射率,使农田吸收太阳辐射增多,具有促进作物生长的作用。事实上,农民锄田一方面是为了除去杂草,保持土壤湿度,另一方面也增大了地表粗糙度,减小了地面的反射辐射量,从而形成有利于作物生长发育的微气象条件。

4.太阳高度角对反射率的影响

太阳高度角对地表反射率的影响,属于天文因素的作用。一般情况下,各种下垫面的反射率总是随太阳高度角的增大而减小的。这是因为,当太阳高度角改变时,太阳光线到达下垫面的入射角发生了变化;同时,太阳辐射光谱成分也随所经过大气层的光学路径的改变而发生变化。当太阳高度较低时,太阳光线通过的路径较长,短波光谱成分被空气分子的散射削弱就比较大,所以太阳光谱中长波辐射所占比重较多,而地表对长波红外辐射具有较强的反射能力;另一方面,当太阳高度较低时,意味着光线的入射角比较大,除绝对黑体以外的任何表面,对于入射角度大的光线其反射能力都比较强,所以太阳高度角小时,地表反射率大。反之,随着太阳高度角的增大,光线通过大气的路径缩短,太阳辐射光谱中短波辐射所占的比重增大,从而导致地表反射率减小。

太阳高度角对地表反射率的影响,主要表现在太阳高度比较低的时候;当太阳达到一定的高度以后,地表反射率的变化明显减小。观测结果表明[10],地表反射率随太阳高度角的增大而减小,尤其是在太阳高度角较小时变化最为显著(见表2-2)。

表 2-2　各种下垫面反射率(%)随太阳高度角的变化

不同类型下垫面	太阳高度角						
	10°	20°	30°	40°	50°	60°	70°
长江水面	23	17	12	10	8		8
石质干土	22	16	14	13	12	12	
干黏土	34	29	21	20	19	18	
棉花田	30	26	23	21	20		
混浊海水	31	21	11	8	6	4	

2.3.3　下垫面反射率的时间变化

地表反射率受天文因素(太阳高度角)的影响,而太阳高度角具有明显的随时间而变化的特征;因此,下垫面反射率也具有明显的日变化和年变化。

1.反射率的日变化

一天中,随着太阳高度角的改变,太阳光线的入射角度和太阳辐射光谱成分也相应发生变化,导致地表反射率在各个时刻互不相同。也就是说,一天中太阳高度角的改变是造成同一下垫面上的反射率发生日变化的根本原因。

根据太阳高度角对地表反射率的影响以及太阳高度角的日变化规律(即 h 随时角 ω 的变化),不难得出地表反射率的日变化规律。其一般特征为,日出后随着太阳高度角的不断增大,地表反射率不断减小,正午前后反射率达到最小值;尔后,随着太阳高度角的不断减小,地表反射率又不断增大,而且在太阳高度角 h 比较小时,地表反射率的变化最为迅速。实际观测结果[11]也证明了地表反射率的这一日变化规律,如图 2-6 所示。

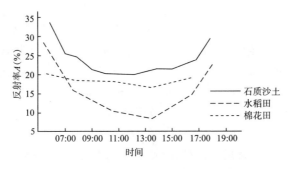

图 2-6　不同下垫面反射率的日变化

2.反射率的年变化

地表反射率的年变化规律与各地下垫面特征的年变化、太阳高度角的年变化有关。一般来说,中纬度地区地表反射率的年最大值出现在冬季,因为冬季下垫面上有比较稳定的积雪期;最小值出现在夏季,因为夏季温度较高,作物生长旺盛,下垫面颜色较深。所以,下垫面反射率的年变化曲线与其日变化曲线相似,也呈"U"形分布。草原和水面上不同月份的平均反射率观测结果[10]列于表 2-3。

表 2-3　不同类型下垫面的月平均反射率(%)

月　份	1	2	3	4	5	6
草原(冬季有雪盖)	44	39	27	20	20	20
水面(多瑙河)	11.2	11.4	10.7	10.0	9.0	8.6
草原(冬季有雪盖)	20	20	19	18	21	36
水面(多瑙河)	8.6	9.7	9.5	11.7	11.8	11.9

对于农田植被,其反射率随时间的变化与作物的各个生长发育阶段有关,包括叶面颜色、种植密度、作物品种等因素的影响,整个生育期中一般经历一个由小到大的变化过程。在作物苗期,农田反射率与裸地上的反射率相差不多,一般在 15% 以下;

尔后,随着作物的成长,反射率不断增大,在作物生长旺期,反射率为 20% 左右;到成熟期,由于作物茎叶枯黄,农田反射率增大至 25% 以上。对于落叶林,其反射率的年变化特征比较明显;而针叶林大多为常绿林,其反射率也有年变化,但并不显著。

2.4 下垫面的有效辐射

下垫面既能不断吸收太阳短波辐射,获得能量,同时又不断放出长波辐射而失去能量。与任何温度大于绝对零度的物体一样,地面和大气也在其自身温度变化范围内以热辐射的形式发射辐射能量。当然,与太阳相比,这部分能量要小得多。地面和大气发射的辐射能主要分布在红外光谱区;地球表面平均温度为 285 K,地面发射的辐射能 90% 以上集中在 $3\sim80$ μm 波长范围内,峰值为 10 μm 左右;平流层下层大气平均温度约为 200 K,90% 以上的大气辐射能波长在 $4\sim100$ μm 范围内,峰值出现在 15 μm 附近;两者基本上都属于红外辐射,所以统称为长波辐射。

地面向上发射的红外辐射大多被大气所吸收,而大气发射的红外辐射中指向地面的那一部分,称为大气逆辐射 G。地面辐射 U 与到达地面的大气逆辐射之差,即地表长波辐射的净收支,称为地面有效辐射 F。显然,有

$$F = U - s'G \tag{2.32}$$

这里,s' 为地面对大气长波辐射的吸收系数,一般取 $s'=0.95$。通常情况下,有效辐射是地表辐射平衡方程中的支出项。

有效辐射通量可以采用长波辐射表(pyrgeometer)直接测量,仪器感应面朝下时测量从下向上的地面辐射,仪器感应面朝上时测量从上向下的大气逆辐射。下垫面有效辐射也可以根据经验公式来确定。

2.4.1 有效辐射的影响因子

下垫面有效辐射量的大小反映了地球表面因长波辐射交换而失去或获得热量的多少,它取决于地面温度和大气逆辐射;而大气逆辐射又受大气温度、大气中的水汽含量以及云状云量等气象因素的影响。

1. 下垫面温度

根据斯蒂芬—波尔兹曼(Stefan-Boltzmann)定律,黑体的辐照度为 $E = \sigma T^4$,其中 σ 为 Stefan-Boltzmann 常数,数值为 5.671×10^{-8} W·m^{-2}·℃$^{-4}$。由此,地面辐射(地面本身发射的红外辐射)通量可以表示为

$$U = s\sigma T_0^4 \tag{2.33}$$

其中，T_0 为地面温度；s 为比发射率，大多数物体的比发射率介于 $0.85\sim0.99$ 之间。该式表明，地面发射的长波辐射与地面温度的四次方成正比。

由于地面辐射主要取决于地面温度，所以，地表有效辐射与地面温度的关系十分密切。当下垫面温度发生变化时，必然会引起下垫面有效辐射的变化；同样，某些人工措施改变下垫面有效辐射的效应，也可以通过测定下垫面温度变化来了解。

2. 大气温度

大气温度一般都低于地面温度，因此，有 $U > sG$。所以，通常情况下，有效辐射 F 为正值。这说明，由于长波辐射交换的结果，地面大多是失去热量的，仅仅在极少数情况下，由于大气中的强逆温和高湿度条件，可能导致地表有效辐射为负值。由此可见，地面有效辐射在很大程度上依赖于近地层大气中的温度分布状况。

瑞典学者 A. Angström（埃斯特朗）曾得出无云晴天时地面有效辐射与空气温度的经验关系为

$$F_0 = s(\sigma T_0^4 - a\sigma T^4) \tag{2.34}$$

这里，T 为近地层中 z 高度处的空气温度，a 为与空气湿度有关的经验系数。

3. 大气湿度

观测资料表明，地面有效辐射与近地层空气湿度之间存在反相关关系。当水汽压分别为 $6.0, 10.7, 15.1$ hPa 时，地面有效辐射分别为 $132.6, 118.7, 104.7$ W·m^{-2}；可见，随着水汽压的逐渐增大，有效辐射是减小的。这是因为在气温大体相同的情况下，空气中水汽含量的多少对大气逆辐射影响很大；水汽对长波辐射具有很强的吸收能力，而物体的吸收能力等于其放射能力；所以，空气中水汽压增大，引起大气逆辐射增强，导致地面有效辐射减小。

英国学者 D. Brunt（布伦特）曾提出晴天地面有效辐射、大气逆辐射与百叶箱实测空气温度、水汽压之间的经验关系，分别为

$$F_0 = \sigma T^4(0.474 - 0.065\sqrt{e}) \tag{2.35}$$

$$G_0 = \sigma T^4(0.526 + 0.065\sqrt{e}) \tag{2.36}$$

苏联学者 М. Е. Берлянд（别尔果特）提出的经验公式为

$$F_0 = s\sigma T^4(0.39 - 0.058\sqrt{e}) \tag{2.37}$$

式中的经验系数具有地域差异，实际使用时应进行适用性检验。

4. 云的影响

天空中的云状和云量，对地面有效辐射的影响也很大。一般情况下，有效辐射随

云量的增加而减小;因为随着云量的增加,云层变厚,不但阻挡了下垫面发射的长波辐射,同时也增大了大气长波辐射的向下传输;从而导致地面有效辐射减小。不同类型的云对有效辐射的影响也是不相同的,一般低云比高云减小地面有效辐射更多;因为高云的云底温度比低云的云底温度更低。

云天地面有效辐射与云状、云量的经验关系形式可表示为

$$F_n = F_0(1 - cn), \quad F_n = F_0(1 - cn^d)$$

$$F_n = F_0[1 - (c_H n_H + c_M n_M + c_L n_L)] \tag{2.38}$$

式中,F_0 为晴天有效辐射;n 为总云量,n_H、n_M、n_L 分别为高云、中云、低云云量;c、d 为经验系数。

综合考虑水汽压和天空云的影响,可用下面公式计算地面有效辐射日总量。

$$F = \sigma T^4 (0.34 - 0.14 \sqrt{e_a}) \left(0.1 + 0.9 \frac{n}{N}\right)$$

5. 自然和人为因素

地表有效辐射还受某些天气现象的影响,在夜间尤其明显。阴天的夜间,云对地面起保温作用,地面有效辐射减小,地面失热少,地表降温缓和;而晴天的夜间,有效辐射大,夜间降温剧烈,有利于露、霜或霜冻的发生。近地层中的霾和雾,可阻碍地面与大气之间的长波辐射交换,减小地面有效辐射,其机制是隔绝效应。有资料表明,晴天时,霾平均能使有效辐射减小 20%~30%,雾的影响更加显著,可使有效辐射削弱 15%~80%。

在农业生产中,我国北方经常遇到霜冻、低温冷害、冻害等天气的影响;采用人工措施改变下垫面有效辐射,可以有效地防御或减轻其危害。人工措施影响下垫面有效辐射的方法就是根据自然界中云、雾、霾等对有效辐射影响的原理建立起来的。例如,施放人工烟雾可以防御低温冷害,熏烟、灌水可以避免或减轻霜冻的危害,塑料大棚、地膜覆盖和草帘覆盖等也具有预防冻害和冷害的作用,这些人工措施对于减小下垫面有效辐射都非常有效。我国劳动人民使用人工烟幕防御低温、霜冻等自然灾害已有悠久的历史,早在 1400 多年之前的《齐民要术》一书中就已经有详细的记载:"北风寒切,是夜必霜。此时放火作温,少得烟气,则免于霜矣"。这些方法的原理就是隔绝效应,阻碍地面与大气之间的长波辐射交换,目的是减小地面有效辐射,达到增温或保温、调节农田微气象条件的作用。

2.4.2 有效辐射的局地变化

当下垫面条件发生局部改变时,其地面温度必然发生相应的改变,从而引起有效辐射的变化。对于某一个下垫面来说,其有效辐射为

$$F = U - sG = s\sigma T_0^4 - sG \tag{2.39}$$

则对于两个相邻的下垫面条件不同的地段来说,其有效辐射分别为

$$F_1 = U_1 - sG_1 = s\sigma T_{01}^4 - sG_1, \quad F_2 = U_2 - sG_2 = s\sigma T_{02}^4 - sG_2$$

由于微气象学所讨论的空间范围有限,水平尺度较小,可以认为两个相邻地段上的大气逆辐射相同,即 $G_1 = G_2$;则有效辐射的局地变化为

$$F_1 - F_2 \approx U_1 - U_2 = s\sigma(T_{01}^4 - T_{02}^4) \tag{2.40}$$

可近似表示为

$$\Delta F \approx 4s\sigma \overline{T}_0^3 \Delta T_0 \tag{2.41}$$

上式表明,两个相邻地段的有效辐射差异,只决定于这两个地段的下垫面温度差 ΔT_0 和两者的平均温度 $\overline{T}_0$;显然,对于某一季节或某一地区来说,$\overline{T}_0$ 是相对稳定的,所以有效辐射的微气象差异最终就取决于下垫面温度差 ΔT_0。

讨论下垫面有效辐射的局地差异具有重要的实际意义。例如,若要估计某一人工措施对改变下垫面有效辐射的微气象效应,只要精确地测定作用地段(如地膜覆盖)与对照地段(裸地)的下垫面温度就可以了。

2.4.3 有效辐射的时间变化

由于地面长波辐射 U 和大气逆辐射 G 都具有明显的日变化和年变化,所以,地面有效辐射也具有随时间变化的特征。

影响下垫面面有效辐射的主要因素是下垫面温度、空气温度、空气湿度和云状、云量。由于下垫面温度 T_0 的时间变化特征远比空气温度、湿度的时间变化显著得多;所以,一般来说,晴天有效辐射的日变化主要受地面温度日变化的影响,即随着地面温度升高,有效辐射逐渐增大;最大值出现在正午前后,凌晨日出之前出现最小值;从日没到日出之前有效辐射单调减小,据估计,夜间有效辐射平均降低 $10\% \sim 15\%$。此外,云状、云量对下垫面有效辐射的日变化也有影响,但是云状和云量的变化往往受天气系统的制约。因此,在复杂的天气条件下,研究地面有效辐射的日变化特征意义不大。

根据对有效辐射影响因子的分析,许多学者认为,晴天地面有效辐射可以近似表示为

$$F = s\sigma T_0^4 - s\sigma T^4 \cdot f(e) \tag{2.42}$$

其中,$f(e)$ 为空气湿度的某一经验函数。则地面有效辐射的时间变化为

$$\frac{\partial F}{\partial t} = 4s\sigma \overline{T}_0^3 \frac{\partial T_0}{\partial t} - 4s\sigma \overline{T}^3 f(e) \frac{\partial T}{\partial t} - s\sigma T^4 f'(e) \frac{\partial e}{\partial t} \tag{2.43}$$

上式表明,地面有效辐射随时间的变化与地面温度、空气温度、空气湿度随时间的变化有关。但是,由于不同的学者根据各自资料得出的经验函数 $f(e)$ 表达式各不相同,没有一个统一的形式,所以无法得出有效辐射的时间变化规律。为此,需要采用其他方法进行分析。

观测资料表明[11],晴天大气逆辐射与地面长波辐射之间存在着很好的线性关系,即晴天大气逆辐射 G 随地面长波辐射 U 的增加而增大。如图 2-7 所示。根据这一经验关系,地面有效辐射可表示为

$$F = aU + b = as\sigma T_0^4 + b \tag{2.44}$$

对于南京地区,经验系数分别为 $a = 0.32, b = -0.068$。

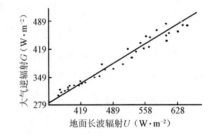

图 2-7 晴天地面长波辐射与大气逆辐射之间的关系

上式表明,下垫面温度是影响晴天地面有效辐射的决定性因素。实际上,晴天地面温度升高引起地面长波辐射随时间增大的同时,空气温度也随之升高,水汽压增大,引起大气逆辐射随时间增大;由于两者对地面有效辐射存在反向作用,而且地面温度日变化比空气温度日变化更显著。所以,在分析地面有效辐射随时间的变化时,可以忽略大气逆辐射随时间变化的影响,取近似关系

$$\frac{\partial F}{\partial t} \approx \frac{\partial U}{\partial t} = 4s\sigma \overline{T}_0^3 \frac{\partial T_0}{\partial t} \tag{2.45}$$

即晴天有效辐射的日变化规律与地面温度的日变化相似。

由于太阳辐射的年变化,使得地面温度和空气温度、湿度都具有明显的年变化特征;按理有效辐射也应该具有明显的年变化,但是根据实际观测资料,有效辐射的年变化并没有出现明显的极大值和极小值。在无云条件下,一般具有夏季月份有效辐射大,冬季月份

有效辐射小的基本特征;而有云条件下,有效辐射的年变化非常复杂,无规律可循。表 2-4 给出了实际大气条件下北半球不同纬度地区地面有效辐射的月平均值[12]。

表 2-4　实际大气条件下北半球不同纬度地面有效辐射的月平均值 （W·m⁻²）

纬度(°)	1 月	2 月	3 月	4 月	5 月	6 月	7 月	8 月	9 月	10 月	11 月	12 月
0～10	136	135	68	61	57	67	64	64	69	68	67	62
10～20	80	80	81	78	67	72	63	65	68	76	78	77
20～30	78	78	75	82	77	74	76	75	77	75	75	81
30～40	59	66	77	81	77	76	82	80	75	69	67	59
40～50	46	52	57	66	81	68	71	79	72	61	57	52
50～60	39	43	54	57	69	66	68	63	54	52	38	44
60～70	43	47	50	58	59	57	54	54	50	43	40	45
70～80	38	43	40	41	38	40	37	32	29	30	35	36
80～90	47	40	42	47	34	31	28	26	25	37	47	47

2.5　下垫面的净辐射

　　下垫面净辐射决定了地表能量的收入和支出状况,在很大程度上影响着土壤上层和近地气层中的气象要素分布。它是地表蒸发和融雪过程、辐射雾和辐射霜冻的形成过程、气团的形成和变性过程以及下垫面和大气之间动量、热量和水分等物质交换过程中的主要能量来源,在微气象学研究中占有极其重要的地位。

　　净辐射的观测是地表和大气之间辐射收支的最终结果,是一项重要的辐射观测内容,它的许多测量问题曾经引起了 WMO 的关注。净辐射观测仪器有两种:一种是全波段(包括短波和长波辐射)净辐射表(net pyrradiometer),带有聚乙烯防风罩;另一种是短波净辐射表(net pyranometer),需与红外辐射表配套使用。

2.5.1　净辐射的影响因素

　　由地表辐射平衡方程(2.2)式可见,下垫面条件和性质对方程中任何一个辐射收支分量的影响,都会引起下垫面净辐射通量的改变;也就是说,地表性质和温度条件的影响,是造成下垫面净辐射差异的主要原因。所以,凡是对地表辐射收支分量(包括 S、D、R、A、G、U)具有影响的因子都是下垫面净辐射的影响因素,这是一个相当复杂的问题。

1. 植被对净辐射的影响

太阳辐射到达植被上表面时，一部分被植物反射出去，一部分被叶面吸收，而还有一部分则穿过叶面透射到下一层；其中，只有一小部分经过多次反射、吸收和透射以后到达植被层下表面。对于不同植物或者同一种植物的不同生育期，其对太阳辐射的反射、吸收和透射能力也不相同，从而对净辐射产生不同程度的影响。植被中太阳辐射的空间分布主要取决于植物本身的生理特性，而其时间变化则主要受太阳高度角及太阳辐射光谱成分的影响。植被自身的生理特性，包括植物种类（例如，高秆作物、矮秆作物、禾本科作物、阔叶型作物、针叶林、落叶林等）、密度（稀疏林、稠密林、郁闭度等）、生长期（作物有苗期、生长旺期和成熟期，森林随年龄不同有幼林、壮林和老林，草被也有返青期和枯萎期）等；而不同的生长期内，植物的颜色、含水量、叶子的大小、厚薄、伸展状态等也不同。可见，植被是一种特殊的作用层。

不同品种的植物对太阳辐射的反射率、吸收率和透射率随植物叶子的大小、含水量、伸展状态的不同而发生变化。例如，含水量大的叶子，其反射率和透射率都比较小而吸收能力较强；当水分不足、叶子枯黄时，反射率和透射率就会增大而吸收能力明显减小。植物叶子愈薄，其透射能力愈强，相应地吸收率就愈小；叶子颜色愈深，反射率和透射率愈小而吸收率愈大。一般来说，阔叶林中透射的太阳辐射比针叶林中多，特别是在落叶期更为明显。为了有利于太阳辐射的吸收和减小有效辐射，有些植物叶子的开合角度会随阳光的强弱而发生变化，而有些植物本身就具有向日性的特点。

植物的密度对太阳辐射的影响是不言而喻的，种植密度或自然形成的密度愈大，植物群体叶面积愈大，则植被的反射率和透射率愈小，吸收能力愈强。但是，密度过大时容易形成高温、高湿等微气象条件而不利于植物的生长，所以农田密植一定要合理有度。对于森林植被，通常用郁闭度来反映森林的密度，它是单位面积上林木株数的函数；即林冠垂直投影于地面的面积与林木本身所占面积之比，称为森林郁闭度。已有研究表明，森林郁闭度越大，林内光照强度就越小；林中的太阳总辐射随林木种植行距的减小而线性减小。

在植物的不同生长期内，由于叶子的数量、颜色、密度等发生变化，从而对太阳辐射的反射、吸收和透射能力产生不同的影响。通常，绿色植物的叶子有两个吸收带，一个是在可见光部分，另一个是在长波辐射部分；绿叶吸收最弱的波段，正是反射和透射最强的波段。吸收率最小值是在近红外谱区，波长为 $0.75\ \mu m$ 以后的一段，在可见光区波长为 $0.55\ \mu m$ 附近吸收率也比较小。森林以树木年龄标志其生长发育阶段，一般来说，树龄越大，发育越粗壮，郁闭度也越大，对太阳辐射的削弱作用也就越强。对于松树林，树龄为 30 年的壮林中太阳总辐射削弱最多，因为在这一生长阶段林冠的郁闭度最大;而在幼龄和老龄期,对太阳总辐射的削弱有所减少。

农田植被是一个由地面至植被上表面的作用层;在这一整体中,作物通过吸收太阳辐射、进行热量交换和物质输送等过程形成了固有的农田微气象。然而,由于不同种类(如小麦、水稻、棉花等)的农作物具有不同的群体结构和生态特点,使得它们各自的辐射状况并不完全一致,尤其是农田净辐射的分布廓线和分层吸收特征存在明显差异,从而形成不同的农田微气象条件。

造成各种农田净辐射差异的原因,主要是农田反射条件和下垫面温度条件不同,与作物的群体结构和生态特点有关。太阳光能在植被中由植株顶部向下的传播服从负指数规律,同时植被对长波辐射也具有反射、透射和吸收能力;因此,农田植被中的辐射交换过程比较复杂,一方面植被削弱入射的太阳短波辐射,同时又削弱地面和大气发射的长波辐射,形成固有的净辐射垂直分布形式。

晴天日间,农田中净辐射的分布由植被上层向下非线性减小,廓线形式为递减型;此时,植被上表面或植被上层中出现净辐射最大值,靠近地面处的净辐射最小。观测结果[11]表明,光照强度在植被上部递减特别缓慢,有时甚至出现微弱的递增;农田植被上部的净辐射大于农田上方的净辐射(代表整个农田作用层);而且小麦田中净辐射最大值的出现高度随着太阳高度角的增大由植被上表面逐渐下降到大约 2/3 株高的部位,水稻田和棉花田中净辐射的最大值都出现在植被上表面。产生这种现象的原因,主要与各高度上的反射特点有关。在植被层上部,植被对入射的太阳辐射削弱很少;然而,由植被层内向外的反射辐射却因为植被本身的遮挡而有较大程度的削弱。此外,还有一部分被植物茎叶向下反射的太阳辐射,也能额外地增加短波吸收辐射。当然,日间不同作物的净辐射分布廓线也略有区别;例如,棉花的叶子呈水平排列且经过人工整枝,叶面积分布主要集中在植被上层,所以净辐射分布廓线从植株上表面开始迅速向下递减;而小麦、水稻田中净辐射的垂直变化则相对缓和一些。

夜间,农田净辐射分布廓线呈递增型,即植被上表面因有效辐射较大导致农田净辐射较小,靠近地面处出现净辐射最大值。而且不论是哪一种作物,只要被覆茂密,植被下层的净辐射都接近于零。这说明上层植被对下层的覆盖和隔绝作用,阻碍了植被下层与大气的长波辐射交换,避免了辐射降温,具有保温效应。这种现象具有普遍性,它揭示了夜间农田中温度分布特征的形成原因。因此,在比较稠密的农田植被下部和地表面上,晴天夜间温度的下降不是由辐射冷却引起的,而是由上层冷却后的空气下沉所致。

农田植被对净辐射的影响还表现在其分层吸收的特点上。晴天小麦田(株高 95 cm)中的观测发现,在植被层上部气层中,日间所有时刻净辐射均为负值,表明该层损失辐射热量;在植株顶部至 2/3 株高层中,农田净辐射逐渐由负转正,表明该层中由于作物体密度较小,吸收的太阳辐射不足以补偿长波辐射损失,即使是在白天吸收的净辐射仍为负值。在 2/3 株高以下,各层吸收的净辐射均为正值,而且吸收最多的层大体上随太阳高度增高而降低。在贴近地面包括地面的这一层中,除正午前后因透射的太阳辐射较多,净辐射吸收较多以外,白天其余时刻吸收净辐射都很小。夜间,整个植被层都在放出热量,失热最多的层次在植株中上部;地面附近热量损失较小,有时甚至仍为正值。显然,植被分层吸收净辐射的这些特点,与作物叶面积的铅直分布特征密切有关。

2. 水体对净辐射的影响

由于水面对太阳辐射的反射和透射特点,使得水体的辐射收支状况也明显地不同于陆面。影响水面反射率大小的因素比较多,但是最主要的仍然是太阳高度角;其次,还与云量条件、水面状况(即有无波浪)以及水体的混浊度等有关;由于太阳高度角的影响,水面反射率具有明显的日变化特征。水体对太阳辐射的透射率远大于陆地,透射到水体中的太阳辐射随深度的增加按负指数规律迅速减小;即水体对太阳辐射最强烈的削弱过程发生在水体最上层,随着深度的增加,减弱趋势有所缓和。当光线垂直射入清洁水体时,通过 1 cm 深度的水层就可削弱 27% 的入射辐射,通过 10 cm 深度可削弱 45%,50 cm 水层可以使入射辐射损失 50% 以上,而在通过 1 m 深度时太阳辐射损失了64%,一直可深入到水中 15~20 m 深度。当太阳光线斜射或水体混浊时,太阳辐射在水体中的减弱更为迅速。

水面反射率远小于陆面反射率,这是水面净辐射大于陆面净辐射的主要原因。因为一般水域上的太阳总辐射与邻近陆地相差不大,而反射辐射却大为减小。水域上方的空气湿度和云量与陆地上也不相同,特别是水陆下垫面温度不同使得两者有效辐射存在显著差异。一般来说,白天和暖季水面温度低于陆面温度,水面有效辐射比陆面小;而夜间和冷季水面温度高于陆面温度,水面有效辐射比陆面大;正午前后水面有效辐射大约比陆面小 45%,夜间则比陆面大 27% 左右。

晴天条件下,水体上全天反射辐射都很小;长波辐射(包括水面长波辐射 U,大气逆辐射 G 和有效辐射 F)基本上全天平稳少变,这是由于水面温度变化的稳定性所决定的。М. П. Тимофеев(季芙菲耶夫)认为,由于水面上有效辐射全天变化较小,所以日间水面净辐射基本上取决于水体的短波吸收辐射 $Q(1-A)$。水体深度也影响其净辐射通量的大小;水深 50 m 的深水体与水深 11 m 的浅水体相比,两者净辐射差值在 3—9 月为正,其余月份为负;与其反射率和水面温度的差异有关。

3. 雪被对净辐射的影响

雪被微气象条件的形成,主要是因为雪被对太阳短波辐射的反射率很大、对长波辐射的吸收能力很强和极其低劣的导热性能。影响雪被净辐射的最重要因素就是雪面对太阳短波辐射的巨大反射率。雪面反射率随雪被状态的不同和雪质的变化而变化,新雪、干雪的反射率很大;而在融雪期间,由于雪被中积聚的微细泥土等混合物的浓度随着雪被厚度减缩而增大,同时随着融雪强度增加和雪被厚度减缩,雪的湿度增大,再结晶加强;所以,雪被反射率是随着雪被的厚度减小而降低的。

雪被对太阳辐射的透射能力比冰面差,透入雪被内部的太阳辐射随深度增加很快被吸收。透射程度随雪层厚度的增加呈负指数规律衰减,减弱速度与积雪的密度有关;积雪密度越大,对太阳辐射的削弱越快。

巨大的反射率和接近黑体的长波辐射能力都使得雪面的净辐射显著减小。Н. П. Русин(鲁辛)等在南极大陆米尔雷雪面上和绿洲多石砾的表面上辐射收支各分量的观测结果表明,虽然雪面上的总辐射到达量比绿洲多,但绝大部分都被反射掉,导致雪面净辐射在南半球夏季月份也只有绿洲的 $1/4 \sim 1/6$。同时,由于雪面温度低,其长波辐射和有效辐射都比绿洲减小。雪面与绿洲辐射收支各分量的最大差异是发生在太阳辐射最强的夏季月份,最小差异出现在太阳辐射很弱的冬季月份;日变程中的最大差异出现在白天正午前后,而最小差异出现在夜间。

2.5.2 净辐射的局地变化

对于同一地区,下垫面性质不同的两个相邻地段,其净辐射的局地差异可以表示为

$$\frac{\partial R_n}{\partial x} = (1-A)\frac{\partial Q}{\partial x} - Q\frac{\partial A}{\partial x} - \frac{\partial F}{\partial x} \tag{2.46}$$

以差分形式代替微分,有

$$\Delta R_n = (1-A)\Delta Q - Q\Delta A - \Delta F \tag{2.47}$$

由此可见,引起两相邻地段净辐射差异的因素是到达地表的总辐射差异、下垫面反射率的差异和地表有效辐射的差异。这是普遍情况,对于不同的地形条件会略有不同。

1. 平坦裸地上的局地差异

平坦裸地没有地形影响,到达两个相邻地段上的太阳总辐射量是相同的,即 $Q_1 = Q_2$;同样有 $G_1 = G_2$,即到达两地段上的大气逆辐射也是相同的。由此,(2.47)式可简化为

$$R_{n2} - R_{n1} = -Q(A_2 - A_1) - 4s\sigma \overline{T}_0^3 (T_{02} - T_{01}) \tag{2.48}$$

上式表明,对于平坦裸地,两相邻地段的净辐射差异仅取决于这两个地段的下垫面反射率和地面温度的差异。该式的微气象意义很清楚;例如,干旱农田灌溉后,反射率减小,地面温度降低,导致下垫面净辐射增加。

2.起伏地形中的局地差异

地形有大小之分。大地形由山脉走向、延伸长度和总体高度等宏观因素所决定，如秦岭、横断山、青藏高原等;而小地形是指由坡地方位(包括坡向和坡度)、地形形态和局地高度等微观因素所决定的地形。山区地形起伏,形态各异;但是,任何复杂地形都可以分解为若干坡地和平地来进行研究。

由于地形的影响,山地下垫面上的辐射收支状况比开旷平地上要复杂得多。起伏地形对下垫面净辐射的影响很大,不仅到达坡地和平地上的太阳短波辐射会因光线入射角的改变和地形遮蔽的影响而发生很大的差异,而且坡地与平地之间地面温度分布的差异也会使得两者产生长波辐射的交换导致有效辐射发生差异。所以,在估计坡地与平地的净辐射差异时,必须按(2.47)式逐项进行分析,分别考虑两者之间的总辐射差异(包括直接辐射差异和散射辐射差异)、地表反射率差异和有效辐射差异。

3.水体与周围陆地的净辐射差异

水体与周围陆地的辐射收支差异相当明显。对于水域面积不大的小水体来说,这种差异同样可以用与(2.48)式类似的式子来表示,只是其中的下标分别代表小水体和周围陆地。但是,对于大水体(如水域面积较大的湖泊、大型人工水库等)与周围陆地的辐射收支差异,就必须考虑大气逆辐射的差异。一般情况下,同一地区水域和相邻陆地上总辐射的到达量相差不大,但两者反射率相差很大;由于水体和陆地下垫面性质完全不同,水域上方的空气湿度较大,而陆地下垫面温度较高,使得两者有效辐射存在显著差异。因此,Т. А. Кирилова 和 М. П. Тимофеев 认为,大水体与邻近陆地的净辐射差异可近似表示为

$$R_{n2} - R_{n1} = -Q(A_2 - A_1) - 1.6\sigma \overline{T}^3 (T_2 - T_1) + 0.025 \frac{e_2 - e_1}{\sqrt{e}} \sigma \overline{T}^4 \qquad (2.49)$$

式中,$(e_2 - e_1)$ 为大水体与陆面上的水汽压差,e 可取两者的平均值;$(T_2 - T_1)$ 为水面与陆面的温度差,$\overline{T}$ 为空气的绝对温度。

上式表明,水体与陆地上的净辐射差异取决于水面和陆面反射率的差异、空气湿度差异和下垫面温度的差异;而所有这些差异又都与环绕水体周围陆地下垫面的特性以及该地区的气候条件有关。因此,水体所在地区不同,水陆下垫面净辐射的差异也不相同。在气候湿润地区,由于陆面和水面性质差别不大,净辐射差异也比较小;而在干燥地区,水陆表面差异显著,水面净辐射就远大于陆地表面。

此外,水体深度也影响其辐射收支状况。采用类似的讨论方法,对于水域面积有限的深水体与相邻浅水体的净辐射差异可表示为

$$\Delta R_n = -Q \Delta A - \Delta U = -Q \Delta A - 4s\sigma \overline{T}_0^3 \Delta T_0 \qquad (2.50)$$

式中，ΔT_0 代表深水体和浅水体的水面温度之差，$\overline{T}_0$ 为这两个水体的平均水面温度。可见，深水体与浅水体的净辐射差异主要受两者反射率差异和水面温度差异的影响。

2.5.3 净辐射的时间变化

引起地表净辐射有规律地随时间变化的原因，是太阳高度角和地面温度的变化。对于没有云影响的晴天来说，白天虽然太阳总辐射 Q 和地表有效辐射 F 都随太阳高度角 h 的增大而增大，但是由于总辐射 Q 的增大速度远大于有效辐射 F，所以净辐射 R_n 也是随太阳高度角 h 的增大而增大的，这就决定了净辐射 R_n 日变化的基本形式；夜间，$Q = 0$，有 $R_n = -F$；所以，夜间净辐射 R_n 的变化趋势主要由地面温度所决定。

1. 净辐射的日变化

根据下垫面辐射收支方程（2.2）式，有

$$\frac{\partial R_n}{\partial t} = (1 - A) \frac{\partial Q}{\partial t} - Q \frac{\partial A}{\partial t} - \frac{\partial F}{\partial t} \qquad (2.51)$$

其中，右边第一项 $\frac{\partial Q}{\partial t}$ 为太阳总辐射随时间的变化，可以采用（2.19）式将 $\frac{\partial Q}{\partial t}$ 转化为太阳高度角随时间的变化 $\frac{\partial h}{\partial t}$ 来讨论；由（2.9）式可知，对于特定地点的特定日期，$\frac{\partial h}{\partial t}$ 即 $\frac{\partial \omega}{\partial t}$，而 $\frac{\partial \omega}{\partial t} = \frac{2\pi}{T}$ 为常数，其中 T 为时间周期；所以，$\frac{\partial Q}{\partial t}$ 对 $\frac{\partial R_n}{\partial t}$ 的影响是确定的。第二项 $\frac{\partial A}{\partial t}$ 为地面反射率的时间变化，可以通过关系转换 $\frac{\partial A}{\partial h} \frac{\partial h}{\partial t}$ 来讨论；其中，地面反射率随太阳高度角的变化 $\frac{\partial A}{\partial h}$ 已知，即 A 随 h 的增大而减小且 h 较小时 A 变化较大；太阳高度角 h 比较小时，直接辐射量很小，对净辐射的影响也较小。所以，总体上 $\frac{\partial A}{\partial t}$ 对 $\frac{\partial R_n}{\partial t}$ 的影响有限，可以忽略不计。第三项 $\frac{\partial F}{\partial t}$ 为有效辐射的时间变化，由于下垫面温度是影响晴天地面有效辐射的决定性因素，大气逆辐射随时间变化较小；所以，可近似表示为 $\frac{\partial F}{\partial t} \approx \frac{\partial U}{\partial t} = 4s\sigma \overline{T}_0^3 \frac{\partial T_0}{\partial t}$。

因此，（2.51）式可改写成为

$$\frac{\partial R_n}{\partial t} \approx -(1 - A) a \frac{2\pi}{T} \cos\varphi \cos\delta \sin\omega - 4s\sigma \overline{T}_0^3 \frac{\partial T_0}{\partial t}$$

$$= -C\sin\omega - 4s\sigma \overline{T}_0^3 \frac{\partial T_0}{\partial t} \qquad (2.52)$$

其中，$C = a(1 - A)\dfrac{2\pi}{T}\cos\varphi\cos\delta$ 为常数。由此，可以讨论下垫面净辐射的日变化规律。

晴天、平坦裸地上净辐射的日变化特征主要表现在以下几个方面：

①上午时段。在真太阳时正午之前，时角 $\omega < 0$，则 $-C\sin\omega > 0$，表明 $\dfrac{\partial Q}{\partial t}$ 单调增大；同时，上午地面温度 T_0 因吸收太阳辐射而不断升高，即 $\dfrac{\partial T_0}{\partial t} > 0$，上式中等号右边第二项 $4s\sigma\overline{T_0}^3\dfrac{\partial T_0}{\partial t} > 0$，但是其数值比第一项小；所以，有 $\dfrac{\partial R_n}{\partial t} > 0$，表明上午下垫面净辐射 R_n 随时间推移而不断增大。

②正午前后。因为正午时刻 $\omega = 0$，$\sin\omega = 0$，则 $-C\sin\omega = 0$；而正午时刻地面温度 T_0 仍在上升，因为晴天地面最高温度一般出现在午后 13 时左右，此时 $\dfrac{\partial T_0}{\partial t} > 0$；所以，正午时刻 $\dfrac{\partial R_n}{\partial t} < 0$，说明净辐射 R_n 已经开始下降。由此可知，晴天地表净辐射 R_n 的最大值出现在正午之前，出现的条件是 $-C\sin\omega = 4s\sigma\overline{T_0}^3\dfrac{\partial T_0}{\partial t}$；也就是说，下垫面净辐射日变化最大值 $R_{n\max}$ 的出现时刻并不对称于正午。

③下午。时角 $\omega > 0$，$-C\sin\omega < 0$；而地面温度 T_0 开始不断下降，有 $\dfrac{\partial T_0}{\partial t} < 0$，但数值比前者小。所以，下午 $\dfrac{\partial R_n}{\partial t} < 0$，即下垫面净辐射随时间递减；而且随着 $\sin\omega$ 的增大，净辐射 R_n 的递减速度逐渐加快。

④夜间。太阳总辐射 $Q = 0$，有 $\dfrac{\partial R_n}{\partial t} = -\dfrac{\partial F}{\partial t}$，净辐射的时间变化与有效辐射相同，但符号相反。由于夜间地面温度 T_0 因辐射冷却仍在继续下降，有 $\dfrac{\partial T_0}{\partial t} < 0$；所以 $\dfrac{\partial R_n}{\partial t} > 0$，表明夜间净辐射 R_n 又有所回升（观测事实也是如此）。由此可知，晴天地表净辐射的最小值 $R_{n\min}$ 出现在日夜交替的傍晚时刻；因为只有在傍晚时刻，太阳短波辐射 $Q(1 - A)$ 接近于零，而有效辐射 F 却因此时地面温度 T_0 较高而维持在较大的数值上，于是地面净辐射 R_n 才会出现全天的最小值。

⑤净辐射为零的时刻。在地面净辐射日变化过程中，一天有两次 $R_n = 0$ 的时刻，它们都发生在日间，但又不对称于正午。当 $R_n = 0$ 时，则 $Q(1 - A) = F$，所以只能出现在日间。另外，比较早晚两次 R_n 为零的条件，可以发现它们并不对称于正午时刻。早晨由于地面温度 T_0 比较低，有效辐射 F 较小，只需要较小的吸收辐射 $Q(1 - A)$ 就能与 F 相平衡；由于较小的 $Q(1 - A)$ 是与较小的 $\sin h$ 相联系的，即太阳

高度角 h 较小。故早晨地面净辐射由负转正通过零值是在日出后一段时间(约 $40\sim$ 60 min)发生的。相反,傍晚地面净辐射由正转负过程中通过零值时,由于此时地面温度 T_0 比早晨要高得多,有效辐射 F 的数值比较大,必须有较大的吸收辐射 $Q(1-A)$ 与之平衡,此时,太阳高度角 h 也比早晨要高;故傍晚地面净辐射由正转负通过零值的时刻出现在日落前一段较长的时间(大约 $60\sim90$ min)。

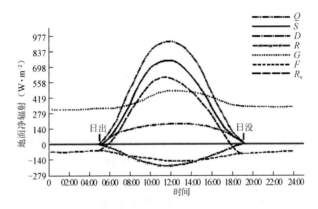

图 2-8　晴天各辐射收支分量的日变化曲线

以上分析结果,已经被大量的实际观测资料所证实。如图 2-8 所示。由图可见,晴天地面净辐射日变化的基本特征,包括它的基本形式不对称于正午、上午出现最大值、傍晚出现最小值以及早晚两次通过零值的时刻等,都与理论分析结果相一致。所以,对于无云晴天来说,上述特征具有普遍意义。但是,对于有云的情况,地面净辐射的日变化比较复杂。

2. 净辐射的年变化

下垫面净辐射年变化的一般规律为,夏季月份出现净辐射的最大值,冬季月份出现最小值(但回归线以内的低纬度地区除外)。净辐射的年变化不仅与太阳赤纬 δ 的年变化有关,还与所在地理纬度 φ 的不同、下垫面反射率 A 的变化有关,并且受下垫面温度、空气温度和湿度、风速、云状云量等因素的影响。

在我国,地面净辐射年变化的最小值大都出现在 12 月至翌年 1 月,且随地理纬度增加而减小;最大值出现时间随纬度增加而提前,如拉萨、上海等地净辐射最大值出现在 7—8 月份,而北京、乌鲁木齐等地提前到 5—6 月份。净辐射年变化幅度主要受各地下垫面性质的影响;我国北部地区(40°N 以北)净辐射年变化幅度一般从东到西减小,而南部地区(30°N 以南)年变化幅度从东到西增大;与我国的地理特征和环流背景条件有关。

2.5.4 典型下垫面上的辐射收支

下垫面状况千差万别,各不相同,但是归纳起来不外乎平坦裸地、坡地、植被、水体、冰雪面以及城市下垫面等几大类。显然,不同类型下垫面上其辐射交换过程必然存在很大差异。例如,到达地球固体表面(土壤、岩石等)上的太阳辐射,除了一部分被反射以外,其余基本上都被固体表面所吸收;但是,当太阳辐射投射到植被、水体和冰雪表面上时,由于它们对太阳辐射具有透射能力,所以在植被、水体和雪被中都有太阳辐射到达量,而且其大小取决于这些下垫面的某些特征。

1. 植被层辐射收支方程

常见的植被(Vegetations)类型有农田植被、森林植被和草被等,由于其生长空间处在近地面层,因此都属于微气象学的研究范畴。

这里,以森林系统为例,分析植被层的辐射收支状况。森林系统包括林冠层、林冠下灌木层和林土层。为了方便,假设林冠下没有灌木层,只考虑林冠层和林土层的辐射收支(农田植被可以采用类似方法讨论)。

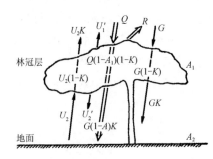

图 2-9 林冠层中的辐射过程示意图

如图 2-9 所示。假设林冠层平均反射率为 A_1,林冠对太阳短波辐射和大气长波辐射的透射能力相同,透射率为 K;林土层反射率为 A_2,不考虑林冠层对长波辐射的反射,地面与林冠层之间短波辐射的多次反射作用忽略不计。由此可知,进入林冠层的太阳总辐射为 $Q(1-A_1)$,透射到林冠层以下太阳总辐射为 $Q(1-A_1)K$,所以林冠层净吸收的太阳总辐射为 $Q(1-A_1)(1-K)$;林冠层的长波辐射收支包括三部分,一是来自天空的大气逆辐射 G,二是林冠层自身发射的热辐射 U_1' 和 U_2',三是来自地面的长波辐射 U_2;所以,林冠层净吸收的长波辐射量为 $sG(1-K)-(U_1'+U_2')+U_2(1-K)$。因此,林冠层的辐射收支方程可表示为

$$R_{n1} = Q(1-A_1)(1-K) + sG(1-K)-(U_1'+U_2')+U_2(1-K)$$
$$= (1-K)[Q(1-A_1) + sG + U_2] -(U_1'+U_2') \tag{2.53}$$

这里,$(1-K)$ 为林冠层的吸收率。对于林冠层上表面,有

$$R_{n1}' = Q-R + sG -U_1'-KU_2 = Q(1-A_1) + sG -U_1'-KU_2 \tag{2.54}$$

对于林冠层下表面,有

$$R_{n1}'' =- Q(1-A_1)K - sGK -U_2'+U_2 \tag{2.55}$$

显然,有 $R_{n1} = R'_{n1} + R''_{n1}$。

对于林土层,地面辐射收支方程为

$$R_{n2} = Q(1 - A_1)K(1 - A_2) + sKG - U_2 + sU'_2 \qquad (2.56)$$

对于整个森林系统,显然有 $R_n = R_{n1} + R_{n2}$。

可见,植被的反射率和透射率是影响植被层内辐射状况的主要因素;这是由植被的自身特性所决定的,与植被的颜色、密度、结构、植物种类、生育期等有关。正是由于植被层中辐射交换过程的复杂性,植被既削弱入射的太阳短波辐射又削弱地面放射的长波辐射,而且不同高度上植被对短波辐射和长波辐射的反射、吸收和透射能力也不相同,因此在植被层中形成了特殊的净辐射分布廓线形式。

2. 水体辐射收支方程

由于太阳辐射能够深入到水体之中,所以在水体中任一深度为 H 处,其辐射收支方程可以表示为

$$R_n = \alpha_K Q(1 - A)\int_0^H e^{-\alpha_K z}\,\mathrm{d}z + \alpha_L sG\int_0^H e^{-\alpha_L z}\,\mathrm{d}z - U \qquad (2.57)$$

其中

$$R_{nK} = \alpha_K Q(1 - A)\int_0^H e^{-\alpha_K z}\mathrm{d}z \qquad (2.58)$$

$$R_{nL} = \alpha_L sG\int_0^H e^{-\alpha_L z}\mathrm{d}z - U \qquad (2.59)$$

表示深度为 H 的该层水体净吸收的短波辐射和长波辐射。式中,α_K,α_L 分别表示水体对短波和长波辐射的削弱系数;显然,有 $\alpha_K \ll \alpha_L$,因为水体对长波辐射的吸收要比对短波辐射的吸收快得多。

对于水体表面层,$H \to 0$ 时,$R_{nK} \to 0$,即水面对太阳短波辐射吸收甚少;而 $\alpha_L \to 1$,说明水面对长波辐射几乎全部吸收。因此,水面辐射收支方程为

$$R_{n0} = \alpha_L sG\int_0^H e^{-\alpha_L z}\mathrm{d}z - U = R_{nL} = -F \qquad (2.60)$$

这表明,水面净辐射 $R_{n_0} < 0$,且近似等于水体有效辐射,为一负值。由此可知,水面温度 T_0 比其紧邻的下层水体温度 T_h 要低,这一点已经被观测事实所证明。

对于足够深的水体,无论是短波辐射还是长波辐射都被整个水层所吸收;因此,整个水体活动层的辐射收支方程为 $R_n = Q(1 - A) - F$,形式上与陆面辐射收支方程相同。

3. 雪被辐射收支方程

积雪覆盖地面,形成雪被活动层。其辐射收支方程可表示为

$$R_n = Q(1 - A) - F - T_R \qquad (2.61)$$

其中，A 为雪面反射率，T_R 为透过雪被层到达土壤表面的辐射量。当积雪达到一定厚度($30 \sim 40$ cm)时，通常 T_R 很小，一般可忽略不计；只有当雪层较薄时才需考虑。

雪面反射率是影响雪面净辐射的最重要的因素。由于雪被对太阳短波辐射的反射率远大于其他下垫面，而雪被对长波辐射的吸收能力几乎接近于完全黑体，使得在其他条件相同的情况下雪面的有效辐射比其他下垫面大，从而导致雪面净辐射明显小于其他下垫面。

2.6 地形对辐射的影响

除了下垫面性质以外，地形(relief)差异也是引起局地微气象条件发生变化的重要影响因素。主要表现在两个方面：一是地形差异造成下垫面上辐射收支状况发生改变，二是地形对近地层气流的作用。在这两个因素的影响下，导致各坡地上动量、热量和水分的输送差异，从而产生气象要素的分布差异，直接影响到下垫面的植被分布。我国幅员辽阔，山地面积占总面积的 69%，所以，研究地形对微气象的作用，具有重要的实际意义。

地形遮蔽对一地辐射总量的影响包括改变辐射收支项的强弱以及日照时间长短两方面，下面先讨论地形对太阳辐射分量和坡地有效辐射的影响，然后讨论地形对日照条件的影响。

2.6.1 坡地上的太阳直接辐射

1.坡地直接辐射计算公式

坡向、坡度会导致坡地上的辐射状况与平地上明显不同。这里，首先分析坡地上的太阳直接辐射 $S_{\alpha\beta}$ 及其分布规律。

如图 2-10 所示，设坡地的坡度为 α、坡向为 β，对坡地上一点 O，以其为原点建立地平坐标系 $O\text{-}xyz$，x 方向为正南方位，y 为正东方位，z 为天顶方向。坡地上 O 点的法向为 $\overrightarrow{ON}$，在地平面上的投影为 $\overrightarrow{ON'}$，$\overrightarrow{ON'}$ 与正南方位的夹角(即与 x 轴的夹角)为坡地方位角 β；太阳直接辐射以 $\overrightarrow{OS}$ 入射到坡地 O 点，在地平面上的投影为 $\overrightarrow{OS'}$，$\angle SOS'$ 即为太阳高度角 h，$\overrightarrow{OS'}$ 与正南方位的夹角为太阳直接辐射的方位角 A(从正南算起，顺时针方向为正)。太阳直接辐射 $\overrightarrow{OS}$ 与坡地法线 $\overrightarrow{ON}$ 的夹角为 i，注意 NON' 和 SOS' 不一定在同一平面上，故 $i+h \neq 90°$，这时，坡地上 O 点的太阳直接辐

射 $S_{\alpha\beta}$ 可表示为 $S_{\alpha\beta}=S_m\cos i$，$S_m$ 表示大气质量为 m 时，水平地面上获得的与入射辐射方向相垂直的太阳直接辐射量，那么 $\cos i$ 如何计算呢？

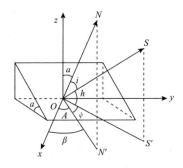

图 2-10　坡地上太阳直接辐射入射与坡地法向夹角示意图

设 $\overrightarrow{ON}$ 和 $\overrightarrow{OS}$ 在 x、y、z 三轴上的坐标点分别为 (l_0,m_0,n_0) 和 (l_1,m_1,n_1)，取单位矢量表示 $\overrightarrow{ON}$ 和 $\overrightarrow{OS}$，则它们在各轴上的坐标值即为它们的方向余弦。由图 2-10 可知：

$$l_0=\sin\alpha\cos\beta,\ m_0=\sin\alpha\sin\beta,\ n_0=\cos\alpha;$$
$$l_1=\cos h\cos A,\ m_1=\cos h\sin A,\ n_1=\sin h$$

根据矢量代数中数量积的原理有，$\overrightarrow{ON}\cdot\overrightarrow{OS}=|\overrightarrow{ON}|\times|\overrightarrow{OS}|\cos i$，$|\overrightarrow{ON}|=1$，$|\overrightarrow{OS}|=1$，所以，$\cos i=\overrightarrow{ON}\cdot\overrightarrow{OS}/(|\overrightarrow{ON}|\times|\overrightarrow{OS}|)=\overrightarrow{ON}\cdot\overrightarrow{OS}$

$$\cos i=\overrightarrow{ON}\cdot\overrightarrow{OS}=l_0l_1+m_0m_1+n_0n_1=\sin h\cos\alpha+\cos h\sin\alpha\cos(A-\beta)$$

因此，太阳斜照坡地时的坡地直接辐射量 $S_{\alpha\beta}$ 为

$$S_{\alpha\beta}=S_m[\sin h\cos\alpha+\cos h\sin\alpha\cos(A-\beta)] \tag{2.62}$$

即

$$S_{\alpha\beta}=S_m\sin h_{\alpha,\beta}$$

这就是具有普遍意义的坡地直接辐射公式，也是坡面辐射分析中一个很重要的公式。其中，垂直于太阳光线平面上的直接辐射强度 S_m 可采用直接辐射观测仪器的实测值；$h_{\alpha\beta}$ 称为太阳相对于坡地的高度角，即坡地上的太阳高度角。该式的物理意义也很清楚。右边第一项是太阳直接辐射的垂直分量在坡地法方向上的投影，第二项是水平分量先投影到 $\overrightarrow{ON'}$ 上再投影到坡地法方向 $\overrightarrow{ON}$ 上的结果；式中 $\cos(A-\beta)$ 的物理意义可以理解为水平项相对于正南方向 $\cos\psi=1$ 的订正系数，它表示太阳相对于坡地方位角 ψ 的改变对坡地直接辐射的影响程度。

2.坡地直接辐射的分布规律

不同坡地上太阳直接辐射通量的分布差异很大，这主要是坡向、坡度的影响

所致。

①坡向的影响。以正午时刻（$A=0$, $h_{\omega=0}=90°-\varphi+\delta$）为例，有

$$S_{\alpha\beta}=S_m[\sin h\cos\alpha+\cos h\sin\alpha\cos\beta]$$

对 $|\beta|$ 求偏导数

$$\frac{\partial S_{\alpha\beta}}{\partial|\beta|}=-S_m\cos h\sin\alpha\sin|\beta| \tag{2.63}$$

这表明，当太阳高度角 h 一定时，相同坡度的坡地上直接辐射量随坡向绝对值 $|\beta|$ 的增大而减小；即南坡最大，偏南坡次之，东西坡、偏北坡依次再减小，而北坡最小。如图 2-11 所示。对于晴天相同坡度的坡地来说，不同坡向的太阳直接辐射量最大值出现时刻随坡向不同有差异。偏东坡（东南坡、东坡和东北坡）上的直接辐射量上午大于下午，最大值出现在上午；而偏西坡上正好相反；南坡和北坡上的直接辐射量上午和下午基本对称，最大值出现在正午（太阳高度角最大）。最大值的出现时间以东坡最早，然后是东南、东北坡，南、北坡，西南、西北坡，西坡最晚。就各坡地上直接辐射最大值来说，南坡最大，东南坡和西南坡、东坡和西坡以及东北坡和西北坡依次减小，北坡上最小；而且偏南坡上的直接辐射最大值都比水平面上的大，偏北坡上的最大值都比水平面上的小。

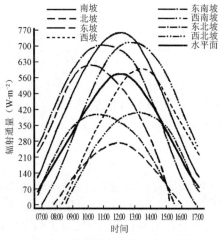

图 2-11　南京方山不同坡向太阳直接辐射的日变化[11]

（纬度为 32°N，坡度为 22°，1958 年 1 月）

②坡度的影响。以正午（$A=0$），南坡（$\beta=0$）为例，有

$$S_{\alpha,0}=S_m[\sin h\cos\alpha+\cos h\sin\alpha]=S_m\sin(h+\alpha) \tag{2.64}$$

这表明，当 h 一定时，若 $\alpha+h<90°$，则 $S_{\alpha,0}$ 随 α 的增加而增大；若 $\alpha+h>90°$，则 $S_{\alpha,0}$ 随 α 增加而减小；若 $\alpha+h=90°$，则 $S_{\alpha,0}$ 出现最大值；显然，正午南坡上出现直接辐射 $S_{\alpha,0}$ 最大值的坡度为 $\alpha=90°-h$。

若以地理纬度为 φ 处的正午时刻太阳高度角 $h_{\omega=0}(\varphi)=90°-\varphi+\delta$ 代入上式,可得

$$S_{a,0}=S_m\sin(90°-\varphi+\alpha+\delta)=S_m\sin(90°-\Phi+\delta) \tag{2.65}$$

其中,$\Phi=\varphi-\alpha$。不难看出,$90°-\Phi+\delta=h_{\omega=0}(\Phi)$ 就是地理纬度为 Φ 处正午时的太阳高度角。这表明,正午南坡上所获得的直接辐射量就相当于纬度比该地低 α 度的地方水平面上所获得的直接辐射量。比如说,在北京($\varphi=40°$)的 $\alpha=8°$ 南坡上正午时所获得的 $S_{\alpha\beta}$,与南京($\varphi=32°$)水平面上正午时所获得的 S_0 相当。由此可见,南坡坡度 α 每增加 $1°$,正午时所获得的直接辐射就相当于地理纬度 φ 降低 $1°$ 处水平面上的直接辐射量,即相当于测点向南推移了 110 km;其农业利用意义很大。对于北坡,情况则完全相反。

③坡面与水平面上直接辐射的比较

坡地直接辐射 $S_{\alpha\beta}$ 与水平面的直接辐射 S_0 之比值可表示为

$$C=\frac{S_m\sin h_{a,\beta}}{S_m\sin h}=\cos\alpha+\text{ctg}h\sin\alpha\cos(A-\beta) \tag{2.66}$$

在正午时刻,$A=0$,有

$$C=\cos\alpha+\text{ctg}h\sin\alpha\cos\beta \tag{2.67}$$

将(2.67)式对坡度 α 求偏导数,有

$$\frac{\partial C}{\partial\alpha}=-\sin\alpha+\text{ctg}h\cos\alpha\cos\beta \tag{2.68}$$

对于偏南坡,$\cos\beta>0$,坡地直接辐射与水平面直接辐射的比值 C 有最大值,条件是 $\text{tg}\alpha=\text{ctg}h\cos\beta$,所以正午时比值 C 随坡度 α 的增大是先增后减;由此可见,$C_{\max}$ 的出现时刻与 δ 无关,只与 α、β 和地理纬度 φ(即 $h_{\omega=0}$)有关。对于偏北坡,$\cos\beta<0$,比值 C 为减函数,总是随 α 增大而减小。对于东西坡,$\cos\beta=0$,比值 C 随 α 单调减小。

将(2.67)式对坡向 $|\beta|$ 求偏导,有

$$\frac{\partial C}{\partial|\beta|}=-\text{ctg}h\sin\alpha\sin|\beta| \tag{2.69}$$

显然,对于同一地点($h_{\omega=0}$ 为定值)相同坡度 α 的坡地,正午时比值 C 随坡向绝对值 $|\beta|$ 的增大而减小;即比值 C 南坡最大,东西坡次之,北坡最小。

将(2.67)式对太阳高度角 h 求偏导,有

$$\frac{\partial C}{\partial h}=-\frac{\sin\alpha\cos\beta}{\sin^2 h} \tag{2.70}$$

对于偏南坡,有 $\cos\beta>0$,相同坡度上比值 C 随 h 的增大而减小;对于偏北坡,$\cos\beta<0$,则比值 C 随 h 单调增加;对于东西坡,$\cos\beta=0$,相同坡度上比值 C 不随 h 变化。

由(2.68)式可知,比值 $C>1$(即 $S_{\alpha\beta}>S_0$)的条件是

$$\text{ctg}h>\frac{1-\cos\alpha}{\sin\alpha\cos\beta} \tag{2.71}$$

要满足这一条件,只有 $\cos\beta > 0$,即偏南坡上正午时的直接辐射大于水平面上的直接辐射。至于东西坡和偏北坡,由于 $\cos\beta \leqslant 0$,所以比值 C 总是小于1,即这些坡地上的直接辐射 $S_{\alpha\beta}$ 小于水平面上的直接辐射 S_0 的。

综上所述,各坡地正午时的直接辐射差异以冬季(δ 较小)、高纬度、坡度大的情况下最为显著。对于非正午时刻($A \neq 0$),太阳直接辐射的分布要相对复杂一些,但是按(2.67)式同样可以进行分析讨论。

④垂直墙面上的直接辐射

在建筑设计中要考虑各种建筑物窗户的大小,即采光、采暖问题,这就需要计算垂直面上的太阳直接辐射。对于垂直的墙面,$\alpha = 90°$,则坡地直接辐射 $S_{\alpha\beta}$ 公式中的垂直项为零,由(2.62)式有

$$S_{90,\beta} = S_m \cos h \cos A \cos\beta + S_m \cos h \sin A \sin\beta \qquad (2.72)$$

对于各个具体方位,有

南墙 $\beta = 0°, S_{90,0} = S_m \cos h \cos A$

北墙 $\beta = 180°, S_{90,180} = -S_m \cos h \cos A$

东墙 $\beta = -90°, S_{90,-90} = -S_m \cos h \sin A$

西墙 $\beta = 90°, S_{90,90} = S_m \cos h \sin A$

则(2.72)式又可写成

$$S_{90,\beta} = S_{90,0} \cos\beta + S_{90,90} \sin\beta \qquad (2.73)$$

这表明,任意朝向垂直面上的直接辐射量都可以由相邻的两个基本方位(东、南、西、北)上的直接辐射量在该垂直面法线方向上的投影来表示。

同理,(2.62)式也可以表示为

$$S_{\alpha\beta} = S_0 \cos\alpha + S_{90,\beta} \sin\alpha \qquad (2.74)$$

其中,$S_0 = S_m \sin h$ 为水平面上的直接辐射量。显然,坡地直接辐射 $S_{\alpha\beta}$ 的垂直分量可用水平面上的直接辐射量表示,而水平分量则以不同朝向墙面上的直接辐射量来表示。

2.6.2 坡地上的散射辐射

坡地上的散射辐射量除了受来自天穹各质点的散射辐射强度各向异性的影响之外,还受坡地自身遮蔽以及周围地形的影响,即与测点的开阔程度(可视天穹面积的大小)有关。由于起伏地形的复杂性,这里只介绍坡地和平行山脊等典型地形的散射辐射分布。

1. 坡地上的散射辐射 D_a

对于周围没有其他地形遮蔽的任一坡地,测点 O 所获得的散射辐射量 D_a 取决

于该测点的天空开阔程度。即与坡向 β 无关,仅与坡度 α 有关,或者说与坡顶上任一点对测点 O 的遮蔽角 $h(\psi)$ 有关。若取垂直于坡地的方向为起始方位,$\psi = 0$,则坡地两端点的方位分别为 $\psi = \dfrac{\pi}{2}$ 和 $\psi = -\dfrac{\pi}{2}$;类似于平地上散射辐射(2.19)式的讨论,不难得出坡地上散射辐射的普遍表达式为

$$D_a = \int_0^{2\pi} \int_{h(\psi)}^{\frac{\pi}{2}} I_{h,\psi} \cos i \cos h \, \mathrm{d}h \, \mathrm{d}\psi \qquad (2.75)$$

其中

$$\cos i = \sin h \cos\alpha + \cos h \sin\alpha \cos\psi \qquad (2.76)$$

坡地对测点的遮蔽角 $h(\psi)$ 是方位角 ψ 的函数,其表达式可以根据三角关系导出。若取坡地走向为 OY 方向,方位起始为 OX 方向(参见图 2.12);测点 O 到 A 点的仰角为 h_a(对于均一坡地 $h_a = \alpha$);A_k 点的方位角为 ψ,它对测点 O 的遮蔽角为 $h(\psi)$。显然,有三角函数关系:

$$\sin h(\psi) = \frac{\mathrm{tg} h_a}{\sqrt{\mathrm{tg}^2 \psi + \dfrac{1}{\cos^2 h_a}}} = \frac{\mathrm{tg} h_a}{\sqrt{\mathrm{tg}^2 h_a + \dfrac{1}{\cos^2 \psi}}}$$

则遮蔽角 $h(\psi)$ 的表达式为

$$h(\psi) = \arcsin \frac{\cos\psi}{\sqrt{\mathrm{ctg}^2 h_a + \cos^2 \psi}} \qquad (2.77)$$

若取方位角起始方向为 OX 的反方向,则有

$$h(\psi) = \arcsin \frac{-\cos\psi}{\sqrt{\mathrm{ctg}^2 h_a + \cos^2 \psi}} \qquad (2.78)$$

由此可知,测点 O 有日照的条件是 $h \geqslant h(\psi)$,因为当光线从坡地背后投射过来时,若 $h < h(\psi)$,则被坡地自身所遮挡,测点无日照。所以,在起伏地形中,要确定测点的日照条件,关键在于确定地形对测点所形成的遮蔽角 $h(\psi)$。

2. 平行山脊中的散射辐射

如图 2-12 所示,测点 O 位于某一平行山脊下坡度为 α 的坡地上,即测点所在地的坡度为 α,而不是仰角 h_b;且山脊为无限长(足够长),山脊高度大体一致的情况下,类似于前面的讨论,当空气质点的高度角 $h < h_a(\psi)$ 时,测点被 A 山脊遮蔽;而当 $h < h_b(\psi)$ 时,测点又被 B 山脊所遮蔽;所以平行山脊中的散射辐射 D_{ab} 的表达式为

$$D_{ab} = 2 \left[\int_0^{\frac{\pi}{2}} \int_{h_a(\psi)}^{\frac{\pi}{2}} I_{h,\psi} \cos i \cos h \, \mathrm{d}h \, \mathrm{d}\psi + \int_{\frac{\pi}{2}}^{\pi} \int_{h_b(\psi)}^{\frac{\pi}{2}} I_{h,\psi} \cos i \cos h \, \mathrm{d}\psi \, \mathrm{d}h \, \mathrm{d}\psi \right] \qquad (2.79)$$

其中 $h_a(\psi)$、$h_b(\psi)$ 分别由(2.77)和(2.78)式给出。在各向同性散射辐射强度的假设条件下(即假设天穹各质点的散射辐射强度 $I_{h,\psi}$ 为常数 I_0),有

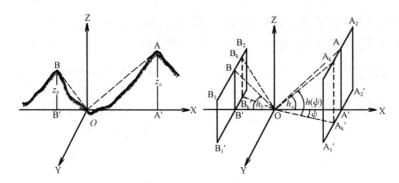

图 2-12　平行山脊中日照条件示意图

$$D_{ab} = 2I_0 \Big[\int_0^{\frac{\pi}{2}} \int_{h_a(\psi)}^{\frac{\pi}{2}} (\sin h \cos h \cos \alpha + \cos^2 h \sin \alpha \cos \psi) \mathrm{d}h \mathrm{d}\psi +$$

$$\int_{\frac{\pi}{2}}^{\pi} \int_{h_b(\psi)}^{\frac{\pi}{2}} (\sin h \cos h \cos \alpha + \cos^2 h \sin \alpha \cos \psi) \mathrm{d}h \mathrm{d}\psi \Big]$$

$$= \frac{\pi I_0}{2} \big[(\cos h_a + \cos h_b) \cos \alpha - (\sin h_a - \sin h_b) \sin \alpha \big] \qquad (2.80)$$

该式是考虑特殊地形条件对测点散射辐射影响的一个普遍形式,由此可推出一些有用的结果。

①对于开旷平地,有 $\cos i = \sin h$, $\alpha = 0$, $h_a(\psi) = 0$, $h_b(\psi) = 0$,则(2.80)式简化为

$$D_0 = 2I_0 \int_0^{\pi} \int_0^{\frac{\pi}{2}} \sin h \cos h \mathrm{d}h \mathrm{d}\psi = \pi I_0 \qquad (2.81)$$

其中 I_0 为单位质点的散射辐射强度。

②对于开阔坡地,坡度为 α, $h_a = \alpha$, $h_b = 0$,则有

$$D_\alpha = \frac{D_0}{2} (\cos^2 h_a + \cos h_a + \sin^2 h_a)$$

$$= \frac{D_0}{2} (1 + \cos h_a) = \frac{D_0}{2} (1 + \cos \alpha) \qquad (2.82)$$

当 $\alpha = 90°$时,即对于任一垂直墙面,在各向同性散射假设下,有 $D_{90} = \frac{D_0}{2}$,这表明,垂直墙面上所接受的散射辐射量恰好等于水平面上的一半。

③对于平行街道,测点位于两排房屋中间的平地上,有 $\alpha = 0$,则

$$D_{0ab} = \frac{D_0}{2} (\cos h_a + \cos h_b) \qquad (2.83)$$

综上所述,可以得出结论:无论何种遮蔽状况(地形、建筑物等),测点的散射辐射量完全取决于所在地点的天穹开阔程度,并与可见天穹面积成正比。也就是说,地形愈开阔,测点接受散射辐射量就愈多。

必须指出,实际上散射辐射强度是各向异性的,与太阳视位置有关。

2.6.3 坡地上的反射辐射

坡地上的反射辐射量 R_α 与平地上的反射辐射 R_0 存在很大的差异,因为坡地上到达的太阳短波辐射,除了坡地直接辐射 $S_{\alpha\beta}$ 和坡地散射辐射 D_α 以外,还包括坡前平地反射过来的太阳短波辐射;其性质与到达坡地上的大气散射辐射 D_α 相同,用 D_{0A} 表示,称为投射到坡地上的反射辐射。

1. 投射到坡地上的反射辐射

图 2-13 为投射到坡地上的反射辐射示意图。通过前面的讨论,我们已经知道,到达坡地的散射辐射 D_α 可以理解为散射辐射强度 $I_{h,\psi}$ 对天穹球面面积的积分。假设坡前平地上单位面积反射辐射强度 $I'_{h,\psi}$ 是各向同性的,都等于 I'(这一假设在坡前平地的地表性质比较一致时是近似成立的),则投射到坡地上的反射辐射 D_{0A} 可以类似地理解为坡前平地的反射辐射强度对坡前平地面积的积分,故有

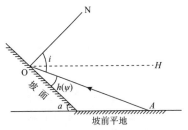

图 2-13 投射到坡地上的 反射辐射示意图

$$D_{0A} = \int_{-\frac{\pi}{2}}^{\frac{\pi}{2}} \int_0^{h(\psi)} I' \sin h \cos h \, \mathrm{d}h \, \mathrm{d}\psi \qquad (2.84)$$

将 $h(\psi)$ 表达式代入积分,可得

$$D_{0A} = \frac{\pi I'}{2}(1 - \cos\alpha) = \frac{R_0}{2}(1 - \cos\alpha) \qquad (2.85)$$

这里 $R_0 = \pi I'$ 为(坡前)平地上的反射辐射量。显然,当坡度 α 不大时,D_{0A} 较小,可以忽略不计。

由于 D_{0A} 也是以散射辐射的形式投射到坡地上的,因此,可以将投射到坡地上的反射辐射 D_{0A} 与坡地上的散射辐射 D_α 相比较。不难看出,如果不考虑天穹散射辐射强度 I_0(各向同性)与坡前平地的反射辐射强度 I' 之间的差异,则由于坡地坡度 α 形成自身遮蔽的影响,使得坡地上接受天穹散射所减少的部分就恰好与投射到坡地上的反射辐射量 D_{0A} 相当。也就是说,当 $I_0 = I'$ 时,有

$$D_\alpha + D_{0A} = \frac{\pi I_0}{2}(1 + \cos\alpha) + \frac{\pi I'}{2}(1 - \cos\alpha) \approx \pi I_0 = D_0$$

即到达坡地上的散射辐射总量与水平面上的散射辐射量相当。但是,事实上,由于 $I_0 > I'$,所以,随着坡度 α 的增加,坡地散射辐射量总是减少的。

2. 坡地反射辐射

坡地反射辐射 R_a 的表达式为

$$R_a = (S_{a\beta} + D_a + D_{0A}) \cdot A_a \tag{2.86}$$

式中, A_a 为坡地平均反射率。

一般情况下, 坡地反射率 A_a 并不需要实际观测, 可以由相同植被状况的平地反射率 A_0 来推算。因为当坡地与邻近平地的地表性质(植被、湿润状况、粗糙度等)大致相同时, 太阳高度角为 h 时的坡地反射率 A_a 就相当于太阳高度角为 $(h + \alpha)$ 时的平地反射率 A_0, 而不同太阳高度角时的平地反射率已在表 2-2 中给出, 由此可确定坡地反射率。

2.6.4 坡地上的有效辐射

对于坡地上的有效辐射 F_a, 理论上完全可以类似于坡地散射辐射的讨论。只是在坡面温度 T_a 与坡前平地温度 T_0 不一致时, 必须考虑坡地与坡前平地之间的辐射热交换, 尤其是在白天, 坡地与平地的遮蔽条件、覆盖状况、地表特征等明显不一致时更为重要。

为了讨论方便, 先作以下两点假设: 一是坡面为理想黑体, 即灰体系数 $s = 1$; 二是坡面和平地的地面温度相等, $T_a = T_0$, 暂不考虑坡地与平地之间的辐射热交换。在此假设条件下, 若坡面向天穹任一方向发射的红外辐射强度为 U', 那么坡地向整个大气发射的长波辐射 U_a 为

$$U_a = 2 \int_0^\pi \int_{h(\psi)}^{\frac{\pi}{2}} U' \cos i \cos h \, dh \, d\psi \tag{2.87}$$

同理, 整个天穹向坡面发射的大气逆辐射 G_a (不包括坡前平地反射的大气长波辐射 G_{0A})可表示为

$$G_a = 2 \int_0^\pi \int_{h(\psi)}^{\frac{\pi}{2}} G' \cos i \cos h \, dh \, d\psi \tag{2.88}$$

其中, G' 为天穹单位质点向坡面发射的大气长波辐射强度。

由此可得坡地自身的有效辐射 F_a 为

$$F_a = 2 \int_0^\pi \int_{h(\psi)}^{\frac{\pi}{2}} (U' - G') \cos i \cos h \, dh \, d\psi$$

即

$$F_a = 2 \int_0^\pi \int_{h(\psi)}^{\frac{\pi}{2}} F' \cos i \cos h \, dh \, d\psi \tag{2.89}$$

其中, 遮蔽角的取值范围是

$$h(\psi) = \begin{cases} 0 & \left(-\dfrac{\pi}{2} \leqslant \psi \leqslant \dfrac{\pi}{2} \right) \\ \arcsin \dfrac{-\cos\psi}{\sqrt{\operatorname{ctg}^2\alpha + \cos^2\psi}} & \left(\dfrac{\pi}{2} \leqslant \psi \leqslant -\dfrac{\pi}{2} \right) \end{cases}$$

积分上式,可得

$$U_\alpha = \frac{\pi U'}{2}(1 + \cos\alpha) = \frac{U_0}{2}(1 + \cos\alpha) \tag{2.90}$$

$$G_\alpha = \frac{\pi G'}{2}(1 + \cos\alpha) = \frac{G_0}{2}(1 + \cos\alpha) \tag{2.91}$$

$$F_\alpha = \frac{\pi F'}{2}(1 + \cos\alpha) = \frac{F_0}{2}(1 + \cos\alpha) \tag{2.92}$$

当 α 较小($\alpha < 15°$)时,可近似为 $F_\alpha \approx F_0\cos\alpha$。对于垂直墙面,$\alpha = 90°$,有 $F_{90} = \dfrac{F_0}{2}$。

以上是假设灰体系数 $s = 1$、$T_\alpha = T_0$ 时得到的结果。下面分析上述两个假设条件的影响。

对于第一个假设条件,当地表不是绝对黑体时,自然表面的灰体系数 s 为 $0.9 \sim 0.95$;而事实上,自然表面对长波辐射的反射率确实很小,仅为 $5\% \sim 10\%$;所以一般情况下可以不予考虑。也就是说,假设灰体系数 $s = 1$ 对坡地有效辐射的计算结果影响不大,可以认为该假设近似成立。

对于第二个假设条件的影响,也是可以估计的。当坡地地面温度 T_α 和平地地面温度 T_0 不相等时,两者之间必然存在长波辐射交换 $U_{\alpha 0}$;根据 Stefan-Boltzmann 定律可知,坡地表面向大气发射的长波辐射强度为 $U'_\alpha = s\sigma T_\alpha^4/\pi$,而平地表面向大气发射的长波辐射强度为 $U'_0 = s\sigma T_0^4/\pi$;因此,与坡前平地投射到坡地上的反射辐射 D_{0A} 相类似,坡地与平地之间的辐射热交换 $U_{\alpha 0}$ 可表示为

$$\begin{aligned} U_{\alpha 0} &= \int_{-\frac{\pi}{2}}^{\frac{\pi}{2}} \int_0^{h(\psi)} \frac{s\sigma}{\pi}(T_\alpha^4 - T_0^4)\sin h\cos h \, \mathrm{d}h \, \mathrm{d}\psi \\ &= s\sigma(T_\alpha^4 - T_0^4)\frac{1 - \cos\alpha}{2} \\ &= s\sigma(T_\alpha^4 - T_0^4)\sin^2\frac{\alpha}{2} \end{aligned} \tag{2.93}$$

由此,最终可得到坡地有效辐射的表达式为

$$\begin{aligned} F_\alpha &= \frac{F_0}{2}(1 + \cos\alpha) + s\sigma(T_\alpha^4 - T_0^4)\sin^2\frac{\alpha}{2} \\ &= F_0\cos^2\frac{\alpha}{2} + s\sigma(T_\alpha^4 - T_0^4)\sin^2\frac{\alpha}{2} \end{aligned} \tag{2.94}$$

在日间或者坡地与平地地表特征明显不一致时,例如,坡前平地上有积雪而坡地上无积雪或者坡前为大水体等情况下,由于坡地与坡前平地的地面温度差异较大,所以上式中右边第二项 $U_{\alpha 0}$ 也比较大,不能简单地忽略不计;而当坡地的坡度比较小

时,一般可以不予考虑。另外,当上式中 $T_a > T_0$ 时,$U_{a0} > 0$,表示坡地向平地发射红外辐射;反之,当 $T_a < T_0$ 时,$U_{a0} < 0$,表示平地向坡地发射红外辐射。

2.6.5 坡地上的净辐射

综合前面的讨论,不难得出任一坡地上的辐射收支方程:

$$R_{n\alpha\beta} = S_{\alpha\beta} + D_\alpha + D_{0A} - R_\alpha + sG_\alpha + sG_{0A} - U_\alpha - sU_{a0} \tag{2.95}$$

其中,G_{0A} 为坡前平地反射到坡地上的大气长波辐射,与投射到坡地上的反射辐射 D_{0A} 相类似,可以表示为

$$G_{0A} = (1-s)\frac{G_0}{2}(1-\cos\alpha) = (1-s)G_0\sin^2\frac{\alpha}{2} \tag{2.96}$$

这里,$(1-s)$ 为坡前平地对长波辐射的反射率,大约为 $0.05 \sim 0.1$。

对于坡度较小的坡地来说,坡地辐射收支方程可简化为

$$R_{n\alpha\beta} = S_{\alpha\beta} + D_\alpha - R_\alpha - F_\alpha \tag{2.97}$$

不同坡地上净辐射的日变化规律与坡地直接辐射以及坡地温度的日变化规律相似。已有的研究结果都表明,影响坡地净辐射日变化的主要因素有两个,一是坡地直接辐射的日变化,二是坡地地面温度的日变化。

由坡地辐射收支方程以及其中各辐射分量的表达式不难看出,坡地上的净辐射不需要进行直接观测,只要有与坡地下垫面性质相同的平地上的各辐射分量的观测,以及坡地与平地地面温度的观测资料就可以相当精确地确定。这对于定量分析坡地上的辐射状况,讨论地形对太阳辐射的影响,研究坡地上太阳辐射的分布和变化规律,无疑是非常重要的。

2.6.6 地形对日照条件的影响

地形对日照的影响,主要表现在 3 个方面:一是测点海拔高度对日照的影响,二是坡地的坡向、坡度对日照的影响,三是周围地形对观测点的遮蔽作用。一般情况下,任何复杂地形都可以表示为坡地和平地的组合;因此,所谓地形对日照的影响,也就是坡地对日照的影响,实质上就是确定各种坡地上的日出、日没时刻,计算坡地上的可能日照时数的问题。

1.测点海拔高度对日照的影响

人们都有这样的常识,即站得高,看得远。古代诗人王之涣就有"欲穷千里目,更上一层楼"的诗句。因此,人们都会认为,在高山之巅有可能产生当太阳还在地平线

以下时山顶就开始接受日照的情况;这样,似乎山顶上的日照时间有可能比海平面上的日照时间长。那么,测点海拔高度的增加对可能日照时数的影响究竟有多大呢?

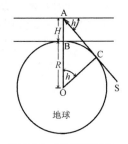

如图2-14所示。取地球的平均半径 $R = 6371$ km,A 点开始有日照时的太阳高度角 h 为

$$\sin h \approx \frac{\sqrt{2HR}}{R} = 0.0177\sqrt{H} \qquad (2.98)$$

图 2-14　测点海拔高度对日照的影响示意图

化为时间来说明 A 点提前接受日照的程度,由太阳高度角公式 (2.9)式有

$$\cos\omega = -\operatorname{tg}\varphi \cdot \operatorname{tg}\delta + \frac{\sin h}{\cos\varphi\cos\delta} \qquad (2.99)$$

将(2.98)式代入,并考虑此时太阳处于地平线以下,$h < 0$,测点 A 的海拔高度为 H,则可得该处的日出日没时角 ω_H 的表达式为

$$\omega_H = \arccos(-\operatorname{tg}\varphi \cdot \operatorname{tg}\delta - 0.0177\sqrt{H}\sec\varphi\sec\delta) \qquad (2.100)$$

而海平面上($H = 0$)的日出日没($h = 0$)时角为

$$\omega_0 = \arccos(-\operatorname{tg}\varphi \cdot \operatorname{tg}\delta) \qquad (2.101)$$

由此可知,对于北半球同纬度地区来说,测点海拔高度愈高,则 $|\omega_H|$ 愈大,即日出时间愈早,日没时间愈晚,可照时数愈长。不管是夏半年($\delta > 0$)还是冬半年($\delta < 0$),都有 $|\omega_H| > |\omega_0|$。在相同海拔高度上,这种影响在高纬度地区比低纬度地区更为明显。这是从理论分析的结果。

然而,实际上山脉平均高度 H 通常只有 3 km,对于我国所处的地理纬度,ω_H 一般仅比 ω_0 大 3.6°左右,折合成时间大约为 14 min;完全可以忽略不计。另外,在分析海拔高度对日照的影响时,将测点 A 作为一个几何点来考虑;而实际上测点所在的观测场总是在山顶平地上,太阳光线不可能从地平线以下透过地面而照射到测点。所以,即使在山顶上,也只能有 $|\omega_H| = |\omega_0|$ 的情况;况且在山地的其他部位,还要受山地本身坡向、坡度的影响以及周围地形的遮蔽作用,这些影响只会使 $|\omega_H| < |\omega_0|$,而且不可能出现 $|\omega_H| > |\omega_0|$ 的情况。由此可见,任一坡地上的实际日出日没时角,不论其测点海拔高度如何,最大也不可能超过水平面上的日出日没时角;即地形对日照的影响总是减少它的可照时间。这是从实际情况分析得出的重要结论。因此,坡地日照分析的首要条件是

$$|\omega_0| \geqslant |\omega_1|, |\omega_2| \qquad (2.102)$$

这里,ω_1、ω_2 为测点实际日出、日没时角。

2. 坡向坡度对日照的影响

由于坡地方位(即坡向)和坡度的不同,往往导致坡地上的实际日出日没时角、实

际日照时间以及一天中所接受的太阳辐射日总量发生很大的差异,这属于坡地自身因素的影响。可以用理论公式计算法和图解法(测点遮蔽图法)进行分析。

(1)理论公式计算法

对于坡度为 α、坡向为 β 的规则坡地,当周围无其他遮蔽,可用理论公式计算出日出、日落时角 $\omega_{\alpha\beta0}$。根据(2.62)式,将 $\cos(A-\beta)$ 展开,并设:

$$U = \sin\varphi\cos\alpha - \cos\varphi\sin\alpha\cos\beta$$
$$V = \sin\varphi\sin\alpha\cos\beta + \cos\varphi\cos\alpha$$
$$W = \sin\varphi\sin\beta, \quad U^2 + V^2 + W^2 = 1$$

可以得到:

$$S_{\alpha\beta} = S_m[U\sin\delta + V\cos\delta\cos\omega + W\cos\delta\sin\omega] \tag{2.103}$$

令 $S_{\alpha\beta} = 0$,解关于 $\cos\omega_{\alpha\beta0}$ 得到的一元二次方程,就可得到日出、日落的时角 $\omega_{\alpha\beta0}$。

$$U\sin\delta + V\cos\delta\cos\omega_{\alpha\beta0} + W\cos\delta\sin\omega_{\alpha\beta0} = 0$$

$$\cos\omega_{\alpha\beta0} = \frac{-UV\mathrm{tg}\delta \pm W\sqrt{1-U^2(1+\mathrm{tg}^2\delta)}}{1-U^2}$$

$$\omega_{\alpha\beta0} = \arccos\left(\frac{-UV\mathrm{tg}\delta \pm W\sqrt{1-U^2(1+\mathrm{tg}^2\delta)}}{1-U^2}\right) \tag{2.104}$$

公式中取正号时,为日出时刻时角;取负号时,为日落时刻时角。

对于南坡,$\beta=0°$,公式(2.104)可变为:

$$\omega_{\alpha\beta0} = \arccos[-\mathrm{tg}(\varphi-\alpha)\mathrm{tg}\delta]$$

对于北坡,$\beta=180°$,公式(2.104)可变为:

$$\omega_{\alpha\beta0} = \arccos[-\mathrm{tg}(\varphi+\alpha)\mathrm{tg}\delta]$$

(2)图解法

由于实际地形比较复杂,可以用地形遮蔽图,根据太阳视运动轨迹来计算可照时数。图解法有比较直观、使用方便的优点,实用意义很大。

这里,以 30°南坡为例($\alpha=30°$,$\beta=0°$),分析该坡地在冬半年、夏半年及二分日的可照条件。坡向的计量以正南为零,将方位 360 等分,顺时针为正,逆时针为负。

日照示意图的制作步骤:

①以测点为圆心,任意长度为半径划一圆,表示该地点的视地平。

②取两个坐标:一是方位角坐标,以正南为起始,向西为正,向东为负,将圆周 360 等分;二是高度角坐标,以圆周为起始,沿半径向圆心 90 等分;这样,就构成了一个地平坐标系(图 2-15)。

③将所讨论地点的坡向、坡度(遮蔽角)绘在图中。对于 30°南坡,先在正北方位上标出仰角(即高度角)为 30°的一个点(0,30);因为对于观测者来说,南坡遮蔽的是北边,即与坡向相差 180°的方位;然后,再标出与正北方位相差 ±90°方位的两个点(−90,0)、(90,0),这两点对于测点来说仰角为 0°(即对测点无遮蔽);最后,通过上

述三点作一圆弧,将该圆弧与地平大圆之间所包含的部分以阴影表示,代表该坡地自身的遮蔽范围。

④绘出所讨论日的太阳视轨道。方法是取三个特殊点,一是正午时刻($\omega = 0$),太阳方位角 $A = 0$,正午时的太阳高度角 $h_{\omega=0}$ 可由(2.9)式求得,即

$$h_{\omega=0} = 90° - | \varphi - \delta | \tag{2.105}$$

这样,可在正南方位上标出一点$(0, h_{\omega=0})$;二是日出、日没时刻(这两点在圆周上),$h = 0$,根据(2.101)式求出 ω_0,因图中没有时角坐标,需转换成日出、日没时的太阳方位角 A_0,由天文公式

$$\cos A = \frac{\sin\varphi\cos\delta\cos\omega - \cos\varphi\sin\delta}{\cos h} \tag{2.106}$$

或

$$\sin A = \frac{\cos\delta\sin\omega}{\cos h} \tag{2.107}$$

可计算出日出、日没时的太阳方位角,并在图中标出这两点$(-A_0, 0)$、$(A_0, 0)$;过上述三点划一弧线,表示所讨论日期的太阳视轨道。

⑤分析测点的可照条件。显然,太阳视轨道与坡地弧线(阴影区)的交点就是坡地上实际开始或终止日照的时刻;所以只要确定出交点的太阳高度角 h,换算成时角 ω,就可求得该测点的日照时数。

坡地日照状况分析,如图 2-15 所示。夏半年某日(以太阳视轨道 S_1 表示),当太阳开始从地平线上升起($-\omega_{01}$)时,光线从山坡背后射来,坡地自身挡住了光线,坡地上无日照。尔后,随着太阳高度角渐渐增加,太阳方位角也逐渐向南移动(在北回归线以外地区),直至某一时刻(ω_1)山坡上才开始接受日照,到下午某一时刻(ω_2)日照结束。在 $\omega_2 \sim \omega_{01}$ 一段时间内,光线也被坡地本身所遮挡,坡地上无日照。对于南坡,坡度 $\alpha = 90°$(即南墙)时,有日照的时段为 $\omega'_1 \sim \omega'_2$。二分日(以 S_2 表

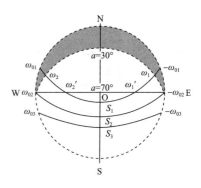

图 2-15 南坡日照条件示意图

示),太阳从正东方位升起,正西方位落下;对于 30°南坡,坡地上全天都有日照;同样,对于 90°南墙,二分日全天有日照。冬半年某日(以 S_3 表示),由于太阳高度角较低,南坡上也都全天有日照。

可以类似地分析各种坡向、坡度的坡地日照情况。

对于复杂的起伏地形,日照长短除了坡地测点本身的影响之外,还受到周围地形

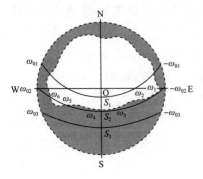

图 2-16 起伏地形中的实际日照条件

的屏障遮蔽作用。由于地形起伏是毫无规律的，因此这种影响无法用纯数学的方法来解决，只能依靠实际测量。一般利用经纬仪来测定测点周围各个方位上起伏地形的仰角，得到若干组观测资料（ψ_i，h_i），然后根据资料绘制成测点遮蔽图。要确定起伏地形中某一日的可照时数时，只需加上该日的太阳视轨道（每一天的太阳赤纬 δ 值可查天文年历），然后分段累加没有被遮蔽的时间。

如图 2-16 所示，该测点在二分日的可照时间为

$$C = \frac{|\omega_1 - \omega_2| + |\omega_3 - \omega_4| + |\omega_5 - \omega_6|}{15°} \quad （单位：h）$$

实际工作中，示图应取较大比例尺，以便于确定 ω_1，ω_2，ω_3，ω_4 各点的太阳高度角，减小时角换算误差。

2.6.7 坡地上太阳辐射日总量的计算

坡地上任一时刻的天文辐射为

$$I_{\alpha\beta0} = \frac{I_0}{\rho^2} \times (U\sin\delta + V\cos\delta\cos\omega + W\cos\delta\sin\omega) \quad (2.108)$$

式中，U，V，W 为表征地理、地形特征的因子，同公式（2.103）。

将坡地上的天文辐射在某一天可照时段内进行积分即可得该天的天文辐射日总量，即：

$$Q_{\alpha\beta0} = \frac{86400 I_0}{2\pi\rho^2} \times \int_{-\omega_{\alpha\beta0}}^{\omega_{\alpha\beta0}} (U\sin\delta + V\cos\delta\cos\omega + W\cos\delta\sin\omega)\mathrm{d}\omega \quad (2.109)$$

当地形起伏不规则时，在不同时段内，由于地形之间有可能造成日照的相互遮挡，使实际地形中在一天的可照时间无法直接用数学公式一次算出，因此，起伏地形下天文辐射日总量需采用分段积分的方法计算。

$$Q_{\alpha\beta0} = \frac{86400 I_0}{2\pi\rho^2} \times \{U\sin\delta[\sum_{i=1}^{m}(\omega_{ssi} - \omega_{sri})] +$$

$$V\cos\delta[\sum_{i=1}^{m}(\sin\omega_{ssi} - \sin\omega_{sri})] - W\cos\delta[\sum_{i=1}^{m}(\cos\omega_{ssi} - \cos\omega_{sri})]\} \quad (2.110)$$

参考文献

［1］Houghton J T. The Physics of Atmospheres. New York：Cambridge University Press,1977.

［2］Wallace J M,Hobbs P V. Atmospheric Science：An Introductory Survey. New York：Academic Press Inc,1977.

［3］Paltridge G W,Platt C M R. Radiative Processes in Meteorology and Climatology. Developments in Atmospheric Science,5. Amsterdam：Elsevier Scientific Pub. Com. ,1976.

［4］Moore P. Astronomy Encyclopedia. New York：Oxford University Press,2002.

［5］胡中为. 普通天文学. 南京：南京大学出版社,2003.

［6］孙卫国. 气候资源学. 北京：气象出版社,2008.

［7］陆渝蓉,高国栋. 物理气候学. 北京：气象出版社,1987

［8］潘守文. 小气候考察的理论基础及其应用. 北京：气象出版社,1989.

［9］张蔼琛. 现代气象观测. 北京：北京大学出版社,2000.

［10］傅抱璞,翁笃鸣,虞静明,等. 小气候学. 北京：气象出版社,1994.

［11］翁笃鸣,陈万隆,沈觉成,等. 小气候和农田小气候. 北京：农业出版社,1981.

［12］潘守文,李永康,马开玉,等. 现代气候学原理. 北京：气象出版社,1994.

［13］左大康,周允华,项月琴,等. 地球表层辐射研究. 北京：科学出版社,1991.

［14］曾燕,邱新法,刘昌明,等. 基于 DEM 的黄河流域天文辐射空间分布. 地理学报,2003,**58**(6)：810-816.

第 3 章

土壤热量传输及温湿度变化

土壤是近地层大气热量和水汽的源地,大气对太阳短波辐射吸收很少,大气中的热量主要来自地面的长波辐射和向人气输送的湍流热通量,土壤蒸发和植物蒸腾也是大气中的水分的重要来源之一,所以土壤中的水热状况对近地层各种物理过程都有很大影响。另外,土壤中的水、热、气状况是农业生产的重要生态因子,它直接影响着作物的生长发育、产量的形成。土壤是 SPAC(soil-plant-atmosphere continuum,土壤-植物-大气连续体)系统的重要组成部分,故研究和了解土壤中的热量传输和温湿度变化对分析近地气层的微气象条件具有重要意义。

3.1 土壤热特性

当热量从土表进入土壤后,热量流速多大、流进土壤的深度可达多少、这些热量对土壤温度的影响程度如何等等,不仅取决于进入土壤热量的数量,而且还与土壤本身的热力特性有关,因此首先介绍土壤热力特性。

表征土壤热力特性的物理量有五个,它们是:①土壤热导率(thermal conductivity),以 λ 表示;②土壤热容,包括质量热容(specific heat)和容积热容(heat capacity),分别以 C_m 和 C_v 表示;③土壤导温率(thermal diffusivity,热扩散率),以 K 表示;④土壤阻尼深度(damping depth),以 d 表示,单位 m;⑤土壤蓄热系数(thermal admittance),以 μ 表示,$\mu = \sqrt{C_v \times \lambda}$。前面二个热力特性是基本量,后面三个是导出量,下面着重介绍前面三个量。

1. 土壤热导率(λ)

(1)土壤热导率的定义

土壤中主要通过分子传导的方式传导热量,故遵循傅里叶热传导定律,即在 $t+\Delta t$ 时间内,流过物体曲面面积为 ΔA 的热量是与时间 Δt、面积 ΔA 以及温度沿曲面 ΔA 法线方向的方向导数成正比。数学表达式如下:

$$Q_s = -\lambda \frac{\partial T}{\partial n} \Delta A \Delta t$$

上式可表示任何物体的热量流动,对于土壤来说,若不考虑水平方向的温度差异,ΔA 是单位水平面,只考虑铅直方向的热传导,即土壤表面的法线方向就是铅直向下、原点在地表。土壤的热传导可写成

$$Q_s = -\lambda \frac{\partial T}{\partial z} \Delta A \Delta t$$

这个比例系数 λ 称为土壤热导率,因为热量的传递方向与温度梯度方向相反,故公式右边冠以负号,由上式可知,当温度铅直梯度 $\frac{\partial T}{\partial z}=1$ 时,λ 就是单位时间内通过单位面积的热流量,其单位为 $W \cdot m^{-1} \cdot {}^{\circ}C^{-1}$ 或 $W \cdot m^{-1} \cdot K^{-1}$,故 λ 表示了热量在土壤中传递的快慢程度,即表示土壤传递热量快慢的一个物理量。

对单位面积和单位时间内,$\Delta A \Delta t = 1$,则可把上式改写为 $Q_s = -\lambda \frac{\partial T}{\partial z}$,即每单位时间内通过单位面积土壤传输的热量(热通量)等于土壤热导率和其温度梯度的乘积,并冠以负号,称该式为土壤热通量方程。

分析土壤热通量方程可知:

(a)当净辐射 R_n 为正时,由土壤表面向下有:$\frac{\partial T}{\partial z}<0$,随着 z 的增大,T 下降。Q_s 为正,表示土壤表面由于辐射交换作用,而获得热量,并把一部分热量向土壤下层输送。

(b)当 R_n 为负时,由土壤表向下有:$\frac{\partial T}{\partial z}>0$,随着 z 的增大,T 升高。Q_s 为负,表示土壤表面由于辐射交换作用,而失去热量,热量自土壤下层向表面输送,并散于大气中。

(c)当 $R_n = 0$ 时,土壤表面因获得的热量和损失的热量刚好相抵。有 $\frac{\partial T}{\partial z}=0$,土壤铅直方向温度分布均匀,上下层之间无热量流量,一般在早晨和黄昏时土壤表面层出现上种情况。

(d)由 $Q_s = -\lambda \dfrac{\partial T}{\partial z}$ 可知,每单位时间通过单位面积沿铅直方向输送的热量是由 λ 和 $\dfrac{\partial T}{\partial z}$ 的乘积而决定的,即由它们的相对大小决定的。当 $\dfrac{\partial T}{\partial z}$ 一定时,Q_s 的大小完全取决于 λ 的大小。当 λ 大时,白天土壤表面吸收的热量容易下传,热量不会累积在土壤表层,故上层土壤温度可望不会太高,而在晚上,土壤表面因辐射冷却失去热量,当 λ 大时,下层热量很快上传,损失的热量很快得到补充,故上层土壤温度可望不致降得过低。因此,得到结论,热导率大的土壤,其温度日较差较小,恒温层深度比较深;热导率小的土壤情况则相反。

(2)影响土壤热导率大小的因素

(a)土壤本身特性的影响

土壤是由固相、液相、气相组成,热量是由三相不同的物质共同传递的,而这三相物质的热导率差异很大,一般是 $\lambda_\text{固} > \lambda_\text{水} > \lambda_\text{空气}$(表 3-1),因此,土壤三相物质的组成比例制约着热导率的大小。

(b)孔隙度的影响

随着孔隙度的增大,热导率 λ 减小。因为孔隙度的增加意味着热导率比固体颗粒小得多的空气和水的比例增加,孔隙里面不是水就是空气,土壤热导率与孔隙度的关系可由如下经验关系式表示:

$$\lambda_s = 3\pi\lambda_a \ln \frac{43 - 0.3/s}{s - 26}$$

式中,λ_a 为空气热导率,λ_s 为土壤实际热导率,s 为孔隙度。

(c)土壤湿度对热导率的影响

土壤热导率 λ 随土壤湿度的增大而增大(图 3-1),湿度增加意味着土壤孔隙中的空气减少,而水分增加,水的热导率比空气的热导率大 20 多倍,冬天灌水能防冻的原因之一是增大了土壤的热导率,故土壤下层热量容易上传。

2.土壤热容(C_v)

(1)土壤热容的定义

土壤热容有二种表示方法:质量热容(或重量热容)和容积热容。

质量热容就是土壤的比热容 C_m。设有质量为 M 的土块,温度升高 dT 后,吸收了 dQ 的热量(焦耳),即为 $dQ \propto m dT$,乘以系数后变成等式为 $dQ = C_m m dT$,所以,$C_m = dQ/m dT$,当 $m=1$,$dT=1$ 时,$C_m = dQ$,所以质量热容的物理定义是,单位质量的土壤温度升高 1℃时,可吸收的热量(焦耳),单位为 $\text{J} \cdot \text{kg}^{-1} \cdot \text{℃}^{-1}$ 或 $\text{J} \cdot \text{kg}^{-1} \cdot \text{K}^{-1}$。

对于容积热量而言,设上述土块的体积为 V,温度升高 dT 度时,吸收热量为 dQ,也有 $dQ \propto V dT$,乘以系数 C_v 后变成等式为 $dQ = C_v V dT$,所以,$C_v = dQ/V dT$。

当 $V=1$，$dT=1$ 时，$C_v=dQ$，所以容积热容的物理含义为：单位容积的土壤，温度升高 1 ℃，可吸收的热量。C_v 单位为 J・m^{-3}・℃$^{-1}$ 或 J・m^{-3}・K^{-1}，它是表示土壤"储贮"热量的能力。

因为：$dQ=C_v dT=C_v V dT$，所以有：$C_v=C_m m/v=C_m \rho_b$，故土壤容积热容是由土壤的比热容与其容重乘积决定。

表 3-1   自然物质的热特性   （引自 Arya[1]，2001）

材料	所处状况	密度 ρ (kg・m^{-3}×10^3)	比热容 C_m (J・kg^{-1}・K^{-1}×10^3)	容积热容 (J・m^{-3}・K^{-1}×10^6)	热导率 (W・m^{-1}・K^{-1})	导温率 (m^2・s^{-1}×10^{-6})
空气	20 ℃，静滞	0.0012	1.01	0.0012	0.025	20.5
水	20 ℃，静滞	1.00	4.18	4.18	0.57	0.14
冰	0 ℃，纯净	0.92	2.10	1.93	2.24	1.16
雪	新鲜	0.10	2.09	0.21	0.08	0.38
雪	陈旧	0.48	2.09	0.84	0.42	0.05
砂土 (40％孔隙)	风干	1.60	0.80	1.28	0.30	0.24
	饱和	2.00	1.48	2.96	2.20	0.74
黏土 (40％孔隙)	风干	1.60	0.89	1.42	0.25	0.18
	饱和	2.00	1.55	3.10	1.58	0.51
泥炭土 (80％孔隙)	风干	0.30	1.92	0.58	0.06	0.10
	饱和	1.10	3.65	4.02	0.50	0.12
岩石	固体	2.70	0.75	2.02	2.90	1.43

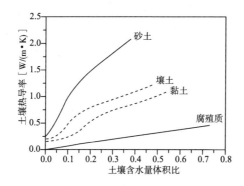

图 3-1   不同质地土壤的热导率与土壤含水量关系

（2）影响土壤容积热容的因素

（a）取决于土壤三相物质的组成比例。

土壤容积热容是由组成土壤的固体颗粒、水、空气三相物质的容积热容组成,而通过三相物质的容积热容相差较大,如 $C_{v固}$: $C_{v水}$: $C_{v空气}$ = 1/2 : 1 : 1/3000,若这就是单位容积的水温度升高 1 ℃ 可吸收的热量为 1 J 的话,那么同体积的固体颗粒只需 1/2 J,而固体积的空气只需 1/3000 J 就够了,由此可知,空气的容积热容是极小的,一般讨论土壤容积热容时,不考虑空气的变化,对单位体积的土壤。即:

$$C_v = C_{v固} + C_{v水} + C_{v空气} \approx C_{v固} + C_{v水} = C_{m固}\rho_b + C_{m水}\rho_水 = \rho_b(C_{m固} + C_{m水}W)$$

这是 C_m 是固体颗粒比热,ρ_b 是土壤容重,$\rho_水$ 为水的容重,W 为土壤质量含水量(土壤湿度)。分析可知,影响土壤容积热容的因素主要有三个:土壤容量、土壤固体颗粒的比热容、土壤质量含水量。

由于土壤固体颗粒由两部分组成:①土壤矿物质,②有机物质,而这两种物质的比热容不同。对一定土壤来讲,这二者的组成比例变化不大,相对来讲,土壤固体颗粒的比热容比较稳定,变化不大。故影响土壤容积热容变化的因素主要是土壤容重和土壤质量含水量。而土壤容重是土壤孔隙度的函数,随着土壤容重的增大,土壤孔隙度降低。因此,影响土壤容积热容大小的因素可以认为是由土壤孔隙度和土壤质量含水量决定的。容积热容随土壤湿度增加而呈线性上升;在相同的土壤湿度条件下,随孔隙度的增大,容积热容下降。因为孔隙度增大,意味着空气含量增多,而空气容积热容是很小的,这是可以理解的。

3. 土壤导温率(K)

(1)土壤导温率的定义

前面介绍了土壤热导率和热容,热导率是表示土壤传导热量快慢的物理量,容积热容是表示土壤"储存"热量的能力。土壤温度变化快慢的能力如何表示呢?前面分析已经知道,实际土壤温度的变化与热导率成正比,与容积热容成反比,所以,可用这两个量的比值(土壤导温率)来表示土壤温度变化快慢。土壤导温率也叫导温系数,表达式为:

$$K = \frac{\lambda}{C_v} = \frac{\lambda}{C_m\rho_b}$$

故,土壤热通量方程可以写成:

$$Q_s = -\lambda\frac{\partial T}{\partial z} = -KC_m\rho_b\frac{\partial T}{\partial z} = -KC_v\frac{\partial T}{\partial z} \tag{3.1}$$

则土壤热通量 Q_s 是与热通量流动方向上单位体积土壤所含热量(浓度)的梯度成正比,与该扩散物质的扩散系数 K(导温率)成正比,这实质是 Fick(斐克)扩散定律的变形。可见,导温率决定了土壤温度变化的快慢,导温率大的土壤,昼夜和年的温度变化所能到达的深度就大,也就是温度波能传到很深的土层中去。

(2)影响导温率 K 的因素

凡是对热导率和热容有影响的因素,都对 K 有影响。

(a)土壤三相物质组成比例不同,影响导温率大小,由前述可知,$K_{气}>K_{固}>K_{水}$。土壤质地不同,K 值也有差异,一般地,$K_{砂}>K_{壤}>K_{黏}$。

(b)孔隙度的影响

由 $K=\lambda/C_v$ 看出,在相同的 C_v 条件下,λ 大的土壤 K 大,反之亦然,在相同的 λ 条件下,C_v 大的土壤 K 小,反之亦然。故某种土壤导温率 K 的大小,在具体数值上,完全视 λ 和 C_v 比值大小而定。

因此,凡是影响 λ 和 C_v 的因素均对 K 有影响,所以孔隙度 s 对 K 也有影响,在讨论孔隙度 s 对 C_v 影响时,已不考虑空气的容积热容对这个土壤 C_v 的影响,故对干燥土壤而言,因为没有水,所以孔隙度对 C_v 的没有影响,只影响 λ。其规律是孔隙度增大,λ 减小,导温率下降。

(c)土壤湿度对 K 的影响

土壤湿度对 K 的影响有些复杂,因为湿度变化同时对 λ 和 C_v 起作用,而且影响是同向的,随土壤湿度的增加,λ 和 C_v 同时增大,那么 K 怎么变化?K 究竟是变大还是变小主要视 λ 和 C_v 两者的增加速率而定。

在土壤由干变湿的初期,因土壤湿度低,λ 增加的速率大于 C_v 增加的速率,故此时,由于分子增加快,分母增加慢,其比值应是增加的,但湿度增加到一定程度后,C_v 随土壤湿度的增大仍呈线性增加,而 λ 随土壤湿度的增大已变缓慢了,故此时 K 值随土壤湿度的增大反而减小。因此,可得到如下结论:导温率随土壤湿度增加是先增后减(图 3-2)。

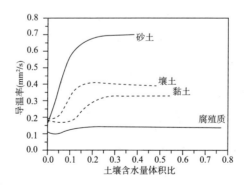

图 3-2 不同土壤质地下的导温率与土壤含水量关系

3.2 土壤热量传输与温度变化方程

3.2.1 土壤热传导方程

在土壤任一深度 z 处,建立一个直角坐标系,取一水平面积为 1,厚度为 Δz 的土块。假设水平方向温度分布均匀,只有铅直方向温度有差异,因此,只有铅直方向有热量流动。

根据傅里叶定律,单位时间流进 z 面的热流量是:

$$Q_z = -\lambda \frac{\partial T}{\partial z}\bigg|_z$$

单位时间从 $z+\Delta z$ 流出的热量为

$$Q_{z+\Delta z} = -\lambda \frac{\partial T}{\partial z}\bigg|_{z+\Delta z}$$

则,土块在铅直方向净吸收的热量为

$$\Delta Q_1 = Q_z - Q_{z+\Delta z} = -\lambda \frac{\partial T}{\partial z}\bigg|_z - \left(-\lambda \frac{\partial T}{\partial z}\bigg|_{z+\Delta z}\right) = \lambda \frac{\partial T}{\partial z}\bigg|_{z+\Delta z} - \lambda \frac{\partial T}{\partial z}\bigg|_z$$

设土块没有水相变化,吸收的热量完全用于提高小土块本身的温度,单位时间内土块温度变化量为 $\frac{\partial T}{\partial t}$,则土块在单位时间内的热含量变化可表示为:

$$\Delta Q_2 = C_v \frac{\partial T}{\partial t} \Delta z$$

根据质量守恒定律,有 $\Delta Q_1 = \Delta Q_2$,故有

$$C_v \frac{\partial T}{\partial t} \Delta z = \lambda \frac{\partial T}{\partial z}\bigg|_{z+\Delta z} - \lambda \frac{\partial T}{\partial z}\bigg|_z \quad C_v \frac{\partial T}{\partial t} = \left(\lambda \frac{\partial T}{\partial z}\bigg|_{z+\Delta z} - \lambda \frac{\partial T}{\partial z}\bigg|_z\right)\bigg/\Delta z$$

当 $\Delta z \to 0$,由微分定义得到

$$C_v \frac{\partial T}{\partial t} = \frac{\partial}{\partial z}\left(\lambda \frac{\partial T}{\partial z}\right)$$

设 λ 为常数,不随土壤深度而变,即上式可写成

$$\frac{\partial T}{\partial t} = \frac{\lambda}{C_v} \frac{\partial^2 T}{\partial z^2} = K \frac{\partial^2 T}{\partial z^2} \tag{3.2}$$

这就是经过适当假设后得到的土壤一维热传导方程,或者叫一维热扩散方程,它是一个非稳态流的二阶偏微分方程。

什么叫非稳态流方程呢? 在土壤中温度随深度变化有二种形式:①温度 T 随深度 Z 是线性变化,如图 3-3a。具有这种温度变化形式的热流动,叫作稳态流,与此对应的热流

方程,称为稳态流方程,由傅里叶定律导出的热通量方程可以叫作稳态流方程。②温度 T 随深度是非线性变化。如图 3-3b,具有这种温度变化形式的热流动叫作非稳态流。与此相应的热流方程就叫作非稳态方程式。对非稳态流方程有:$\frac{\partial T}{\partial t} = K\frac{\partial^2 T}{\partial z^2} \neq 0$。这样,就可以建立温度与空间和时间的关系,即土壤温度 T 是 z 和 t 的函数。

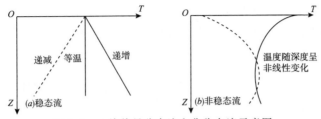

图 3-3　土壤热量稳态流和非稳态流示意图

　　一天中土壤热量流动多数时间是属于非稳态流,只有很短时间内才接近稳态流,而即使在这个时候,温度随深度的变化也只是接近线性,真正线性也是没有的,故稳态流是没有的。有时为了解决问题方便,在某一短暂时间内,可假定 $\partial T/\partial t = 0$, $\partial^2 T/\partial z^2 = 0$,但这里等于 0 和前面稳定流等于 0 的性质不一样,这里等于 0 是表示温度随深度分布曲线的拐点,拐点处为上下增温层或冷却层的过渡面。即拐点处时刻正是温度不变的时间点,即增温与冷却转折时刻,也就是最低或最高温度出现时刻。

3.2.2　土壤温度波方程

　　针对土壤热传导方程,给出适当的边界条件,就能求出这个方程的解,其解就是土壤温度随深度和时间变化的表达式,即土壤温度波方程。如何求解热传导方程 $\frac{\partial T}{\partial t} = K\frac{\partial^2 T}{\partial z^2}$ 呢?

　　首先,假定:(1)导温率不随深度而变,即 K 为常数。

　　(2)土壤日平均温度随深度变化是线性的。$\overline{T}(z) = \overline{T}(0) - \gamma z,\gamma = -\frac{\partial T}{\partial z}$

　　这里 $\overline{T}(z)$ 为任一深度 z 处的土壤日平均温度。$\overline{T}(0)$ 为土壤表面日平均温度,γ 为日平均温度随深度递减率。

　　(3)地面土壤温度 $T(0,t)$ 的日变化是周期函数,可进行傅氏级数分解,把土壤温度日变化曲线分解成由许许多多周期不同的正弦波线性叠加表示,这是从大量实际温度观测资料得知的。

$$T(0,t) = \overline{T}_0 + \sum_{n=1}^{\infty} A_{0n} \sin(n\omega t + \varphi_{0n})$$

式中 A_{0n}, φ_{0n} 分别表示地面温度波的振幅和位相。n 为谐波数，$n = 1, 2, 3, \cdots$
$\omega = 2\pi/P$ 为角频率，P 为周期。例如，引起地面温度日变化的原因是地球自转的结果，这个地转自转引起太阳高度角由 0 逐渐增大，达最大后，又逐渐减少到 0，周而复始，使土壤温度具有日周期性变化的规律。

为了解方程方便，令 $\theta = T - \overline{T}$，即用瞬时温度和平均温度之差表示。

对地面温度：$\theta(0,t) = T(0,t) - \overline{T}_0 = \sum_n A_{0n} \sin(n\omega t + \varphi_{0n})$

对任意深度：$\theta(z,t) = T(z,t) - \overline{T}(z) = T(z,t) - \overline{T}(0) + \gamma z$

故有：$\dfrac{\partial \theta}{\partial t} = \dfrac{\partial T}{\partial t}, \dfrac{\partial^2 \theta}{\partial z^2} = \dfrac{\partial^2 T}{\partial z^2}$

所以，解方程 $\dfrac{\partial T}{\partial t} = K \dfrac{\partial^2 T}{\partial z^2}$ 变成了解方程 $\dfrac{\partial \theta}{\partial t} = K \dfrac{\partial^2 \theta}{\partial z^2}$

方程的边界条件是：

当 $z = 0$ 时，$\theta(0,t) = \sum_n A_{0n} \sin(n\omega t + \varphi_{0n})$

当 $z \to \infty$ 时，$\theta(\infty, t) = 0$，无温度变化。

这个方程仍然是一个二阶偏微分方程，可以用分离变量法求解，其特征方程具有两个不相等的实根，可求得上述二阶常微分方程的通解，然后根据边界条件，得到任一深度 z 处的温度变化方程：

$$\theta(z,t) = \sum_{n=1}^{\infty} A_{0n} e^{-z/d_n} \sin(n\omega t + \varphi_{0n} - z/d_n)$$

也即：

$$T(z,t) = \overline{T}(z) + \sum_{n=1}^{\infty} A_{0n} e^{-z/d_n} \sin(n\omega t + \varphi_{0n} - z/d_n)$$

$$= \overline{T}(0) - \gamma z + \sum_{n=1}^{\infty} A_{0n} e^{-z/d_n} \sin(n\omega t + \varphi_{0n} - z/d_n) \qquad (3.3)$$

上式中，$d_n = \sqrt{2K/n\omega} = \sqrt{KP/n\pi}$ 为阻尼深度。分析土壤温度波方程，可得知土壤温度时空变化规律和特点如下：

①土壤温度的日、年变化呈一复杂的周期函数，一般都用正弦函数描述之。

②土壤温度的振幅 A_{zn} 和位相 φ_{zn} 随温度的变化分别呈几何级数和算术级数递减，可分别表示为：

$$A_{zn} = A_{0n} e^{-z/d_n} = A_{0n} e^{-z/\sqrt{2K/n\omega}}, \quad \varphi_{zn} = \varphi_{0n} - z/d_n = \varphi_{0n} - z/\sqrt{2K/n\omega}$$

土壤导温率 K 越大，土壤温度的振幅降低越慢，位相落后时间少，反之亦然；而 n

越大,土壤温度的振幅降低迅速,位相落后时间多,如图 3-4 所示。

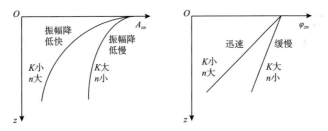

图 3-4　土壤温度的振幅和位相与土壤导温率 K 和波数 n 的关系示意图

假设温度波为一阶波($n=1$),可以证明,

(a) 地面最高和最低温度出现时间分别为

$$t_{0M} = \frac{\pi}{\omega}\left(\frac{1}{2} - \frac{\varphi_{01}}{\pi}\right), \ t_{0m} = \frac{\pi}{\omega}\left(\frac{3}{2} - \frac{\varphi_{01}}{\pi}\right)$$

(b) 深度 z 处的最高温度或最低温度出现时间比地面滞后时间为

$$\Delta t = (t_{zM} - t_{0M}) = (t_{zm} - t_{0m}) = z\sqrt{\frac{1}{2K\omega}}$$

3.2.3　土壤导温率确定方法

土壤导温率是影响土壤热流动和温度状况的重要参数,在野外小气候考察和计算土壤热通量时,首先要确立导温率,因此,如何根据实际温度观测资料来计算导温率,是土壤微气候的一个重要研究内容。导温率的确定有直接测定和间接计算。直接测定不便于在野外使用,一般都在实验室中用特定装置和特定容器进行(例如热扩散法),这里主要讲间接计算法。

1. 振幅和位相法

根据温度波的振幅和位相随深度变化规律,可得到用实际温度资料计算导温率的方法。由前面温度波方程可知:

$$A_{zn} = A_{0n}e^{-z/\sqrt{2K/n\omega}} \tag{3.4}$$

$$\varphi_{zn} = \varphi_{0n} - z/\sqrt{2K/n\omega} \tag{3.5}$$

利用两个深度和振幅比和位相差即可得到导温率的表示式,取 $n=1$ 一阶温度波为例有:

$$A_1(z_1)/A_1(z_2) = A_{0n}e^{-\sqrt{\frac{\omega}{2K}}z_1}/A_{0n}e^{-\sqrt{\frac{\omega}{2K}}z_2} = e^{\sqrt{\frac{\omega}{2K}}(z_2-z_1)}$$

两边取对数,并平方得到:

$$K_A = \frac{\omega(z_2 - z_1)^2}{2\left[\ln\dfrac{A_1(z_1)}{A_1(z_2)}\right]^2} \tag{3.6}$$

上式就是用两个深度的温度振幅求导温率的公式,以 K_A 表示,叫作振幅法。

$$\varphi_1(z_1) = \varphi_{0n} - \sqrt{\frac{\omega}{2K}}z_1, \quad \varphi_1(z_2) = \varphi_{0n} - \sqrt{\frac{\omega}{2K}}z_2$$

以上两式相减并平方,整理后可得到:

$$K_\varphi = \frac{\omega}{2}\left[\frac{z_2 - z_1}{\varphi_1(z_1) - \varphi_1(z_2)}\right]^2 \tag{3.7}$$

上式就是用两个深度的温度波的位相差来求导温率的公式,以 K_φ 表示,叫作位相法。

这两个公式中,ω、z_1、z_2 都是已知的,唯一不知道的就是两个深度的振幅和位相。因此,如何用实际观测的温度资料来确定其振幅和位相是这两个方法的关键,可以通过谐波分析方法确定 $A_1(z_1)$、$A_1(z_2)$、$\varphi_1(z_1)$、$\varphi_1(z_2)$。对于每日四次观测的台站,按四次地温观测资料有:

$$A_1(z_1) = \frac{1}{2}\sqrt{[\theta_2(z_1) - \theta_4(z_1)]^2 + [\theta_1(z_1) - \theta_3(z_1)]^2}$$

$$\varphi_1(z_1) = \operatorname{arctg}\frac{\theta_1(z_1) - \theta_3(z_1)}{\theta_2(z_1) - \theta_4(z_1)}$$

$$A_1(z_2) = \frac{1}{2}\sqrt{[\theta_2(z_2) - \theta_4(z_2)]^2 + [\theta_1(z_2) - \theta_3(z_2)]^2}$$

$$\varphi_1(z_2) = \operatorname{arctg}\frac{\theta_1(z_2) - \theta_3(z_2)}{\theta_2(z_2) - \theta_4(z_2)}$$

所以有:

$$K_A = \frac{\omega(z_2 - z_1)^2}{2\left[\ln\dfrac{A_1(z_1)}{A_1(z_2)}\right]^2} = \frac{2\omega(z_2 - z_1)^2}{\ln\dfrac{[\theta_1(z_1) - \theta_3(z_1)]^2 + [\theta_2(z_1) - \theta_4(z_1)]^2}{[\theta_1(z_2) - \theta_3(z_2)]^2 + [\theta_2(z_2) - \theta_4(z_2)]^2}} \tag{3.8}$$

$$K_\varphi = \frac{\omega(z_2 - z_1)^2}{2\left(\operatorname{arctg}\dfrac{[\theta_1(z_1) - \theta_3(z_1)][\theta_2(z_2) - \theta_4(z_2)] - [\theta_2(z_1) - \theta_4(z_1)][\theta_1(z_2) - \theta_3(z_2)]}{[\theta_1(z_1) - \theta_3(z_1)][\theta_1(z_2) - \theta_3(z_2)] + [\theta_2(z_1) - \theta_4(z_1)][\theta_2(z_2) - \theta_4(z_2)]}\right)^2}$$

$$\tag{3.9}$$

用振幅法和位相法计算土壤导温率是一种经典方法,由于它只考虑了某一阶波,因此只有在典型晴天、温度日变化曲线比较接近正弦波时,利用四次温度观测资料,可以计算日平均导温率,但误差仍然较大。表 3-2 是用振幅法和位相法计算得到的不同深度层土壤导温率,分析表中数据可知,对第 1 组计算值,两种方法差一个量有原因可能 z_1 深度太浅,高阶波($n > 1$)干扰明显。第 2 组计算值两种方法相近,差别较小,可能是两个深度取得适中,既不太浅,也不太深。第 3 组计算值虽数量级相同,但具体数值差一倍以上,可能是深度太深,正弦波不典型,位相和振幅衰减明显所致;第 4 组计算值两种方法差别较大,差一个量级,可能是第一个深度太浅,$n > 1$ 的谐波干扰作用明显,第二个深度又太深,位相和振幅衰减所致。一般来说,K_A 比 K_φ 好一些,如果增加观测次数,可以提高精度;另外第一次观测时间的选择正确与否,也是产生误差的原因之一。

表 3-2   用振幅法和位相法计算不同深度层的土壤导温率比较

序号	深度(cm)	$K_A(cm^2/s)$	$K_\varphi(cm^2/s)$
1	5～10	0.0026	0.0140
2	10～20	0.0074	0.0095
3	20～30	0.0108	0.0782
4	5～30	0.0063	0.0149

2.近似积分法

该法是由苏联学者拉依哈特曼首先提出,后经苏联学者采金改进的一种方法。该法假设 K 为常数,不随土壤深度增加而变化。根据热传导方程,其计算公式的理论推导如下。

首先将热传导方程(3.2)两边同时乘以 $(z - z_2)dzdt$,然后对时间和深度积分,积分限 t 由 $t_1 \to t_2$,z 由 $z_1 \to z_2$,得到:

$$\int_{z_1}^{z_2} (z - z_2) dz \int_{t_1}^{t_2} \frac{\partial \theta}{\partial t} dt = \int_{t_1}^{t_2} dt \int_{z_1}^{z_2} (z - z_2) K \frac{\partial}{\partial z} \left(\frac{\partial \theta}{\partial z} \right) dz \qquad (3.10)$$

设 $u = z - z_2$,$v = \frac{\partial \theta}{\partial z}$,则 $du = dz$,$dv = \frac{\partial}{\partial z} \left(\frac{\partial \theta}{\partial z} \right) dz$

根据分部积分 $\int_a^b u dv = uv \Big|_a^b - \int_a^b v du$,有:

$$\int_{t_1}^{t_2} dt \int_{z_1}^{z_2} (z - z_2) K \frac{\partial}{\partial z} \left(\frac{\partial \theta}{\partial z} \right) dz = (z_2 - z_1) \int_{t_1}^{t_2} K \frac{\partial \theta}{\partial z} \Big|_{z = z_1} dt - \int_{t_1}^{t_2} \left(K \int_{z_1}^{z_2} \frac{\partial \theta}{\partial z} dz \right) dt$$

$$\int_{t_1}^{t_2} dt \int_{z_1}^{z_2} (z - z_2) K \frac{\partial}{\partial z} \left(\frac{\partial \theta}{\partial z} \right) dz = (z_2 - z_1) \int_{t_1}^{t_2} K \frac{\partial \theta}{\partial z} \Big|_{z = z_1} dt - K \int_{t_1}^{t_2} [\theta(z_2, t) - \theta(z_1, t)] dt$$

所以,

$$\int_{z_1}^{z_2} (z - z_2) [\theta(z, t_2) - \theta(z, t_1)] dz =$$

$$(z_2 - z_1) \int_{t_1}^{t_2} K \frac{\partial \theta}{\partial z} \Big|_{z = z_1} dt + K \int_{t_1}^{t_2} [\theta(z_1, t) - \theta(z_2, t)] dt$$

同理,对热传导方程两边同时乘以$(z-z_3)\mathrm{d}z\mathrm{d}t$,对时间及深度积分,积分限$t$由$t_1\to$ t_2,z由$z_1\to z_3$,并分部积分也得到:

$$\int_{z_1}^{z_3}(z-z_3)\left[\theta(z,t_2)-\theta(z,t_1)\right]\mathrm{d}z=$$

$$(z_3-z_1)\int_{t_1}^{t_2}K\left.\frac{\partial\theta}{\partial z}\right|_{z=z_1}\mathrm{d}t+K\int_{t_1}^{t_2}\left[\theta(z_1,t)-\theta(z_3,t)\right]\mathrm{d}t$$

然后,对上面两式分别乘以(z_3-z_1)、(z_2-z_1),然后相减,消除$\partial\theta/\partial z$,得到:

$$(z_3-z_1)\int_{z_1}^{z_3}(z-z_2)\left[\theta(z,t_2)-\theta(z,t_1)\right]\mathrm{d}z-(z_2-z_1)\int_{z_1}^{z_3}(z-z_3)\left[\theta(z,t_2)-\theta(z,t_1)\right]\mathrm{d}z$$

$$=K\left\{(z_3-z_1)\int_{t_1}^{t_2}\left[\theta(z_1,t)-\theta(z_2,t)\right]\mathrm{d}t-(z_2-z_1)\int_{t_1}^{t_2}\left[\theta(z_1,t)-\theta(z_3,t)\right]\mathrm{d}t\right\}$$

整理得到K的表达式为:

$$K=\frac{(z_3-z_1)\int_{z_1}^{z_2}(z-z_2)\left[\theta(z,t_2)-\theta(z,t_1)\right]\mathrm{d}z-(z_2-z_1)\int_{z_1}^{z_3}(z-z_3)\left[\theta(z,t_2)-\theta(z,t_1)\right]\mathrm{d}z}{(z_3-z_1)\int_{t_1}^{t_2}\left[\theta(z_1,t)-\theta(z_2,t)\right]\mathrm{d}t-(z_2-z_1)\int_{t_1}^{t_2}\left[\theta(z_1,t)-\theta(z_3,t)\right]\mathrm{d}t}$$

这就是拉依哈特曼首先从热传导方程导出的计算导温率的公式。使用该公式时注意:①规定$z_1<z_2<z_3$;②t_1和t_2时间间隔要取得合理,因为温度变化接近一阶正弦波,如果t_1和t_2间隔刚好为一个周期,$t_2=t_1+P$,温度又回到原来的数值,$\theta(z,t_2)-\theta(z,t_1)$就有可能等于0,无意义了。最好取$t_2=t_1+P/2$,③公式中分子分母是两个大量的小差值之比,会导致计算过程中误差很大;④公式推导很严密,但计算相当复杂,一般只能用图解法,使用很不方便。

为此,苏联学者采金对拉依哈特曼公式进行了改进,其改进的思路如下:

(A)采金对拉依哈特曼公式中分子部分的第二个积分进行了分解,积分线由$z_1\to z_3$变成$z_1\to z_2$、$z_2\to z_3$两部分,然后把积分线相同项展开,合并同类项,并设其等于M。

$$M=(z_3-z_1)\int_{z_1}^{z_2}(z-z_2)\left[\theta(z,t_2)-\theta(z,t_1)\right]\mathrm{d}z-(z_2-z_1)\int_{z_1}^{z_3}(z-z_3)\left[\theta(z,t_2)-\theta(z,t_1)\right]\mathrm{d}z$$

$$=(z_3-z_1)\int_{z_1}^{z_2}(z-z_2)\left[\theta(z,t_2)-\theta(z,t_1)\right]\mathrm{d}z-(z_2-z_1)\int_{z_1}^{z_2}(z-z_3)\left[\theta(z,t_2)-\theta(z,t_1)\right]\mathrm{d}z-$$

$$(z_2-z_1)\int_{z_2}^{z_3}(z-z_3)\left[\theta(z,t_2)-\theta(z,t_1)\right]\mathrm{d}z$$

$$=(z_3-z_2)\int_{z_1}^{z_2}(z-z_1)\left[\theta(z,t_2)-\theta(z,t_1)\right]\mathrm{d}z-(z_2-z_1)\int_{z_2}^{z_3}(z-z_3)\left[\theta(z,t_2)-\theta(z,t_1)\right]\mathrm{d}z$$

(B)对导温率公式中分母部分分别加减$(z_2-z_1)\int_{t_1}^{t_2}\theta(z_2,t)\mathrm{d}t$,然后展开,合并同类项,并设其等于$N$,则

$$N = (z_3 - z_2) \int_{t_1}^{t_2} [\theta(z_1,t) - \theta(z_2,t)] \, \mathrm{d}t + (z_2 - z_1) \int_{t_1}^{t_2} [\theta(z_3,t) - \theta(z_2,t)] \, \mathrm{d}t$$

得到：

$$
\begin{aligned}
K = \frac{M}{N} &= \frac{\displaystyle\int_{z_1}^{z_2} (z - z_1)[\theta(z,t_2) - \theta(z,t_1)] \, \mathrm{d}z + \frac{(z_2 - z_1)}{(z_3 - z_2)} \int_{z_2}^{z_3} (z_3 - z)[\theta(z,t_2) - \theta(z,t_1)] \, \mathrm{d}z}{\displaystyle\int_{t_1}^{t_2} [\theta(z_1,t) - \theta(z_2,t)] \, \mathrm{d}t + \frac{(z_2 - z_1)}{(z_3 - z_2)} \int_{t_1}^{t_2} [\theta(z_3,t) - \theta(z_2,t)] \, \mathrm{d}t} \\[2ex]
&= \frac{\displaystyle\int_{z_1}^{z_3} [\theta(z,t_2) - \theta(z,t_1)] \, u(z)\mathrm{d}z}{\displaystyle\int_{t_1}^{t_2} [\theta(z_1,t) - \theta(z_2,t)] \, \mathrm{d}t + \frac{(z_2 - z_1)}{(z_3 - z_2)} \int_{t_1}^{t_2} [\theta(z_3,t) - \theta(z_2,t)] \, \mathrm{d}t}
\end{aligned}
\tag{3.11}
$$

$$u(z) = \begin{cases} z - z_1 & (z_1 \leqslant z \leqslant z_2) \\ \dfrac{(z_2 - z_1)}{(z_3 - z_2)}(z_3 - z) & (z_2 \leqslant z \leqslant z_3) \end{cases}$$

这就是经过采金改进后的计算某一时段 z_3 厚度土层内的土壤平均导温率的公式。式中 $\theta(z,t_1),\theta(z,t_2)$ 分别表示 t_1,t_2 时刻各个深度的温度值，是深度的函数；$\theta(z_1,t),\theta(z_2,t),\theta(z_3,t)$ 分别表示在深度 z_1,z_2,z_3 处各个时刻的温度值，是时间的函数。

用上述式计算导温率时，我国规范作如下规定：

①地温观测深度为 0 cm、5 cm、10 cm、15 cm、20 cm 共 5 个深度；

②地温观测时间为间隔 3 h 一次，具体时间为 08 时、11 时、14 时、17 时、20 时。

根据以上规定，如何将计算土壤平均导温率的公式由理论式变成业务工作计算式呢？

由式(3.11)可知，其分子部分 $\Delta\theta = \theta(z,t_2) - \theta(z,t_1)$ 表示的是 t_2 时刻到 t_1 时刻各个深度的温差，当观测时间确定后，$\Delta\theta$ 就只是深度变化的连续函数，$\Delta\theta = \theta(z)$，但是函数的具体形式并不知道，因此，就不好积分。观测规范规定只有 5 个深度的温度观测资料，即 $\Delta\theta(0)$、$\Delta\theta(5)$、$\Delta\theta(10)$、$\Delta\theta(15)$、$\Delta\theta(20)$，能不能用这五个已知的温差资料来近似拟合 $\Delta\theta = \theta(z)$，从而求任何一个深度在该时段内的温差呢？回答是可以的。我们可以用拉格朗日插值多项式来表示温度分布函数。

根据已知的 N 个点拟合函数 $y = f(x)$ 的拉格朗日插值多项式为

$$
\begin{aligned}
y = f(x) = {} &y_0 \frac{(x - x_1)(x - x_2)\cdots(x - x_n)}{(x_0 - x_1)(x_0 - x_2)\cdots(x_0 - x_n)} + y_1 \frac{(x - x_0)(x - x_2)\cdots(x - x_n)}{(x_1 - x_0)(x_1 - x_2)\cdots(x_1 - x_n)} + \\
&y_2 \frac{(x - x_0)(x - x_1)\cdots(x - x_n)}{(x_2 - x_0)(x_2 - x_1)\cdots(x_2 - x_n)} + \cdots + y_n \frac{(x - x_0)(x - x_1)\cdots(x - x_n)}{(x_n - x_0)(x_n - x_1)\cdots(x_n - x_{n-1})}
\end{aligned}
$$

所以，由 5 个已知的温差资料近似拟合 $\Delta\theta = \theta(z)$ 的函数式为

$$\Delta\theta(z) = \Delta\theta_0 \frac{(z - 5)(z - 10)(z - 15)(z - 20)}{(0 - 5)(0 - 10)(0 - 15)(0 - 20)} + \Delta\theta_5 \frac{(z - 0)(z - 10)(z - 15)(z - 20)}{(5 - 0)(5 - 10)(5 - 15)(5 - 20)} + $$

$$\Delta\theta_{10} \frac{(z-0)(z-5)(z-15)(z-20)}{(10-0)(10-5)(10-15)(10-20)} + \Delta\theta_{15} \frac{(z-0)(z-5)(z-10)(z-20)}{(15-0)(15-5)(15-10)(15-20)} +$$

$$\Delta\theta_{20} \frac{(z-0)(z-5)(z-10)(z-15)}{(20-0)(20-5)(20-10)(20-15)}$$

这里，$\Delta\theta_0$、$\Delta\theta_5$、$\Delta\theta_{10}$、$\Delta\theta_{15}$、$\Delta\theta_{20}$ 分别表示 0 cm、5 cm、10 cm、15 cm、20 cm 共 5 个深度 20 时与 08 时的温度差，这是已知的。

$$M = \int_{z_1}^{z_3} \theta(z)u(z)\mathrm{d}z = \int_{z_1}^{z_3} \left[\Delta\theta_0 \frac{(z-5)(z-10)(z-15)(z-20)}{(0-5)(0-10)(0-15)(0-20)} + \right.$$

$$\left. \cdots + \Delta\theta_{20} \frac{(z-0)(z-5)(z-10)(z-15)}{(20-0)(20-5)(20-10)(20-15)} \right] u(z)\mathrm{d}z$$

积分得到：

$$M = 26.7(0.06\Delta\theta_0 + \Delta\theta_5 + 1.62\Delta\theta_{10} + \Delta\theta_{15} + 0.06\Delta\theta_{20})$$

对于分母

$$N = \int_{t_1}^{t_2} \left[\theta(z_1,t) - \theta(z_2,t)\right]\mathrm{d}t + \frac{(z_2-z_1)}{(z_3-z_2)}\int_{t_1}^{t_2}\left[\theta(z_3,t) - \theta(z_2,t)\right]\mathrm{d}t$$

$$= \int_{t_1}^{t_2}\theta(0,t)\mathrm{d}t - \int_{t_1}^{t_2}\theta(10,t)\mathrm{d}t + \int_{t_1}^{t_2}\theta(20,t)\mathrm{d}t - \int_{t_1}^{t_2}\theta(10,t)\mathrm{d}t$$

$$= \int_{t_1}^{t_2}\theta(0,t)\mathrm{d}t + \int_{t_1}^{t_2}\theta(20,t)\mathrm{d}t - 2\int_{t_1}^{t_2}\theta(10,t)\mathrm{d}t$$

可以应用梯形积分法近似计算，即

$$\int_a^b f(x)\mathrm{d}x = \frac{b-a}{n}\left(\frac{y_0-y_n}{2} + y_1 + y_2 + \cdots + y_{n-1}\right)$$

将上式应用到我们需要计算的具体问题。因为观测时间为 08、11、14、17、20 共 5 次，所以，$n = 5-1 = 4$。

$$\int_{t_1}^{t_2}\theta(0,t)\mathrm{d}t = \frac{(t_2-t_1)}{4}\left[\frac{\theta(0,08) + \theta(0,20)}{2} + \theta(0,11) + \theta(0,14) + \theta(0,17)\right]$$

$$\int_{t_1}^{t_2}\theta(20,t)\mathrm{d}t = \frac{(t_2-t_1)}{4}\left[\frac{\theta(20,08) + \theta(20,20)}{2} + \theta(20,11) + \theta(20,14) + \theta(20,17)\right]$$

$$2\int_{t_1}^{t_2}\theta(10,t)\mathrm{d}t = \frac{(t_2-t_1)}{2}\left[\frac{\theta(10,08) + \theta(10,20)}{2} + \theta(10,11) + \theta(10,14) + \theta(10,17)\right]$$

$$N = \int_{t_1}^{t_2}\theta(0,t)\mathrm{d}t + \int_{t_1}^{t_2}\theta(20,t)\mathrm{d}t - 2\int_{t_1}^{t_2}\theta(10,t)\mathrm{d}t$$

$$= 6\left(\frac{D_8 + D_{20}}{2} + D_{11} + D_{14} + D_{17}\right)$$

$$D_i = \frac{\theta(0,t_i) + \theta(20,t_i)}{2} - \theta(10,t_i) \qquad (t_i = 08,11,14,17,20)$$

最后得到

$$K = \frac{M}{N} = \frac{26.7(0.06\Delta\theta_0 + \Delta\theta_5 + 1.62\Delta\theta_{10} + \Delta\theta_{15} + 0.06\Delta\theta_{20})}{6\left(\dfrac{D_8 + D_{20}}{2} + D_{11} + D_{14} + D_{17}\right)} \quad (3.12)$$

这就是台站计算土壤导温率的工作式,需要说明的是:

①用该式计算出的导温率是 08—20 时段内 0～20 cm 土层内的平均导温率,而不是瞬时值;

②在计算时段和土层内,没有考虑导温率随时间和随深度的变化。

3.3 土壤热通量

3.3.1 土壤热通量的确定方法

确定土壤热通量是农田微气象的一个重要研究内容,因为土壤热通量是热量平衡方程一个分量,目前确定土壤热通量的方法很多,大致可以分为三种类型:①公式计算法——包括经验公式计算和理论公式计算;②测定法——用仪器直接测量土壤热通量;③组合法——把公式计算和直接测量组合在一起。现分别介绍如下。

1.公式计算法

(1)拉依哈特曼—采金方法

该方法是由苏联学者拉依哈特曼首先提出,后经采金改进的一种方法,故称拉依哈特曼—采金方法,它与前面介绍的拉依哈特曼求导温率算方法配套采用,这个方法建立的思路与导温率的方法类似,现将主要步骤介绍如下:

拉依哈特曼首先对传导方程 $\dfrac{\partial\theta}{\partial t} = K\dfrac{\partial^2\theta}{\partial z^2}$ 两边相乘以 $C_v(z-H)\mathrm{d}z\mathrm{d}t$,然后积分,积分限 t 由 $t_1 \to t_2$,z 由 $0 \to H$,便得到:

等式左边为:

$$\int_0^H \int_{t_1}^{t_2} C_v(z-H)\frac{\partial\theta}{\partial t}\mathrm{d}z\mathrm{d}t = \int_0^H C_v(z-H)\mathrm{d}z\int_{t_1}^{t_2}\frac{\partial\theta}{\partial t}\mathrm{d}t$$

$$= -C_v\int_0^H (H-z)[\theta(z,t_2) - \theta(z,t_1)]\,\mathrm{d}z$$

等式右边为:

$$\int_0^H \int_{t_1}^{t_2} C_v K(z-H)\frac{\partial^2\theta}{\partial z^2}\mathrm{d}z\mathrm{d}t = \int_{t_1}^{t_2}\mathrm{d}t\int_0^H C_v K(z-H)\frac{\partial}{\partial z}\left(\frac{\partial\theta}{\partial z}\right)\mathrm{d}z$$

利用分部积分有:

$$\int_{t_1}^{t_2} dt \int_0^H C_v K(z-H) \frac{\partial}{\partial z}\left(\frac{\partial \theta}{\partial z}\right) dz = \int_{t_1}^{t_2} C_v K dt \left[(z-H)\frac{\partial \theta}{\partial z}\Big|_0^H - \int_0^H \left(\frac{\partial \theta}{\partial z}\right) dz\right]$$

$$= \int_{t_1}^{t_2} C_v K H \frac{\partial \theta}{\partial z}\Big|_{z=0} dt - \int_{t_1}^{t_2} C_v K [\theta(H,t)-\theta(0,t)] dt$$

移项后得：

$$\int_{t_1}^{t_2} -C_v K H \frac{\partial \theta}{\partial z}\Big|_{z=0} dt = C_v \int_0^H (H-z)[\theta(z,t_2)-\theta(z,t_1)] dz -$$

$$\int_{t_1}^{t_2} C_v K[\theta(H,t)-\theta(0,t)] dt$$

因为 $Q_s(0,t) = -C_v K \dfrac{\partial \theta}{\partial z}\Big|_{z=0} = -\lambda \dfrac{\partial \theta}{\partial z}\Big|_{z=0}$，可得到：

$$\int_{t_1}^{t_2} Q_s(0,t) dt = C_v \int_0^H \frac{(H-z)}{H}[\theta(z,t_2)-\theta(z,t_1)] dz - \int_{t_1}^{t_2} C_v K \frac{[\theta(H,t)-\theta(0,t)]}{H} dt$$

这就是拉依哈特曼所建立计算热通量公式,物理意义清楚:左边第一项表示在 $t_1 - t_2$ 时段通过地表面总热流量,流进或流出;第二项表示在该时段内 $0 \rightarrow H$ 厚度土壤层的土柱内热含量变化;第三项表示在该时段内通过 H 深度处流进或流出的热量。即该式表示进入或流出土壤表面的热量是由二部分组成的: $0 \rightarrow H$ 厚度土层热含量变化与通过 H 深度的热量之和。

拉依哈特曼公式利用一定土层温度的时空变化来确立通过地表的热量,具有一定的精度,而且不需要很深的温度资料($0\ cm, 5\ cm, 10\ cm, 15\ cm, 20\ cm$),这是优点。但该方法一个致命缺点,就是用 $0\ cm$ 和 $H\ cm$ 两个深度的温度差除以 $0-H$ 的距离代替 H 点处的温度梯度,这样处理较粗糙,会造成较大误差,因此,采金又对拉依哈特曼方法进行了改进,其改进的思路是,第一步,他把拉依哈特曼公式中第二项积分分成二部分,积分线由 $0 \rightarrow H$ 变成 $0 \rightarrow h$、$h \rightarrow H$ 两部分;第二步,与前面的推导相仿,导出 $0 \rightarrow h$ 的计算热通量的公式;第三步,把两式相减,两边除以 $(H-h)$ 整理后得：

$$\int_{t_1}^{t_2} Q_s(0,t) dt = \int_0^h C_v[\theta(z,t_2)-\theta(z,t_1)] dz + \int_0^H C_v \frac{H-z}{H-h}[\theta(z,t_2)-\theta(z,t_1)] dz -$$

$$\int_{t_1}^{t_2} C_v k \frac{[\theta(H,t)-\theta(h,t)]}{H-h} dt$$

故有：

$$\int_{t_1}^{t_2} Q_s(0,t) dt = \int_0^H C_v[\theta(z,t_2)-\theta(z,t_1)] m(z) dz - \int_{t_1}^{t_2} C_v k \frac{[\theta(z,t_2)-\theta(z,t_1)]}{H-h} dt$$

$$m(z) = \begin{cases} 1 & (0 \leqslant z \leqslant h) \\ \dfrac{(H-z)}{(H-h)} & (h \leqslant z \leqslant H) \end{cases}$$

　　这就是采金改进后的计算土壤热通量的理论式,显然,采金用 $\dfrac{[\theta(H,t)-\theta(h,t)]}{H-h}$ 代替 H 处的温度梯度 $\dfrac{\partial\theta}{\partial z}\Big|_H$,比拉依哈特曼用 $\dfrac{[\theta(H,t)-\theta(0,t)]}{H}$ 代替 $\dfrac{\partial\theta}{\partial z}\Big|_H$ 精度高多了。

　　该式的物理意义和拉依哈特曼公式的物理意义相似,都是表示通过地表的热量一部分用 $0{\to}H$ 土层内热含量变化,另一部通过 H 深度流进更深层或者从更深层流入。

　　同样可用解析法把采金的改进式变成业务工作式。在热平衡台站,$H=20\ \text{cm}$,$h=10\ \text{cm}$,温度观测深度为 0、5、10、15、$20\ \text{cm}$ 共 5 个深度,可对采金公式右边第一项用拉格朗日插值多项式进行近似积分,右边第二项也是用梯形近似积分,得到以下积分结果。

　　令 $S_1=\displaystyle\int_0^H\left[\theta(z,t_2)-\theta(z,t_1)\right]m(z)\,\mathrm{d}z=\int_0^H\Delta\theta(z)m(z)\,\mathrm{d}z$

$$=20(0.082\Delta\theta_0+0.333\Delta\theta_5+0.175\Delta\theta_{10}+0.156\Delta\theta_{15}+0.004\Delta\theta_{20})$$

$$S_2=\int_{t_1}^{t_2}\left[\theta(H,t)-\theta(h,t)\right]\,\mathrm{d}t$$

$$=(t_2-t_1)\left[\frac{\theta(20,t_1)+\theta(20,t_2)}{2}-\frac{\theta(10,t_1)+\theta(10,t_2)}{2}\right]$$

　　故有:

$$\int_{t_1}^{t_2}Q_s(0,t)\,\mathrm{d}t=C_vS_1-\frac{C_vK}{H-h}S_2=C_v\left(S_1-\frac{K}{10}S_2\right)$$

对于时段 t_2-t_1 的平均热通量,就有:

$$\overline{Q_s}(0,\Delta t)=\frac{C_v}{t_2-t_1}\left(S_1-\frac{K}{10}S_2\right)$$

这就是规范法计算平均热通量的公式,该式的物理意义也很明显。$\overline{Q_s}(0,\Delta t)$ 表示在 t_2-t_1 时段内通过地表面的平均热通量;$\dfrac{C_v}{t_2-t_1}S_1$ 表示 $0\sim20\ \text{cm}$ 土层内在 t_2-t_1 时段内平均热含量的变化,所谓热含量变化就是指因升温或降温所吸收或放出的热量。

　　$S_1=20\times(0.082\Delta\theta_0+0.333\Delta\theta_5+0.175\Delta\theta_{10}+0.156\Delta\theta_{15}+0.004\Delta\theta_{20})$ 表示 $0\sim20\ \text{cm}$ 土层温度变化部分,单位是 $℃\cdot\text{cm}$,$\Delta\theta_0$、$\Delta\theta_5$、$\Delta\theta_{10}$、$\Delta\theta_{15}$、$\Delta\theta_{20}$ 分别为 0、5、10、15、$20\ \text{cm}$ 相邻两次观测时间内的土壤温差(由后一观测时间土壤温度减去前一观测时间土壤温度)。$\dfrac{-C_vK}{10(t_2-t_1)}S_2$ 表示在 t_2-t_1 时段内通过 $20\ \text{cm}$ 处的平均热通量。

　　该方法的缺点是:

　　① 把 λ、C_v、K 当作常数是严重不足,根据前面的讨论可知,λ、C_v、K 都与土壤湿度有关,而土壤湿度时空变化明显,故 λ、C_v、K 也有时空变化,忽略这种变化会带来

误差。

②土壤温度铅直分布并非线性分布,该方法采用每隔 5 cm 的温度资料来计算也是误差原因之一。

③采金用 10 cm 和 20 cm 的温差代替拉依哈特曼 0 cm 和 20 cm 的温差是有很大改进,但差分毕竟和微分是有区别的。

由于存在以上缺点,用该方法计算的土壤热通量日变化曲线,差不多毫无例外地是 10 时出现最大值,16 时开始出现负值(发生方向转换)。这与热量平衡的其他分量日变化曲线明显不一致。P. B. 列赫特维尔根据 0.3 cm 的土中热通量和地面至 1 cm 的土壤梯度证实,土中热通量改变方向的时间在 18—20 时,最大值在 11—12 时,规范法的相应时间都偏早,所以,列赫特维尔通过多方比较,认为采用下面的计算方法计算土壤中热通量比较恰当,即

$$Q_s = \sum C_{vi} \Delta \theta_i \Delta h_i + Q_{20}$$

$$\sum C_{vi} \Delta \theta_i \Delta h_i = 2.5 C_{0-2.5} \Delta \theta_{0-2.5} + 2.5 C_{2.5-5.0} \Delta \theta_{2.5-5.0} + 5.0 C_{5-10} \Delta \theta_{5-10} +$$
$$5.0 C_{10-15} \Delta \theta_{10-15} + 5.0 C_{15-20} \Delta \theta_{15-20}$$

$$Q_{20} = -\lambda_{20} \frac{\partial \theta}{\partial z}(t_2 - t_1)$$

上述式子中,$C_{0-2.5}$、$C_{2.5-5.0}$、C_{5-10}、C_{10-15}、C_{15-20} 为各层土壤平均容积热容。$\Delta \theta_{0-2.5}$、$\Delta \theta_{2.5-5.0}$、$\Delta \theta_{5-10}$、$\Delta \theta_{10-15}$、$\Delta \theta_{15-20}$ 为各层土壤在相邻时刻间的平均温度变化。λ_0 为 20 cm 处的热导率。

而杜波洛文则认为可以直接应用公式计算地面热通量,公式形式为:

$$Q_s(0, t) = -\lambda_0 \frac{\partial \theta}{\partial z}\Big|_{z=0}$$

翁笃鸣用实际资料验算认为,对 0～1 cm 的土层,土壤温度铅直分布完全可以认为线性的,可以用 0、5、10、15、20 cm 的地温用拉格朗日内插法得到 1 cm 的土温。

$$\theta_1 = 0.638\theta_0 + 0.638\theta_5 - 0.425\theta_{10} + 0.182\theta_{15} - 0.034\theta_{20}$$

因此,1 cm 层的土温梯度为

$$-\frac{\partial \theta}{\partial z} = \theta_0 - \theta_1 = 0.362\theta_0 - 0.638\theta_5 + 0.425\theta_{10} - 0.182\theta_{15} + 0.034\theta_{20}$$

对于 λ_0,可以反推来求算。翁笃鸣分析了苏联各气候区 7 个测站的资料认为,土壤中 20 cm 深度处的土壤温度梯度在 10—13 时(当地平均太阳时)时段内可以当作零看待,即在该时段,通过 20 cm 的热通量为零,地面向下输送的热量正好被 0～20 cm 一层全部吸收,因此,可以倒过来求 λ_0

$$\overline{Q_s}(0, \Delta t) = -\lambda_0 \frac{\partial \theta}{\partial z}\Big|_{z=0} = \frac{C_v}{(t_2 - t_1)} S_{1(10-13)}$$

$$\lambda_0 = -\frac{C_v}{(t_2 - t_1) \dfrac{\partial \theta}{\partial z}\Big|_{z=0}} S_{1(10-13)}$$

式中，$S_{1(10-13)}$ 表示 $10-13$ 时段的 S_1 值，$\dfrac{\partial \theta}{\partial z}\Big|_{z=0}$ 表示 $10-13$ 时的平均温度梯度，也可按拉格朗日内插公式确定。

$$d_{11.5} = 0.563(d_{10} + d_{13}) - 0.062(d_7 + d_{16})$$

$d_{11.5}$ 表示 11.5 时的温度梯度，d_7、d_{10}、d_{13}、d_{16} 分别对应为 7 时、10 时、13 时、16 时的土壤温度梯度值，则 $10-13$ 时段内的梯度积分值可按抛物线公式确定。

$$\int_{10}^{13} d \cdot \mathrm{d}t = \frac{h}{3}(d_{10} + 4d_{11.5} + d_{13})$$

这里 $h = 1.5\,\mathrm{h}$。这样反推得到 λ_0 之后，可作为全天的平均值，进行全天的热通量计算。

（2）土柱热含量法（calorimetric method）

该法是根据能量守恒原理，假设土壤无水相变化时，在某一时段（$t_1 \rightarrow t_2$）内，从土壤表面进入土层的总热量应等于日恒温层（没有温度变化的层）以上土柱在该时段内的热含量变化。

由于从土表向下，土壤温差会越来越小，到了某一深度时，差值为 0，温度没有日变化了，该深度叫作日恒温层或日温度不变层，用 z_H 表示。从 $t_1 \rightarrow t_2$ 时刻，土壤温差越大，说明 $t_1 \rightarrow t_2$ 时段内升温或降温幅度大，吸收或放出加加热量就多，若把该深度以上土柱分成许多层，那么每一层单位时间吸收或放出的热量就是 $C_{vi} \dfrac{\partial \theta_i}{\partial t} \Delta z_i$，而整个土柱单位时间内吸收或放出的热量应等于把许多层吸收或放出热量相加求和，即 $\int_0^{z_H} C_v \dfrac{\partial \theta}{\partial t} \mathrm{d}z$。则在 $t_1 \rightarrow t_2$ 时段内，总共吸收或放出的热量就是 $\int_{t_1}^{t_2} \int_0^{z_H} C_v \dfrac{\partial \theta}{\partial t} \mathrm{d}z \mathrm{d}t$。这个导致温度变化的热量从哪来或者到哪里去了呢？它就是在 $t_1 \rightarrow t_2$ 时段从地表流进或流出的热量，根据能量守恒原理，便有

$$\int_{t_1}^{t_2} Q_s(0,t)\mathrm{d}t = \int_{t_1}^{t_2}\int_0^{z_H} C_v \frac{\partial \theta}{\partial t}\mathrm{d}z\mathrm{d}t = \int_0^{z_H} C_v[\theta(z,t_2) - \theta(z,t_1)]\,\mathrm{d}z$$

那么从 $t_1 \rightarrow t_2$ 时刻平均通过地表的热量即平均热通量为：

$$\overline{Q}_s(0,\Delta t) = \frac{1}{t_2 - t_1}\int_0^{z_H} C_v[\theta(z,t_2) - \theta(z,t_1)]\,\mathrm{d}z = \frac{1}{t_2 - t_1}\int_0^{z_H} C_v \Delta\theta(z)\mathrm{d}z$$

由于没有 C_v 和 $\Delta\theta(z)$ 随深度变化的具体函数式，故对上式直接进行积分存在困难，一般采用分层求和法或图解积分法来计算 $t_1 \rightarrow t_2$ 时段内的平均热通量。图解积分法就是用 t_2 时刻温度铅直曲线和 t_1 时刻温度铅直曲线与 $z=0$、$z=z_H$ 包围的面积之差，乘以 C_v（假定 C_v 为常数），再除以 $(t_2 - t_1)$，就是得到 $t_1 \rightarrow t_2$ 时段内能过地表的

平均热通量。用该法也可以计算通过任一深度的平均热通量,只要把积分下限$z=0$改成$z=y$即可。

$$Q_s = \frac{C_v}{t_2 - t_1} \int_y^{z_H} [\theta(z, t_2) - \theta(z, t_1)] \, dz$$

在积分图上,就是两个曲线与$z=y$、$z=z_H$包围的面积之差。

分层求和法用下面公式计算

$$\overline{Q}_s(0, \Delta t) = \frac{1}{t_2 - t_1} \sum C_{vi} \Delta \theta_i \Delta z_i$$

这里C_{vi}为第i层容积热容。$\Delta \theta_i$为第i层后时刻减前一时刻的温差。Δz_i第i层的土壤层厚度。

设地温观测深度为 0、5、10、15、20、40、80 cm 共 7 个深度,并假设C_v为常数,$z_H = 80$ cm,可以证明,在没有求积仪的条件下,可以用下式近似计算土壤平均热通量。

$$\overline{Q}_s(0, \Delta t) = \frac{C_v}{t_2 - t_1} [2.5 \Delta \theta_0 + 5(\Delta \theta_5 + \Delta \theta_{10} + \Delta \theta_{20}) + 12.5 \Delta \theta_{20} + 30 \Delta \theta_{40} + 20 \Delta \theta_{80}]$$

实际上,土柱热含量法在某种程度上比拉依哈特曼方法还要好,因为该方法没有过多的假设前提,计算比较简单,只要有日恒温层(包括恒温层)以上的温度观测资料就可以了,但麻烦的是比较深的温度观测资料一般不易取得,而必须进行观测。

以上计算土壤热通量的方法,不管是拉依哈特曼方法、采金改进公式还是土柱热含量法,都是假定土壤水没有水相变化的情况下导出的,如果有水相变化,怎么计算?下面以冻土热交换为例介绍具有水相变的土壤热通量如何计算。

当土壤有冻结或融解过程发生时,其热含量变化情况下与无相变化是很不相同。在冷却(冬季或夜间)期间,土壤向外释放热量,这时,土壤若有冻结发生,因为水冻结成冰是释放潜热的,土壤得到额外的热量补充,实际土壤中热量损失要比通过地表流出的热量要少,而在增温期间(夏季或白天),土壤是从外界得到热量,这时如果有融化发生,因为冰融化成水而要吸收热量,增加了土壤中热量的额外损耗,这时土壤中实际得到的热量变化要比从土壤表示进入的热量少。

一般把包括土壤水相变化在内的实际热量的吸收称为土壤有效热量交换,或视热量交换,相反不包括水相变化的土壤热量交换称为真热量变换,就是实际流进或流出土壤表面的热量。直接影响土壤温度状况的是有效热量交换(视热量交换)而直接影响近地层温度状况的真热量交换。视热交换与真热量交换之间的关系,可用到下列热传导方程式表示:

$$\frac{\partial T}{\partial t} = K \frac{\partial^2 T}{\partial z^2} + \frac{q_i}{C_v}$$

这里q_i表示因水相变化时单位体积土壤在单位时间内吸收或放出的热量。q_i/C_v表示温度的变化量。冻结时,释放热量为正,融解时,吸收热量为负。

对上述方程两边乘以 C_v,并对深度积分,积分限 z 由 $0 \rightarrow z_H$ 便有:

$$\int_0^{z_H} C_v \frac{\partial T}{\partial t} dz = \int_0^{z_H} C_v K \frac{\partial^2 T}{\partial z^2} dz + \int_0^{z_H} q_i dz$$

$$= C_v K \frac{\partial T}{\partial z}\bigg|_{z=z_H} - C_v K \frac{\partial T}{\partial z}\bigg|_{z=0} + \int_0^{z_H} q_i dz$$

$$= \lambda \frac{\partial T}{\partial z}\bigg|_{z=z_H} - \lambda \frac{\partial T}{\partial z}\bigg|_{z=0} + \int_0^{z_H} q_i dz$$

移项得:

$$-\lambda \frac{\partial T}{\partial z}\bigg|_{z=0} = \int_0^{z_H} C_v \frac{\partial T}{\partial t} dz - \lambda \frac{\partial T}{\partial z}\bigg|_{z=z_H} - \int_0^{z_H} q_i dz$$

这个式子表示通过地表的热量主要消耗于 3 个方面:①$0 \rightarrow z_H$ 土柱内热含量变化;②水相变化的热量得或失;③通过恒温层深度的热通量。因数 z_H 已到了恒温层,故

$$-\lambda \frac{\partial T}{\partial z}\bigg|_{z=z_H} = 0$$

$$Q_{true} = -\lambda \frac{\partial T}{\partial z}\bigg|_{z=0} = \int_0^{z_H} C_v \frac{\partial T}{\partial t} dz - \int_0^{z_H} q_i dz$$

Q_{true} 表示真正进入或流出土壤表示的热量,故称真热通量。该式表明,土壤真热通量等于恒温层以上土柱中热含量变化与该土层内因水相变化所引起的潜热变化的代数和。

当冻结时,释放热量,q_i 为正,这时真热通量是土柱热含量变化减去释放的热量。当融化时,吸收热量。q_i 为负,这时真热通量是土柱热含量变化加上吸收的热量。

对于某一时段平均真热通量,可通过对时间积分可求出。

$$\int_{t_1}^{t_2} Q_{true} dt = \int_{t_1}^{t_2} \int_0^{z_H} C_v \frac{\partial T}{\partial t} dz dt - \int_{t_1}^{t_2} \int_0^{z_H} q_i dz dt$$

$$\overline{Q}_s(0, \Delta t) = \frac{1}{t_2 - t_1} \left\{ \int_0^{z_H} C_v [T(z, t_2) - T(z, t_1)] dz - \int_{t_1}^{t_2} \int_0^{z_H} q_i dz dt \right\}$$

$$= \frac{1}{t_2 - t_1} \left\{ \int_0^{z_H} C_v [T(z, t_2) - T(z, t_1)] dz - 80 \rho_b W \Delta h \right\}$$

上式中用近似计算代替了积分。Δh 表示 $t_1 \rightarrow t_2$ 时段内冻结或融化的土层厚度,ρ_b 为土壤容重,而 W 为土壤湿度(质量含水量)。$\rho_b \Delta h W$ 表示 $t_1 \rightarrow t_2$ 时段内冻结或融化的水量,80 为冻结或融化水或冻放出或吸收的热量,Δh 可用冻土器直接测定,或由 0 ℃层升降来近似确定。

(3)耦合热传导—对流法介绍

高志球等[3,4]考虑土壤含水量随深度的变化及其变化对土壤热导率的影响,将土壤热传输过程分解为相互独立的热传导和热对流两过程,建立了土壤热传导—对流的数学模型。

$$\frac{\partial T}{\partial t} = K \frac{\partial^2 T}{\partial z^2} + W \frac{\partial T}{\partial z}$$

式中，W 为液态水通量密度（向下为正）。

取上边界条件为 $T(0,t) = \overline{T}_0 + \sum_n A_{0n}\sin(n\omega t)$，取 $n=1$，求解上述一维热传导—对流方程，可得到：

$$T(z,t) = \overline{T}_0 + A\mathrm{e}^{\left(-\frac{W}{2k} - \frac{\sqrt{2}}{4k}\sqrt{W^2 + \sqrt{W^4 + 16k^2\omega^2}}\right)z} \times$$

$$\sin\left(\omega t - z\frac{\sqrt{2}\omega}{\sqrt{W^2 + \sqrt{W^4 + 16k^2\omega^2}}}\right)$$

土壤热扩散系数 k 和液态水通量密度 W 可以通过测量两个土壤不同深度（z_1 和 z_2）的温度得到，高志球等给出了其求解方法。

设 A_1 和 A_2 为振幅，φ_1 和 φ_2 为土壤温度在深度 z_1 和 z_2 处的初始相位，应用上式有：

$$A_1 = A\mathrm{e}^{\left(-\frac{W}{2k} - \frac{\sqrt{2}}{4k}\sqrt{W^2 + \sqrt{W^4 + 16k^2\omega^2}}\right)z_1}$$

$$A_2 = A\mathrm{e}^{\left(-\frac{W}{2k} - \frac{\sqrt{2}}{4k}\sqrt{W^2 + \sqrt{W^4 + 16k^2\omega^2}}\right)z_2}$$

$$\varphi_1 = \frac{\sqrt{2}\omega}{\sqrt{W^2 + \sqrt{W^4 + 16k^2\omega^2}}}z_1$$

$$\varphi_2 = \frac{\sqrt{2}\omega}{\sqrt{W^2 + \sqrt{W^4 + 16k^2\omega^2}}}z_2$$

假设 $z_1 > z_2$ 可以得到 $A_1 < A_2$，$\varphi_1 > \varphi_2$，求解 K、W 可得

$$K = \frac{\omega \times (z_1 - z_2)^2 \ln(A_1/A_2)}{(\varphi_1 - \varphi_2)\left[(\varphi_1 - \varphi_2)^2 + \ln^2(A_1/A_2)\right]}$$

$$W = \frac{\omega \times (z_1 - z_2)}{(\varphi_1 - \varphi_2)}\left[\frac{-(\varphi_1 - \varphi_2)^2 + \ln^2(A_1/A_2)}{(\varphi_1 - \varphi_2)^2 + \ln^2(A_1/A_2)}\right]$$

根据土壤热通量板以上两层（一层紧靠地表 T_1，一层与热通量板同深度 T_2）的土温观测资料，采用上面公式计算参数 K、W，同时考虑土壤热传导、热对流及低层深度处实测土壤热通量，可得土壤表层的热通量。

$$Q_s = Q_{flux} + C_v K \frac{\partial T}{\partial z} + C_w W \Delta T$$

上式中，右边后两项是热通量板以上的土壤的热储存订正值，其中前者是土壤热传导引起的通量变化，末项是水的热对流引起的变化。

ΔT 为浅层与深层的土温差，$\partial T/\partial z = (T_1 - T_2)/(z_2 - z_1)$。$C_v$ 是土壤的容积热容，计算式 $C_v = (1 - \eta_s)C_s + \eta C_w$，$\eta$、$\eta_s$ 是容积含水量、饱和容积含水量。C_s 是干土

的容积热容,C_w 是水的容积热容。

2.热流板法

测定土壤热通量的仪器叫热流板,反过来,用热流板测定土壤热通量的方法叫热流板法,它是相对于计算的方法而言的。由于其操作的简便和仪器便宜,因此,用热流板法测定土壤热通量在国内外相关研究和实际观测工作中目前已相当普通。

热流板的感应部分主要是由绕在薄板上的热电堆组成,所谓热电堆是利用两种不同的金属导线,把彼此两端焊接在一起,构成一个闭合回路。当两个接触点的温度不同时,由于热电效应,回路中就有电动势产生,温差越大,产生的电动势越大,把很多的回路串联在一起,绕在一块薄板上,一般是玻璃纤维板,使热冷接点集中在一起,目的是增加电动势,就叫作热电堆,然后在外面涂上环氧树脂防水,正负极通过两个导线输出。把它水平埋在土壤中,将输出的两个导线接在毫伏表或数据采集器上,就能获取需要的观测数据了。

测定原理:通过热流板的热量,在薄板上下表面温度不一样,若热量从上往下传输,则上表面温度高于下表面,反之,则下表面高于上表面,这样就造成一个可以测量的温度差,进而就有电动势产生,而温差的大小是和通过的热量成正比的,因此有:

$$Q_s = \lambda \frac{\Delta T}{d} = \frac{\lambda}{d \ln E_0} E = kE \qquad (3.13)$$

这里,d 为薄板的厚度,λ 为薄板的热导率,ΔT 为上下薄板的温差,E_0 为热电能(mV/℃),E 为热流板输出的电压(mV),k 为常数,每一个热流板的常数是不一样的,这个常数叫作灵敏度,即每一单位输出电压相当于多少[W·m^{-2}/(mV)],仪器出厂时,作了标明。

通过热流板的热量 Q_m 与流入土壤的热量 Q_s 之比可用下式表示[5]:

$$Q_m/Q_s = \varepsilon / [1 + (\varepsilon - 1)\chi]$$

ε 为热流板热导率与土壤热导率之比;χ 为与热流板形状相关的经验因子,$\chi = 1 - \beta b$,β 为无量纲的形状因子,b 为厚度与边长(方形热流板)或直径(圆形热流板)之比。

从图 3-5 可知,为了提高热流板测定精度,在工艺上必须做到:①热流板的热导率 λ_0 应和预测土壤的热导率相当或略大于土壤。若 λ_0 过大,热流比土壤容易流过,热电效应减小,测出的热通量比实际土壤热通量小,若过小,热流比土壤难于通过,使 ΔT 大,热电效应大,测出的土壤热通量比实际热通量大,这两方面都是导致热流板精度降低。一般热流板的热导率 λ_0 要大于 0.5 W·m^{-1}·K^{-1}。②热流板的厚度与热流板周长之比,必须尽可能地小,即越薄越好,这样 λ_0 的影响就小,做到使 λ_0 与 λ_s 相当。

为了提高精度,在实际观测时应做到:①埋置热流板时,要注意接触要好,不能破坏被测土壤的自然结构,不能留有空隙,否则打乱了土壤本来温度场的特征,给测定

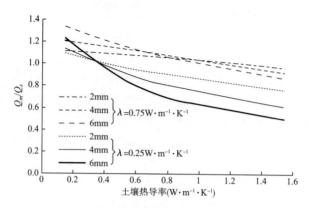

图 3-5　不同热流板厚度和热导率下 Q_m/Q_s 与土壤热导率的关系

造成很大误差,一般提前一周埋好,让土壤有一个恢复原状的过程。②热流板埋置深度不能太深,也不能太浅,太浅阻挡了雨水渗透,破坏了温度状况;太深,热流板以上土层温耗热量多,需要用另外方法计算这一层的热含量变化,一般把热流板埋在 $2\sim$ 3 cm 深度土层。关于热流板埋置深度和埋置方法对精度的影响,国内外都进行了很多的研究。

热流板法测定土壤热通量也有许多不足:①工艺上目前还做不到使热流板的热特性、水文特性与被测土壤一致。这是因为土壤水分、热特性是个变数,不同土壤固然不同,即使是同一块田的土壤,其热特性和水分特性也是随时间而变的;②即使工艺上能到一致,一旦埋置了热流板,阻碍了土壤水分流动,从而又改变了土壤原有的水热特性,测出的热通量值肯定与未埋置热流板前的热通量有差异,但这种差异大小是难以估计的。鉴于如此,有人提出把土柱热含量法与热流板法组合起来使用,可以减少误差,这种结合测定热通量的方法,叫作组合法。

3. 组合法

把热流板埋置在距土壤表面一定深度的土壤内,由热流板测出通过该深度的热通量,而该深度以上的土壤热含量变化用土柱热含量法测出,通过地表面的热通量为这二部分热量之和。该方法目前科研中采用很普遍,计算公式为:

$$Q_s = Q_{H2} + \int_{z_1}^{z_2} C_s(z)\,\frac{\partial T}{\partial t}\mathrm{d}z \tag{3.14}$$

式中,Q_s 为土表 z_1 深度处的热通量,Q_{H2} 为用热流板测定的在深度 z_2 处进出的土壤热通量。C_s 为土壤的容积热容,与土壤组成和土壤湿度有关,可根据土壤容积含水量、容重、土壤颗粒和水的容积热容等计算。T 为 $z_1\sim z_2$ 土层间的平均温度。当 $z_1=0$ 时,求得的就是地表热通量。

比较三种方法测之精度:热流板法为 50%,土柱热含量法为 30%,组合法可达 15%,可见,土壤热通量的测定,不管用什么方法,仍有相当大的误差。土壤热通量测定或计算精度受地温测定的精度制约,例如容积热容为 2500 kJ/(m³·℃) 的土壤,若 30 cm原土层内温度变化有每小时 0.1 ℃/h 的误差,热通量就有 2500×0.30× 0.1 ℃=75 kJ/(m²·h)的误差,这个误差值同土壤热通量是同一个量级。因为一般土壤每小时通过每平方米的热量的千焦耳数的量级达有 10^1 量级。总之,公式计算法、热流板法和组合法等都有一定理论基础,也存在不足,在实际工作中,无论选哪种方法,确保地温测定的精确是最重要的。

3.3.2 土壤热通量的变化特征

土壤热量交换的年总量和日总量都是比较小的(图 3-6),与热量平衡方程 $R_n = H+LE+Q_s$ 中其他多项相比,几乎可以忽略不计或粗略估计。例如,估计 Q_s 的日变化时,通常用白天 $Q_s=0.1R_n$,夜间 $Q_s=0.5R_n$ 来估计。图 3-7 分别给出了土壤热通量的日变化和年变化,可以参考它们的变化幅度。

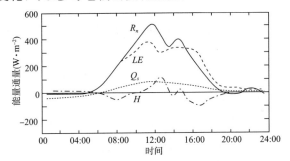

图 3-6　土壤表面能量通量的日变化

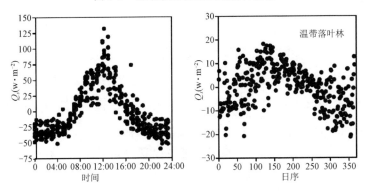

图 3-7　土壤热通量的日变化(左)和年变化(右)

土壤热交换对于近地面层温度的日变化,尤其是夜间的温度变化,都有很大影响,在其他条件一定时,凡是土壤热交换大的地段,其近地面层白天增温和夜间冷却比较缓和,在寒冷季节,霜冻害比较轻。相反,凡是土壤热交换量小的地段,其近地面层温度日变化比较明显,寒冷季节霜冻也较重。因此,讨论和分析土壤热交换量变化规律及其影响因素,具有实际意义的。

1. 土壤热通量变化的基本规律

由土壤热通量方程 $Q_s = -\lambda \dfrac{\partial T}{\partial z}$ 知,土壤热通量的变化规律取决于 λ 和 $\dfrac{\partial T}{\partial z}$ 的变化规律,对于日变化来讲,λ 的日变化相对 $\dfrac{\partial T}{\partial z}$ 的日变化是较小的,故主要讨论温度梯度的日变化对 Q_s 的影响。将土壤温度波方程代入上式并对深度 z 求偏导,得:

$$Q_s(z,t) = -\lambda \frac{\partial}{\partial z} \Big[\overline{T}(z) + \sum_n A_{0n} e^{-z/d_n} \sin(n\omega t + \varphi_{0n} - z/d_n) \Big]$$

$$= KC_v r + C_v \sum_n A_{0n} \sqrt{nK\omega} e^{-z/d_n} \sin\Big(n\omega t + \varphi_{0n} - z/d_n + \frac{\pi}{4}\Big) \quad (3.15)$$

这就是任一深度土壤热通量表达式,由该公式可以分析出土壤热通量变化的一般规律:

①通过土壤任一深度的土壤热通量的年、日变化也是一高阶的正弦周期函数,一天中有最高值和最低值。

②土壤热通量的绝对值随深度的增加而减小,其振幅 $A_{0n} \sqrt{nC_v^2 K\omega} e^{-z/d_n}$ 随深度增加呈几何级数递减,即深度愈深,土壤热通量振幅愈小,其年、日变化愈不明显。

③土壤热通量的位相随深度增加也是线性递减。位相为 $\varphi_{0n} - z/d_n + \dfrac{\pi}{4}$,但比同深度的温度波位相提前 $\pi/4$,即 Q_s 的极值出现时间比同深度的温度波极值出现时间提前了 $\pi/4$。对日变化来讲,对一阶谐波提前了 3 h,二阶谐波提前了 1.5 h,n 阶谐波提前了 $3/n$ h。就年变化而言,对一阶谐波提前了 1.5 月,n 阶谐波提前了 $3/(2n)$ h。

为什么热通量的位相要比同深度温度波相提前 $\pi/4$ 呢?因为 $Q_s = -\lambda \dfrac{\partial T}{\partial z}$,对一定土壤来讲,$\lambda$ 是一定的,变化极小,故 Q_s 的大小主要决定温度梯度的大小,并把上式变成差分形式,即 $Q_s = -\lambda \dfrac{\Delta T}{\Delta z}$,说明 Q_s 的大小与上下两层温差大小有关,而温差最大值出现时间并非是该土层最高温度出现时间,而是在该深度最高温度出现之前某一时刻出现,理论分析是比同深度最高温度出现时间提前 $\pi/4$。

2. 影响土壤热通量变化的因素

从热通量变化的表达式分析可知,影响因素为:

①通过深度 z 处的热通量大小与该层土壤容积热容 C_m、导温率 K 的平方根以及该深度温度波的振幅成正比,即 K,C_m,A_{zn} 越大的土壤,Q_s 也越大。

②由 $Q_s = -\lambda \dfrac{\partial T}{\partial z}$ 可知,对一定土壤来讲,λ 日变化小,对 Q_s 日变化影响小,故 Q_s 的日变化主要取决温度梯度的日变化。λ 的年变化大,雨季土壤湿度大,λ 大,故 Q_s 也大,而在旱季,湿度小,λ 小,故 Q_s 也小。

具体分析 λ 和温度梯度对 Q_s 影响,要考虑两者作用的总效果,因为 λ 大,温度梯度未必大,λ 小,温度梯度未必也小。例如当土壤灌溉后,土壤湿度增大了,λ 也增大了,按理 Q_s 应增大,但灌溉后,λ 增大的结果,热量传递快,反使温度梯度变小了。另外灌溉后,蒸发增大,潜热耗热增大较多,用于 Q_s 的热量显著减小。所以灌溉以后的总效果,使 Q_s 减小。

③作用面特性对 Q_s 的影响。作用面特性对土壤热交换影响很大,在其他条件相同的条件下,凡是热导率大、反射率小、蒸发弱的作用面,其土壤热交换量就大,反之,则小。有多种自然覆盖物存在时,也使土壤热交换明显减小,见表 3-3。

表 3-3 不同覆盖条件土壤热交换(kW/m^2)

作用面	白天正的热交换 $\sum\limits_{+} Q_s$	夜间负的热交换 $\sum\limits_{-} Q_s$	日总量
裸地	+35.0	−39.0	−4.0
小麦地	+13.5	−12.0	+1.5
无积雪地段	+17.0	−21.0	−4.0
积雪地段	+9.0	−11.0	−2.0

由上表可知:①无论何种作用面,土壤热交换日总量绝对值都非常小;②有覆盖物的作用面都有减弱土壤热交换的作用,例如小麦地白天进入土壤的热量比裸补地减小了 60%,而夜间流出的热量也减小 70%。③在北回归线以南赤道附近地区,由于一年中太阳有两次经过当地天顶,土壤热交换的年变化具有双峰型特点,即一年中有二次最大值(分别可出现在春分和秋分)和二级最低值(分别在冬至和夏至左右)。

3.4 土壤温度的变化

研究土壤温度变化具有重要意义,因为土壤温度状况不仅对土壤中的植物根系生长、微生物、昆虫等的活动以及土壤的水、气交换有直接的影响,而且它还影响着近地层的湿度状况和各种物理过程。

3.4.1 土壤温度变化的基本规律

由方程 $T(z,t) = \overline{T}(z) + \sum_n A_{0n} e^{-\sqrt{\frac{n\omega}{2K}}z} \sin(n\omega t + \varphi_{0n} - \sqrt{\frac{n\omega}{2K}}z)$ 可知：

①任一深度土壤温度的年、日变化都是高阶的正弦曲线，随深度 z 的增加，温度波愈趋简单。由 $A_{zn} = A_{0n} e^{-\sqrt{\frac{n\omega}{2K}}z}$ 可知 $n = \frac{2K}{\omega}\left[\frac{\ln(A_{0n}/A_{zn})}{z}\right]^2$，$n$ 是与深度 z 的平方成反比，故 n 衰减是相当快的，$T(z,t)$ 随 z 的增大，函数愈简单，说明土壤下层温度波的影响因子比上层温度波影响因子要少。

②土壤温度的振幅随深度增加呈几何级数递减，$A_{zn} = A_{0n} e^{-\sqrt{\frac{n\omega}{2K}}z}$，递减的程度与导温率 K、谐波量 n 及深度 z 有关。

③土壤温度的位相随深度增加呈线性递减，$\varphi_{zn} = \varphi_{0n} - \sqrt{\frac{n\omega}{2K}}z$，递减的程度也是与 K、n、z 有关。图 3-8 给出了不同深度土壤温度日变化。

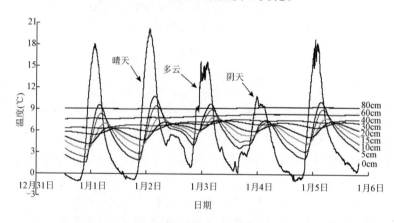

图 3-8 不同天气条件下不同深度土壤温度的日变化(南京，黄黏土，2014)

3.4.2 土壤温度年、日变化消失的深度

1. 恒温层深度的含义

土壤恒温层深度是指土壤温度基本没有变化的深度。没有日变化的深度称为日恒温层深度，没有年变化的深度称为年恒温层深度，把日、年恒温层深度以上的土层

作为"日变温土层"或"年变温土层"。事实上,无论是年变化或是日变化,温度绝对没有变化的深度是难以确定的,总有微小变化。因此,就存在一个如何定义恒温层深度的问题。一般是把温度日较差(或年较差)等于或小于 0.1 ℃的深度作为日(或年)恒温层深度(这是因为目前用玻璃温度表观测地温的精度只能达到 0.1 ℃)。也有用温度振幅减少至地面振幅 1/10 的深度作为恒温层深度。

2.理论上恒温层深度的确定

设 z 深度的温度振幅与地面温度振幅之比值为 β,则 $\dfrac{A_{zn}}{A_{0n}} = e^{-\sqrt{\frac{n\omega}{2K}}z} = \beta$,有 $\dfrac{1}{\beta} = e^{\sqrt{\frac{n\omega}{2K}}z}$。对一给定的 β 值,可以解得恒温层深度 $z_H = \sqrt{\dfrac{2K}{n\omega}}\ln\dfrac{1}{\beta}$。由此可知,规定 β 值后,恒温层深度还与导温率 K 的平方根、振动周期 $\dfrac{2}{n\omega}$ 的平方根成正比。

若以温度日较差≤0.1 ℃为日恒温层深度,即 $A_{zH日} = \dfrac{T_{max} - T_{min}}{2} = 0.05$ ℃,假定某日地面温度振幅为 20.0 ℃,对南京黄棕壤(代表土壤)$K = 0.00492$ cm^2 · s^{-1},试求该日的恒温层深度。

取 $n = 1$,$\omega = 2\pi/(24 \times 3600) = 0.0000727$ rad/s,K = 0.00492 cm^2 · s^{-1},根据公式有:

$$\beta = \frac{A_{zn}}{A_{0n}} = \frac{0.05}{20.0} = \frac{1}{400} \quad z_{H日} = \sqrt{\frac{2K}{n\omega}}\ln\frac{1}{\beta} = \sqrt{\frac{0.00492 \times 2}{0.0000727}} \times \ln 400 = 70 \text{ cm}$$

若以温度振幅减至地面振幅的 1/10 作为恒温层深度,即:

$$z_{H日} = \sqrt{\frac{2K}{n\omega}}\ln\frac{1}{\beta} = \sqrt{\frac{0.00492 \times 2}{0.0000727}} \times \ln 10 = 26.8 \text{ cm}$$

两种规定,得出两解的结果不同。因为地面温度振幅具有季节变化,夏季振幅大,冬季振幅小,都把比值 1/10 作为恒温层深度,夏季恒温温层可能偏浅,而冬季又可能偏深,把日较差小于或高于某一规定值作为日恒温层深度比较合理。平均讲,日恒温层深度 $z_{H日} = 60$ cm。

若令 $\beta_年 = \beta_日$,则有:

$$z_{H年}/z_{H日} = \sqrt{\frac{KP_年}{n\pi}}\ln\frac{1}{\beta_年} \Big/ \sqrt{\frac{KP_日}{n\pi}}\ln\frac{1}{\beta_日} = \sqrt{\frac{P_年}{P_日}} = \sqrt{\frac{365}{1}} = 19.1$$

可知,土壤年变化消失的深度是日变化消失深度的 19.1 倍。所以,就上面南京土壤而言,$z_{H年} = 19.1 z_{H日} = 19.1 \times 0.70 = 13.37$ m。

3.影响恒温层深度的因素

(1)由于季节不同,地面温度日振幅不同,一般对同一种土壤而言,夏季日恒温层大于冬季日恒温层。当然，一般夏季多为雨季，土壤湿度大，土壤热导率增大，地表热量容易下传日恒温层深度深；而冬季适逢旱季，土壤湿度低，热量不易下传，日恒温层深度浅。

（2）由于地理纬度不同，地面温度年振幅不同。高纬度年振幅大，低纬度年振幅小。如广州（$23°08'$N）$A_{0n}=15.9$ ℃，上海（$31°10'$N）$A_{0n}=26.3$ ℃，北京（$39°38'$N）$A_{0n}=34.7$ ℃，哈尔滨（$45°41'$N）$A_{0n}=46.8$ ℃。由此可知随纬度增大，地面温度年振幅 A_{0n} 是增大的，故高纬度的年恒温层深度大于低纬度地区的年恒温层深度。一般地，低纬度年恒温层深度约为 $5\sim10$ m，中纬度为 $15\sim20$ m，高纬度大于 25 m。

3.4.3 土壤温度位相落后时间的确定

土壤温度波的位相随深度增加呈线性落后，由土壤温度波方程可知，落后时间可用下面式子计算。

$$\varphi_{zn} = \varphi_{0n} - \sqrt{\frac{n\omega}{2K}}z$$

故 z 深度温度波与地面温度波的位相差为：

$$\Delta\varphi = \varphi_{0n} - \varphi_{zn} = \varphi_{0n} - \varphi_{0n} + \sqrt{\frac{n\omega}{2K}}z = \sqrt{\frac{n\omega}{2K}}z$$

这是 z 深度温度波落后地面温度波的位相，它是以弧度（相角）表示的，若把弧度换算成时间，即有：

对日变化来讲，当 $n=1$，2π 相当于 24 h；$n=2$，4π 相当于 24 h，$\cdots$，$n=n$，$4n\pi$ 相当于 24 h。即每一弧度相当于 $24/4n\pi$ h，故落后的弧度换算成时间为：

$$\Delta t = \frac{1}{n\omega} \times \sqrt{\frac{n\omega}{2K}}z = \frac{z}{2}\sqrt{\frac{2}{n\omega K}}$$

由此可知，温度波位相落后的时间与深度 z 成正比，与 $\sqrt{P/n}$（周期的平方根）成正比，与导温率 K 的平方根成反比。

对上面式子求导得到：

$$\frac{\partial \Delta t}{\partial z} = \partial\left(\frac{z}{2}\sqrt{\frac{2}{n\omega K}}\right)\Big/\partial z = \frac{1}{2}\sqrt{\frac{2}{n\omega K}}$$

由于土壤日平均 $K=0.003$ cm² · s⁻¹，当 $n=1$，得到随深度增加，日和年温度滞后时间变化规律为：

$$\frac{\partial \Delta t}{\partial z}\Big|_日 = \frac{1}{2}\sqrt{\frac{2}{n\omega K}} = \frac{1}{2}\sqrt{\frac{2}{0.0000727 \times 0.003}} = 25 \text{ min/cm}$$

$$\frac{\partial \Delta t}{\partial z}\Big|_年 = \frac{1}{2}\sqrt{\frac{365 \times 2}{n\omega K}} = \frac{1}{2}\sqrt{\frac{365 \times 2}{0.0000727 \times 0.003}} = 480 \text{ min/cm}$$

　　这就是说深度每增加 1 cm,日温滞后时间增加 25 min;对年温滞后讲,比日变化大 19.1 倍,深度每增加 1 cm,年滞后时间为 480 min。

　　可以推算,当地面为夏季,在地下 5.5 m 处为冬季,而地面为冬季,则地下 5.5 m 处为夏季,这个结论很重要,许多昆虫就是利用土壤温度的特点,在洞穴里度过严寒的冬天,西北黄土高原,当地居民喜欢住窑洞,道理也在这里。

　　例如,在北京地区,打一口 5 m 深的水井,在隆冬 1 月(最冷月)地面达 −20 ℃,但从井里打上来的水却是 14.5 ℃ 的温水,而在 7 月份,地面温度可高达 30 ℃ 以上,当高达 60 ℃ 时,可从井里打上来的水只有 12.9 ℃。

　　以上分析结论是基于理论公式计算得到的,需要指出的是,理论计算值与实际情况是有出入的,理论计算往往偏大。尽管如此,但土壤温度波位相落后的趋势是明显存在的,基本特征完全一致,可以应用理论公式,对一些具体问题作一些基本估算,从而对分析有关问题提供帮助。

3.4.4　土壤温度铅直分布

1.土壤温度铅直分布类型

一般将一天内土壤温度铅直分布分为四种类型(图 3-9):

①日射型又称受热型

日间由于地表吸收太阳辐射而获得热量,地表迅速升温,热量由地表向下层输送,温度自地面向下随深度增加而递减,$\partial T/\partial z < 0$,典型出现时间为 13 时。

②辐射型又称放热型

夜间地表因辐射冷却温度急剧下降,热量自土壤下层向上输送,温度随深度增加而递增,$\partial T/\partial z > 0$,典型出现时间为 01 时。

③早上过渡型

日出以后,地表得到热量,温度很快上升,这时土壤上层,热量由地表向下输送,温度自地表向下随温度增加而递减,$\partial T/\partial z < 0$,而在土壤下层,还未受到地表热量加影响,仍要持续着 01 时的辐射型分布,$\partial T/\partial z > 0$,最低温度出现在某一深度,由此向上,温度均呈递增型,典型出现时间为上午 07 时。

④傍晚过渡型

日落后地表开始辐射降温,地表温度逐渐下降,在土壤上层温度随深度增加而递增,$\partial T/\partial z > 0$,而在下层,地表辐射冷却还未影响到,温度仍持续日射型分布,随深度增加而递减,$\partial T/\partial z < 0$,这时最高温度出现在另一深度,由此向上,向下温度都是递减的,典型出现时间为 19 时。

四种类型的划分是有条件的,只适合于土壤温度日变深度的表层(0~20 cm)。如果所讨论的层次包括整个深度(70 cm)(即恒温层以上)情况就不同了。这里不展开讨论了。

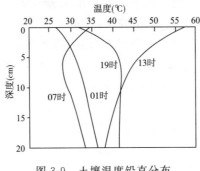

图 3-9　土壤温度铅直分布

3.4.5　土壤温度梯度

在讨论热通量时,已给出了土壤温度梯度表达式,根据该表达式,可以从理论上分析土壤温度梯度变化的一些规律。

$$\frac{\partial T}{\partial z} = -\left[r + \sum_n A_{0n} \sqrt{\frac{n\omega}{K}} e^{-z/d_n} \sin\left(n\omega t + \varphi_{0n} - z/d_n + \frac{\pi}{4} \right) \right] \qquad (3.16)$$

①土壤温度梯度的日变化、年变化为一高阶的周期函数。

②土壤温度梯度的振幅随深度增加呈几何级数递减。

③土壤温度梯度的位相随深度增加呈算术级数递减,但比同深度温度波位相提前 $\pi/4$。

④土壤传导热量的主要方式是分子传导,而分子传导热量是非常慢的。因此,无论白天吸收热量或晚上放出热量,都主要限于土壤表层,随深度增加,热量迅速减少,故土壤表层的温度梯度非常大。例如:在 7 月份晴天条件下,正午地面和 5 cm 处温差可达 18 ℃,其梯度=18/5=3.6 ℃/cm=3.6×100×100/100 m=36000 ℃/100 m,而大气的干绝热递减率约为 1 ℃/100 m,可见土壤表层的温度梯度之大。

3.4.6　影响土壤温度状况的因素

影响土壤温度状况的因素有四个方面因素:地理条件、天气条件、土壤条件、地表覆盖情况,下面就这四方面因素作一些讨论。

(1)地理条件

地理条件主要指海拔高度和地形条件对土壤温度状况的影响。

①海拔高度。随着海拔高度增加,大气中水汽和尘埃均减少,大气透明度增加,因而白天获得的辐射能和夜间放出的长温辐射都比海拔低的平原地区多,所以高山或高原地区,白天温度比平原高,晚上比平原低,日夜差大。

另一方面,随着海拔高度增加,气温下降快,地温下降慢,例如,分析在帕米尔高原上 8 月份的土温和气温观测资料表明,在海拔 3150 m 处,$T_a = 20$ ℃,$T_s = 45$ ℃,而在山顶 5020 m 处,$T_a = 8$ ℃,$T_s = 42$ ℃,两者高度相差 1870 m,两处 $\Delta T_a = 12$ ℃,而 $\Delta T_s = 3$ ℃。这说明随海拔增加,气温下降快且梯度大,而土壤温度随海拔高度增加,递减慢,梯度小。

土壤温度随海拔高度的变化特点,对农业生产是十分有意义的。例如,高山地区 2000 m 高度,气温已下降到冰点(0 ℃),而土壤温度高到 2700 m 才降到冰点(0 ℃),这就是说从气温来讲,2000~2007 m 范围内,T_a 在 0 ℃以下,植物不可能生存,但从土温来讲 T_s 所在 0 ℃以上,植物是可以生存的。

②地形条件。这里讲地形条件主要指山坡的坡向、坡度、地形形态,如山顶和盆地,马鞍型地形等,地形条件不同,土壤温度差异很大。

(2)天气条件

一般讲,在晴天、静风、土壤干燥时,土壤温度高;而在阴天、大风、土壤潮湿时,土壤温度低。

①云量的影响:云层一方面减少射入的太阳短波辐射,另一方面又增加向下的长波辐射。因此,当射入辐射占优势时,云层有减少辐射收支,降低土壤温度的作用;当射出辐射占优势时,云层有增加辐射收支,提高土壤温度的作用。换句话说,在辐射收支为正的白天和暖季,云层增多,土壤温度偏低,而在辐射收支为负的夜间或冷季,云层增多,土壤温度偏高。

②风速的影响:风速影响湍流交换的热量输送。白天,当湍流强时,地面吸收的热量易于向上层空气扩散、输送,带走的热量多,使进入土壤的热量减少,土壤温度偏低,而夜间,地面辐射冷却,风速增大,由上层空气补充的热量增多,温度偏高。所以,日间,云层和风速都有减低土壤温度的作用;夜间,云层和风速都有提高土壤温度的作用。故霜冻多发生在晴朗无风的夜间。

③降水的影响:降水增加,土壤湿度增大,热导率增大,从而增加土壤层之间热量的上下交换,故有白天降低温度,夜间提高温度,减小土壤温度日较差的作用。

另外潮湿的土壤,蒸发耗热量也大,使土壤热通量减少,温度也偏低。

(3)土壤条件的影响

土壤条件主要指土壤湿度、土壤颜色、土壤质地等对土壤温度的影响。

①土壤湿度的影响:一般特点是潮湿的土壤对应的土温较低,干燥的土壤对应的土温较高。原因是:(a)潮湿的土壤,蒸发耗热量大(LE 大),带走的热量多,故温度低;(b)潮湿的土壤,热导率大,白天热量易向下输送,上层土壤温度不会很高;(c)潮湿的土壤,容积热容大,每升高1 ℃,所吸收的热量多,故温度不易升高。干燥土壤则相反。

②土壤颜色的影响:颜色深的土壤,反射率小,吸收太阳辐射多,温度高。颜色浅的土壤,反辐射率大,吸收太阳的辐射少,温度偏低。颜色对土壤温度的影响夏季大于冬季,晴天大于阴天。

③土壤质地的影响:在同一土壤湿度条件下,粗质地(颗粒大)的土壤,因其孔隙大,孔隙度小,热导率大,传热快,故这种土壤在增温期间,热量易下传,温度不易升高;在冷却期间,热量易上传,补充土壤热量损失,温度不致下降太多。所以粗质地土壤(如砂土),温度年、日振幅小,温度波影响土层深。细质地土壤,因其颗粒小,孔隙度大,空气多,热导率小,增温期间,热量不易下传,滞留在土壤上层,故温度较高;冷却期间,下层封热量不易上传,土表得不到热补充,温度较低,所以细质地土壤(如壤土),温度年、日振幅大,温度波影响土层浅。

多数事实认为,砂土颗粒大,孔隙度小,导热性能好,但保水性差,温度较高。

(4)地面覆盖物的影响

①植被的影响:有了植被以后,日间地表获得的辐射量减少,土温比无植被的裸地偏低,夜间植被阻挡地表的长波辐射射出,从而减小地表有效辐射,温度比无植被的裸地偏高。所以有植被的土壤温度日较差小于无植被的裸地。

②雪被的影响:雪被是不良的导热体,其热导率很小,只有土壤热导率的1/10,小一个量级,因此,在冷却的冬季,有积雪覆盖的土壤,其温度下降缓慢,土壤不易冻结,即使冻结,冻结的深度也较浅。因此,在北方地区,为了增加积雪,常采用留茬的办法(即收获秋收作物时,留一段根茬在地上,不耕翻),使地面积雪不被风吹走,既使越冬作物少受冻害,也为来年融雪时,增加土壤水分。

另一方面,当土壤表面有积雪时,等于作用面抬高了,从而减少了土壤温度的振动。再加之热导率小,使白天太阳辐射热量不易传入土壤中,而夜间土壤热量也不易向外散失,更加强了土壤温度振动减少效应。

雪被下土壤表层的温度在很大程度上取决于初冬降雪时间和初冬积雪厚度。因为初冬降雪时间愈晚和初冬积雪厚度愈浅,则导致土壤在初冬迅速降温,土壤起始温度就愈低,以后虽然土壤上面覆盖了积雪或积雪厚度增加,也只能缓和土壤的继续冷却,并不能使已经降低了的土壤温度提高。反之,初冬积雪或积雪形成愈早和雪被愈厚,则土温愈高,土壤冻结愈浅,并且春天土壤解冻也愈早。

(5)腐殖质和草根层的影响

植物的有机体和草根层是不良的导热体,白天能阻止热量进入土中,造成土壤表面温度高,夜间能阻止热量上传,造成表面温度低。故土壤中腐殖质和草根层多的土壤,土壤温度日较差大,早春易发生霜冻危害。改善的办法是进行深耕,使腐殖质和草根多的上层土壤和矿物质较多的下层土壤充分混合,增加土壤热导率,可减少早春霜冻危害。

总之,各种土壤温度特征的形成是上述多种因素综合作用的结果,且关系较复杂,在分析某一种土壤温度特征时,要综合分析,突出主要因素。

3.5 土壤水分运动和湿度状况

3.5.1 土壤水分运动方程

1.基本概念

尽管土壤水运动动速度很慢,但它总是不停地运动着。根据土壤水在土壤多孔介质中流动的状态,可分为饱和流动和非饱和流动。

饱和流动是指土壤容积含水量等于孔隙度的一种水分流动状态,或者说饱和度达到 100% 时的流动状态,它多数是指地下水流动,是水文、地质等土壤动力学的重点研究范畴。非饱和流是指容积含水量小于土壤孔隙度的一种水分流动状态,或者说土壤水分饱和度小于 100% 时的流动状态。它主要指地下水位以上的土壤范围的水流状态,这个范围称为包气带,它是农业土壤主要研究范畴。

饱和流和非饱和流的不同点:

①水分流动的推动力不同。饱和流推动力为 $\Psi=\Psi_{压力势}+\Psi_{重力势}$,非饱和流推动力为 $\Psi=\Psi_{基质势}+\Psi_{重力势}$。

②导水率大小不同(cm/h)。土壤饱和导水率是一常数,其大小与土壤质地有关;非饱和导水率是含水量 θ 的函数,$K=k(\theta)$,也可以表达为基质势的函数,$K=k(\Psi_m)$,一般随基质势负值的增大而减小。

③输水通道不同。饱和流输水通道主要是大孔隙,与孔隙半径 r^4 成比例,与孔隙度无关;而非饱和流因大孔隙中没有水而充满空气,输水通道主要是小孔隙。

2.非饱和土壤水流动的达西定律

非饱和水流动遵循热力学第二定律,水分总是从水势高处自发地流向水势低处。因此,适合饱和土壤水流动的达西定律在很多情况下也适合非饱和土壤水流动,非饱和水流动的达西定律可以写成：$q = -k(\Psi_m)\, \nabla\Psi$ 或 $q = -k(\theta)\, \nabla\Psi$，如果把它写成一维形式，即：$q = -k(\Psi_m)\dfrac{\partial\Psi}{\partial z}$，它与土壤热通量方程形式完全相同，类似于气体扩散的 Fick（斐克）扩散定律。

达西定律表示通过多孔介质的水流通量（单位时间通过单位面积的水量）与水势梯度成正比，其比例系数 $k(\Psi_m)$ 或 $k(\theta)$ 称为非饱和流的土壤导水率，又称水力传导度（类似于热导率），它是土壤水基质势或土壤含水量的函数，随基质势负值的增大或土壤含水量降低而减小，它比饱和流的导水率小得多，这是因为：

①由 $q = -k(\Psi_m)\dfrac{\partial\Psi}{\partial z}$，当 $-\dfrac{\partial\Psi}{\partial z} = 1$ 时，$q = k(\Psi_m)$，可知，导水率是当水势梯度等于 1 时的土壤水分通量。而通量是指单位时间通过单位面积的水量，这里的单位面积是指土壤的横断面积（包括孔隙和土粒的面积），随着土壤含水量的减少，水在孔隙中的实际通水面积减少，因而单位时间通过单位面积的水量也随之减小。

②当土壤含水量减小，首先是大孔隙中的水减少，水分主要在小孔隙中流动，而孔隙愈小，水流运动过程中所受的阻力愈大，其流速下降，故单位时间通过的水量也随之减小。

③达西定律中的梯度是按二点间的直线距离量度的而不是按水分实际流程。随着含水量的降低，水分都在小孔隙中流动，流程愈加弯弯曲曲，二点间的实际距离加大了，从而使表观梯度减小。假设梯度为 1 时，实际上这时远小于 1，从而使 $k(\theta)$ 减小。

上述三个方面的影响同时存在，从饱和到非饱和状态，随着土壤含水量的减少或基质势 Ψ_m 负值的增大或者说随土壤吸水力的增大，导水率 $k(\theta)$ 将急剧降低，与土壤水基质势 Ψ_m 由零减小到 -1 大气压时，导水率可以减小几个数量级。

对非饱和土壤水，无须考虑溶质势 Ψ_s、温度势 Ψ_T 和压力势 Ψ_p 对水流运动的影响。任一点土水势只需考虑重力势 Ψ_g 和基质势 Ψ_m 就可以了。若以单位重量的土壤势计算，水势单位可以用 cm 表示，这时非饱和土壤水的总水头就等于位置水头和基质水头（或负压水头）之和。前者取决于参考状态水面的高度，后者取决于土壤干湿程度。

对非饱和土壤水的运动不能笼统地说，水是由位置高处流向位置低处，或者说由湿处流向干处。水流动方向遵循的唯一原则是自总土水势高处流向总土水势低处。如图 3-10 所示。

对于图中情况（1），测得土壤剖面 A 点的基质势 $\Psi_{mA} = -150$ cm，根据所选参考平面得知 A 点的重力势 $\Psi_{gA} = 200$ cm，因此，该点总水势 $\Psi_A = \Psi_{mA} + \Psi_{gA} = -150 + 200 = 50$ cm；B 点较 A 点略湿，测得基质势 $\Psi_{mA} = -100$ cm，重力势 $\Psi_{gB} = 100$ cm，故

B 点的总水势 $\boldsymbol{\Psi}_B = \boldsymbol{\Psi}_{mB} + \boldsymbol{\Psi}_{gB} = -100 + 100 = 0 \text{ cm}$，$A$ 点与 B 点相比有 $\boldsymbol{\Psi}_A > \boldsymbol{\Psi}_B$，所以，土壤水是由 A 点流向 B 点，即由干土流向湿土。

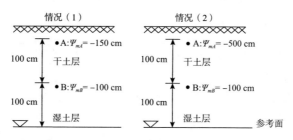

图 3-10　土壤水流动示意图

对于图中情况（2），测定 A 点基质势 $\boldsymbol{\Psi}_{mA} = -500 \text{ cm}$，重力势 $\boldsymbol{\Psi}_{gA} = 200 \text{ cm}$，该点 A 总水势 $\boldsymbol{\Psi}_A = \boldsymbol{\Psi}_{mA} + \boldsymbol{\Psi}_{gA} = -500 + 200 = -300 \text{ cm}$；测得 B 点基质势 $\boldsymbol{\Psi}_{mB} = -100 \text{ cm}$，重力势 $\boldsymbol{\Psi}_{gB} = 100 \text{ cm}$，$B$ 点的总水势 $\boldsymbol{\Psi}_B = \boldsymbol{\Psi}_{mB} + \boldsymbol{\Psi}_{gB} = -100 + 100 = 0 \text{ cm}$；$A$ 点与 B 点相比有 $\boldsymbol{\Psi}_B > \boldsymbol{\Psi}_A$，所以土壤水是由 B 点流向 A 点，即土壤水由湿土流向干土。

由此可知，对非饱和的土壤水，只有计算出各点的总水势才能正确判断水分流动的方向。因此，达西定律表达式中非饱和流动的水势梯度 $\boldsymbol{\nabla\Psi}$ 应综合考虑重力势与基质势。

3. 非饱和土壤水运动方程

基本假设：①土壤骨架不变形；②土壤水视为不可压流体，即 ρ_w 为常数；③不考虑生物和化学变化对水流运动的影响；④不考虑温度变化对水流运动影响。由于质量守恒是物质运动和变化普遍遵循的原理，将质量守恒律应用于多孔介质中的水流运动，可以建立土壤水分运动方程。

先在土层中取一小体元，小体元的边长分别设为 Δx、Δy、Δz，且和相应坐标轴平行。

根据达西定律：

①沿 x 轴单位时间流进小体元的水量为：$q_x = -k(\theta) \dfrac{\partial \boldsymbol{\Psi}_m}{\partial x}\bigg|_x \Delta y \Delta z$

沿 x 轴单位时间流出小体元的水量为：$q_{x+\Delta x} = -k(\theta) \dfrac{\partial \boldsymbol{\Psi}_m}{\partial x}\bigg|_{x+\Delta x} \Delta y \Delta z$

在 x 方向的净流水量为：$\Delta q_x = -k(\theta) \dfrac{\partial \boldsymbol{\Psi}_m}{\partial x}\bigg|_x \Delta y \Delta z - \left(-k(\theta) \dfrac{\partial \boldsymbol{\Psi}_m}{\partial x}\bigg|_{x+\Delta x} \Delta y \Delta z\right)$

②在 y 方向的净流水量为：

$$\Delta q_y = -k(\theta) \dfrac{\partial \boldsymbol{\Psi}_m}{\partial y}\bigg|_x \Delta x \Delta z - \left[-k(\theta) \dfrac{\partial \boldsymbol{\Psi}_m}{\partial y}\bigg|_{y+\Delta y} \Delta x \Delta z\right]$$

③在 z 方向的净流水量为：

$$\Delta q_z = -k(\theta)\frac{\partial \Psi_m}{\partial y}\Big|_z \Delta x \Delta y - \left[-k(\theta)\frac{\partial \Psi_m}{\partial z}\Big|_{z+\Delta z}\Delta x \Delta y\right]$$

故小体元净收支的水量为：

$$\Delta q_x + \Delta q_y + \Delta q_z = \left[k(\theta)\frac{\partial \Psi_m}{\partial x}\Big|_{x+\Delta x} - k(\theta)\frac{\partial \Psi_m}{\partial x}\Big|_x\right]\Delta y \Delta z +$$
$$\left[k(\theta)\frac{\partial \Psi_m}{\partial y}\Big|_{y+\Delta y} - k(\theta)\frac{\partial \Psi_m}{\partial y}\Big|_y\right]\Delta x \Delta z +$$
$$\left[k(\theta)\frac{\partial \Psi_m}{\partial z}\Big|_{z+\Delta z} - k(\theta)\frac{\partial \Psi_m}{\partial z}\Big|_z\right]\Delta x \Delta y$$

设在单位时间,单位体积的小体元内土壤含水量(θ)的改变量为 $\partial\theta/\partial t$,即整个小体元单位时间含水量($\theta$)的改变量为 $\dfrac{\partial\theta}{\partial t}\Delta x \Delta y \Delta z$。根据质量守恒律,小体元内水含量的变化是小体内水流净收支造成的,两者数值是相等的,满足守恒律故有:

$$\frac{\partial\theta}{\partial t}\Delta x \Delta y \Delta z = \left[k(\theta)\frac{\partial \Psi_m}{\partial x}\Big|_{x+\Delta x} - k(\theta)\frac{\partial \Psi_m}{\partial x}\Big|_x\right]\Delta y \Delta z +$$
$$\left[k(\theta)\frac{\partial \Psi_m}{\partial y}\Big|_{y+\Delta y} - k(\theta)\frac{\partial \Psi_m}{\partial y}\Big|_y\right]\Delta x \Delta z +$$
$$\left[k(\theta)\frac{\partial \Psi_m}{\partial z}\Big|_{z+\Delta z} - k(\theta)\frac{\partial \Psi_m}{\partial z}\Big|_z\right]\Delta x \Delta y$$

两边同除以 $\Delta x \Delta y \Delta z$ 得：

$$\frac{\partial\theta}{\partial t} = \left[k(\theta)\frac{\partial \Psi_m}{\partial x}\Big|_{x+\Delta x} - k(\theta)\frac{\partial \Psi_m}{\partial x}\Big|_x\right]\Big/\Delta x + \left[k(\theta)\frac{\partial \Psi_m}{\partial y}\Big|_{y+\Delta y} - k(\theta)\frac{\partial \Psi_m}{\partial y}\Big|_y\right]\Big/\Delta y +$$
$$\left[k(\theta)\frac{\partial \Psi_m}{\partial z}\Big|_{z+\Delta z} - k(\theta)\frac{\partial \Psi_m}{\partial z}\Big|_z\right]\Big/\Delta z$$

当 $\Delta x \to 0$、$\Delta y \to 0$、$\Delta z \to 0$ 时,根据微分定义,有

$$\frac{\partial\theta}{\partial t} = \frac{\partial}{\partial x}k(\theta)\frac{\partial \Psi_m}{\partial x} + \frac{\partial}{\partial y}k(\theta)\frac{\partial \Psi_m}{\partial y} + \frac{\partial}{\partial z}k(\theta)\frac{\partial \Psi_z}{\partial z} = \nabla \cdot [k(\theta)\nabla\Psi]$$

对于非饱和土壤水流动,其总水势是由基质势 Ψ_m 和重力势 Ψ_g 组成,若水势单位取重量单位,则总水势为:$\Psi_z = \Psi_m + z$,将此代入上式可得:

$$\frac{\partial\theta}{\partial t} = \frac{\partial}{\partial x}k(\theta)\frac{\partial \Psi_m}{\partial x} + \frac{\partial}{\partial y}k(\theta)\frac{\partial \Psi_m}{\partial y} + \frac{\partial}{\partial z}k(\theta)\frac{\partial \Psi_m}{\partial z} + \frac{\partial k(\theta)}{\partial z}$$

这就是利用达西定律与质量守恒方程相结合导出的非饱和土壤水运动的基本微分方程,由于导水率是土壤含水量(θ)或土壤水基质势 Ψ_m 的函数,故此方程与热传导方程一样均为一个二阶非线性的偏微分方程。除少数问题外,一般情况下,求此方程的解析解相当困难,大量问题是数值求解。

描述非饱和土壤水运动的方程,还有以基质势 Ψ_m 为因变量的基本方程,此种方

程由于能够用于同一个系统内饱和流与非饱和的水分运动求解,同时还可以用土壤分层水分运动来计算,实际应用较多,故作简单介绍。

先引进一个函数 $C(\Psi_m)$,它定义为:$C(\Psi_m) = \mathrm{d}\theta/\mathrm{d}\Psi_m$,称作比水容量,它是土壤水分特征曲线斜率的倒数,即单位基质势的变化引起的含水量变化。

将基本微分方程左端体积含水量为因变量改成以基质势 Ψ_m 为因变量,可写成如下式

$$\frac{\partial \theta}{\partial t} = \frac{\mathrm{d}\theta}{\mathrm{d}\Psi_m} \frac{\partial \Psi_m}{\partial t} = C(\Psi_m) \frac{\partial \Psi_m}{\partial t}$$

所以基本方程改成以基质势为因变量后,可变为:

$$C(\Psi_m) \frac{\partial \Psi_m}{\partial t} = \frac{\partial}{\partial x} k(\Psi_m) \frac{\partial \Psi_m}{\partial x} + \frac{\partial}{\partial y} k(\Psi_m) \frac{\partial \Psi_m}{\partial y} + \frac{\partial}{\partial z} k(\Psi_m) \frac{\partial \Psi_m}{\partial z} + \frac{\partial k(\Psi_m)}{\partial z}$$

或记为:

$$C(\Psi_m) \frac{\partial \Psi_m}{\partial t} = \boldsymbol{\nabla} \cdot \left[k(\Psi_m) \, \boldsymbol{\nabla} \Psi_m \right] + \frac{\partial k(\Psi_m)}{\partial z}$$

对于一维垂直流,上述方程可简化为

$$C(\Psi_m) \frac{\partial \Psi_m}{\partial t} = \frac{\partial}{\partial z} k(\Psi_m) \frac{\partial \Psi_m}{\partial z} + \frac{\partial k(\Psi_m)}{\partial z} \tag{3.17}$$

类似地,将基本微分方程写成全部以体积含水量为因变量的形式,其一维垂直流为:

$$\frac{\partial \theta}{\partial t} = \frac{\partial}{\partial z} k(\theta) \frac{\partial \Psi_m}{\partial z} + \frac{\partial}{\partial z} k(\theta) = \frac{\partial}{\partial z} k(\theta) \frac{\partial \Psi_m}{\partial \theta} \frac{\partial \theta}{\partial z} + \frac{\partial k(\theta)}{\partial z}$$

$$= \frac{\partial}{\partial z} \frac{k(\theta)}{\frac{\partial \theta}{\partial \Psi_m}} \frac{\partial \theta}{\partial z} + \frac{\partial k(\theta)}{\partial z} = \frac{\partial}{\partial z} D(\theta) \frac{\partial \theta}{\partial z} + \frac{\partial k(\theta)}{\partial z} \tag{3.18}$$

式中,$D(\theta) = k(\theta) \Big/ \dfrac{\partial \theta}{\partial \Psi_m}$,为土壤水分扩散率($\mathrm{cm^2/s}$),它是导水率和比容水量的比值,相当于热传导方程中的导温率,θ 为土壤容积含水量($\mathrm{cm^3 \cdot cm^{-3}}$)。方程(3.18)又称为一维土壤水分运移的 Richards(理查兹)方程。对于农田或有植被的地表,考虑植物根系对土壤水分的吸收,在方程右边减去根系水分吸收支出项,可得到考虑根吸水的一维土壤水分运移的 Richards(理查兹)方程。

$$\frac{\partial \theta}{\partial t} = \frac{\partial}{\partial z} \left[k(\Psi) \frac{\partial \psi}{\partial z} - k(\Psi) \right] - S(z, t) \tag{3.19}$$

对根系吸水速率函数 $S(z, t)$,可以选择不同的函数代入。如:可用以下三种形式。

$$S_1 : S(z, t) = \begin{cases} 1.80 T_a / L_r & (0 \leqslant z < L_r/3) \\ 1.05 T_a / L_r & (L_r/3 \leqslant z < 2L_r/3) \\ 0.15 T_a / L_r & (2L_r/3 \leqslant z \leqslant L_r) \end{cases}$$

$$S_2 : S(z,t) = T_a \left(\frac{1.8}{L_r} - \frac{1.6z}{L_r^2} \right) \qquad (0 \leqslant z \leqslant L_r)$$

$$S_3 : S(z,t) = T_a \left(\frac{2}{L_r} - \frac{1.6z}{L_r^2} - \frac{0.6z^2}{L_r^3} \right) \qquad (0 \leqslant z \leqslant L_r)$$

在已经知道土壤水分运动参数,针对具体问题的初始条件和不同的边界条件,可用解析的方法对基本方程求解,便可得到土壤含水量 θ 或基质势 Ψ_m 的空间分布和时间变化 $\theta = \theta(z,t)$ 或 $\Psi_m = \Psi(z,t)$,但更多的是用数值方法对方程求解。

在求解一维土壤水分运移的方程时需要确定土壤的水分运动参数,即土壤水分特征曲线 $\theta(h)$ 和导水率 $k(h)$,前者反映土壤的贮水能力,而后者则表示土壤传输水分的能力。通常在田间现场或室内土样上通过各种室内外试验方法和手段直接测定土壤水力特性,确定其 $\theta(h)$ 和 $k(h)$ 等性能。室内外试验方法,尤其是用来测定土壤非饱和导水特性的方法一般均具有试验过程费时耗力和材料成本相对较高等缺点,因此,根据相对易于获得的土壤持水数据间接估算非饱和导水特性的方法在实际应用中具有一定意义。

在实际中,广泛使用的是基于对大量实测数据进行数理统计分析后获得的经验函数关系式,其中常用的形式包括 BC 模型、CP 模型和 VG 模型。

(1)BC 模型

Brooks 和 Corey 于 1964 年给出,用来描述土壤持水性能的经验函数关系式,模型定义有效饱和度 S 为土壤负压 h 的幂函数。

$$\begin{cases} S = (h_e/h)^\beta & h < h_e \\ S = 1 & h \geqslant h_e \end{cases} \tag{3.20}$$

式中,h 为土壤负压值;h_e 为土壤进气负压值,对饱和土壤施加负压至某一临界值后,土壤大孔隙中的水分开始被排出,空气随之进入土壤,该临界值称为进气负压值;β 是拟合的经验参数,反映土壤孔径的分布特性;有效饱和度 S 定义如下。

$$S = (\theta - \theta_r)/(\theta_s - \theta_r) \tag{3.21}$$

式中,θ 为土壤含水率;θ_s 和 θ_r 分别是土壤饱和含水率和残余含水率,其中 θ_r 定义为当 $h \to -\infty$ 且土壤导水率 $K \to 0$ 时的含水率。

(2)CP 模型

Campbell 在 1974 年给出的土壤持水性能经验函数关系式。

$$\begin{cases} h = h_e(\theta/\theta_s)^{-1/\beta} & (h < h_e) \\ h \approx 0 & (h \geqslant h_e) \end{cases} \tag{3.22}$$

式中所有变量的含意同 BC 模型,该模型实际上是 BC 模型中当 $\theta_r = 0$ 时的简化式。

(3)VG 模型

1980 年 Van Genuchten 提出的土壤持水性能经验函数关系式。

$$\begin{cases} S = 1/[1+(\alpha\,|\,h\,|)^n]^m & (h < 0) \\ S = 1 & (h \geqslant 0) \end{cases} \tag{3.23}$$

式中,α,n,m 为拟合经验参数,与土壤孔径分布特性等有关;其余变量含意同 BC 模型。

上述 BC 模型和 CP 模型具有函数形式相对简单、未知待求经验参数较少的特点,而 VG 模型的函数形式相对复杂,需要拟合的经验参数较多,但该函数在整个非饱和区域内具有连续性的优点,在土壤湿润状态下应用时,不会受到 BC 模型和 CP 模型中由于进气值存在引起的函数断点限制。

为了评价孔隙中实际流动结构对导水性能的作用程度,假定多孔板土样内所有的孔隙之间没有旁路流道,土壤微孔隙结构由一对毛细单元体构成,其长度正比于半径。根据以上理论和假设,Mualem 提出相对土壤导水率 K_r 的定义如下:

$$k_r(\theta) = k(\theta)/K_s = S(\theta)^\lambda \left\{ \int_{\theta_r}^{\theta} \mathrm{d}\theta/h \left[\int_{\theta_r}^{\theta_s} \mathrm{d}\theta/h \right]^{-1} \right\}^{-2} \tag{3.24}$$

式中 K_s 为土壤饱和导水率;λ 是经验参数,反映了土壤孔隙弯曲状态等相关因子对含水率的依赖性。

将(3.20)式和(3.21)式一起代入(3.24)式,经数学处理后得到:

$$\begin{cases} k(h) = K_s & (h \geqslant h_e) \\ k(h) = K_s(h_e/h)^{(2+\lambda)\beta} + 2 & (h < h_e) \end{cases} \tag{3.25}$$

在(3.25)式中,令 $\lambda=1$,即为采用 BC 模型估算土壤非饱和导水率函数的计算形式,其中的经验参数 β 与(3.20)式中相同,可与土壤质地建立经验关系式,θ_s 和 K_s 可在室内外通过试验测定,也可用经验公式估算。

同样,将式(3.22)代入式(3.24)后,可得到利用 CP 模型估算土壤非饱和导水率函数的计算公式如下:

$$k(\theta) = K_s(\theta/\theta_s)^{3+2/\beta} \tag{3.26}$$

再把式(3.23)代入式(3.24),可得到利用 VG 模型估算土壤非饱和导水率函数的计算公式:

$$\begin{cases} k(h) = K_s & (h \geqslant 0) \\ k(h) = K_s\{1-(\alpha\,|\,h\,|)n-1[1+(\alpha\,|\,h\,|)n]-m\}2[1+(\alpha\,|\,h\,|)n]\lambda m & (h < 0) \end{cases}$$
$$\tag{3.37}$$

式中,令 $\lambda=0.5$,且为了减少未知经验参数,常采用 $m=1-1/n$($0<m<1,n>1$)简化关系,经验参数 α 和 n 由公式(3.23)给出,θ_s 和 K_s 可在室内外通过试验测定,也可用经验公式估算。

表 3-4　12 种主要土壤质地类型持水特征参数和导水率的平均值(Carsel *et al.*,1988)

土壤质地	θ_r	θ_s	$\alpha(1/\text{cm})$	n	$K_s(\text{cm/d})$
砂　土	0.045	0.43	0.145	2.68	712.8
壤质砂土	0.057	0.41	0.124	2.28	350.2
砂质壤土	0.065	0.41	0.075	1.89	106.1
壤　土	0.078	0.43	0.036	1.56	24.96
粉壤土	0.034	0.46	0.016	1.37	6.00
砂质壤土	0.067	0.45	0.020	1.41	10.80
砂黏壤土	0.100	0.39	0.059	1.48	31.44
黏壤土	0.095	0.41	0.019	1.31	6.24
粉黏壤土	0.089	0.43	0.010	1.23	1.68
砂质黏土	0.100	0.38	0.027	1.23	2.88
粉质黏土	0.070	0.36	0.005	1.09	0.48
黏　土	0.068	0.38	0.008	1.09	4.80

4. 土壤水热耦合运动方程

土壤中水分运动的结果,使土壤含水量发生变化,从而将影响土壤的热力特性和温度状况。反过来,土壤中的热流及其温度分布,也对水分运动产生影响。温度变化会引起土壤水的理化性质的变化,从而影响水分运动参数和基质势;温度差异引起土壤水温度势梯度,本身也会影响水分运动。

对一维垂直非饱和流动,考虑到温度影响后,水分运动通量可表示为:

$$q = -D(\theta)\frac{\partial\theta}{\partial z} - k(\theta) - D_T\frac{\partial T}{\partial z}$$

式中 $D(\theta)$ 为非饱和土壤水的扩散率,D_T 是温度作用的水分扩散率,故一维非饱和土壤水分运动方程可改写如下:

$$\frac{\partial\theta}{\partial t} = \frac{\partial}{\partial z}\Big[D(\theta)\frac{\partial\theta}{\partial z}\Big] + \frac{\partial k(\theta)}{\partial z} + \frac{\partial}{\partial z}\Big[D_T\frac{\partial T}{\partial z}\Big]$$

结合一维土壤热传导方程:

$$\frac{\partial T}{\partial t} = K\frac{\partial^2 T}{\partial z^2} + L_i\rho_i\frac{\partial\theta_i}{\partial t}$$

联立求解上述二个微分方程,就可以得到水热耦合运动方程的解。

在温度变化很大的地区,尤其是温度变化足以引起土壤中水分的相变时,如我国北方冬春季节发生土壤冻结或融解的情况时,水热相互影响不可忽视,对热流与水流的耦合必须联立起来求解两个基本方程。

在冻融条件下,土壤中水一部分为液态水(未冻结),其含水率仍以 θ 表示,另一部分固态水(冰),其冻结含水量以 θ_I 表示,流态水在土壤中是运动的,土壤含冰量的变化,相当于液态水的动态储存,因此,一维垂直流水分运动方程

$$\frac{\partial \theta}{\partial t} = \frac{\partial}{\partial z}\left[D(\theta)\frac{\partial \theta}{\partial z} + \frac{\partial k(\theta)}{\partial z} + \frac{\rho_I}{\rho_w}\frac{\partial \theta_I}{\partial z}\right]$$

式中,ρ_I,ρ_w 分别表示冰和水的密度。

土壤水的相变伴随而来的是热量交换发生变化,当结冰时,每释放融解潜热;当融化为水时,每吸收融解潜热。因此土壤含冰率 θ_I 的变化,可等价于热含量的变化,这时热传导方程可以为:

$$\frac{\partial T}{\partial t} = K\frac{\partial^2 T}{\partial z^2} + L_I\rho_I\frac{\partial \theta_I}{\partial t}$$

式中 L_I 为冰的融解潜热(一般取 335 J/g)。

上述二个方程为冻融条件下,水热耦合运动的两个基本方程,但要求解的是三个未知数 $\theta(z,t)$、$\theta_I(z,t)$、$T(z,t)$,因此必须补充一个方程,此时土壤中未冻水含水率 θ 和温度的关系,当土壤温度低于 0 ℃时,土壤液态水并不一定全部结冰,在一定温度(负值)下,未冻含水量允许有一个最大值,即:$\theta \leqslant \theta_m(T)$

在冻结区,水的导水率 $k(\theta)$ 和扩散率 $D(\theta)$ 是较非冻结时为低,可表示为:

$$D_I(\theta) = D(\theta)/I, \quad k_I(\theta) = k(\theta)/I$$

式中 $D_I(\theta)$、$k_I(\theta)$ 分别表示冻结时液态水的扩散率和导水率,I 为经验常数。因此,在联立求解方程时,水分运动参数 $k(\theta)$、$D(\theta)$ 以及热扩散参数 k 必须事先测定或选用经验证过的经验式。

$$k(\theta) = 2.7 \times 10^{-8} \times e^{47.3\theta}, \quad D(\theta) = 1671.8\left(\frac{\theta}{0.462}\right)^{4.978}$$

由于一般只能数值求解,且相当复杂,所以当田间温度变化不大时,可不考虑温度的影响,不必用水热耦合方程。

3.5.2 土壤湿度状况

1. 土壤湿度表示方法

土壤水分含量的表示方法有质量含水量和容积含水量。常用的土壤水分常数:吸湿系数、凋萎系数、最大分子持水量、田间持水量、毛管断裂含水量、毛管蓄水量、全蓄水量。这里不详细叙述了。

2.土壤湿度时空变化规律

(1)土壤湿度的时间变化

(a)日变化

在降水或灌溉土壤水分再分配达到平衡后的晴天条件下,表层土壤湿度呈白天速降和夜间稳定或缓降的变化规律,这种变化规律在夏季表现显著。白天,日出前土壤湿度为较大值,日出后,土表受热增温,因蒸发作用,浅表土壤含水量会迅速下降,土层越来越干,这个过程一直持续到日落前后。土壤含水量越高,蒸发量越大,土壤含水量降低值越多。夜间地表辐射冷却,甚至出现逆温,蒸发量很低或停止,当空气湿度大时,还可能有水汽凝结,另外下层土壤水分通过毛细管作用输送到土壤表层,再加上下层以湿度高于土表,水汽也不断从下层向上层扩散,致使土壤表层水分重新聚积,土壤湿度变化小,这一过程一直持续到日出前的凌晨。所以,在干旱地区或晴天条件下,由早上到傍晚,土壤湿度迅速减小,由傍晚到凌晨,土壤湿度变化缓慢;随土壤深度的增加,土壤湿度维持稳定的高值或发生速降的位相延后;土壤湿度呈现日变化的深度较浅,达到一定深度后,就没有明显的日变化规律(图 3-11)。

(b)年变化

土壤湿度的年变化特点主要取决于各地区的气候条件。

当降水在全年分布比较均匀时,土壤湿度的年变化和温度的年变化相反,温度最高的夏季,由于温度高,蒸发能源丰富,蒸发强大,耗水多,土壤湿度小;反之,温度较低的冬季,由于温度低,提供蒸发的热量少,蒸发强度也小,耗水少,土壤湿度偏大。当某地降水年变化大,一年中分布不均匀,而温度年变化不大的情况下,则土壤湿度的年变化大体和降水年变化平行。

由于温度和降水对土壤湿度具有相反的影响,所以土壤湿度年变化常表现得复杂且多样化。具体问题要具体分析,抓住主要影响因素也可分析出其变化规律。

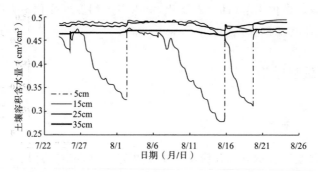

图 3-11　间歇灌溉稻田不同深度土壤容积含水量的时间变化(南京,黄黏土,2007)

（2）土壤湿度的铅直变化

空间变化主要指土壤湿度随深度的变化。

在久晴日子里，土壤上层湿度由于蒸发的结果不断减小，水分由地下水补给，所以土壤湿度由地面向下是不断增大的。降水或灌溉之后，水分由表层向下渗透，因此，土壤湿度由地面向下递减，渗透影响的深度与降水量、降水强度以及土壤本身的导水能力有关。

由图 3-12 可见，降水前由于前期土壤水蒸发的结果，土壤湿度铅直分布比较典型——由上而下递增；雨后，土壤上层变湿，土壤温度铅直分布变成由上而下，先递减后递增。降水停止以后，随着时间的推移，表层土壤湿度逐渐减小，而且也向下依次减小，最后不恢复到久晴时的递增型。这是土壤湿度铅直分布最一般形式。

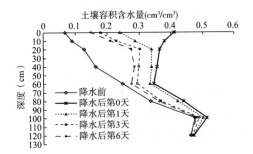

图 3-12　降水前后冬小麦农田土壤湿度的铅直分布（河南封丘，潮土，2004-04）

参考文献

［1］ Arya S P. Introduction to Micrometeorology. 2nd ed. San Diego：Academic Press，2001.

［2］ 翁笃鸣，陈万隆，沈觉成，等. 小气候和农田小气候. 北京：农业出版社，1981.

［3］ Gao Z Q，Fan X G，Bian L G. An analytical solution to one-dimensional thermal conduction - convection in soil. *Soil Sci*.，2003，**168**：99-107.

［4］ Gao Z Q. Determination of soil heat flux in a Tibetan short-grass prairie. *Boundary Layer Meteorol*.，2005，**114**：165-178.

［5］ Hatfield J L，Baker J M. Micrometeorology in agricultural systems. *agronomy monograph*，2005，**47**：105-154.

［6］ 李保国，龚元石，左强. 农田土壤水的动态模型及应用. 北京：科学出版社，2000.

［7］ Carsel R F，Parrish R S. Developing joint probability distributions of soil water retention characteristics. *Water Resour. Res.*，1988，**24**：755-769.

第4章

近地气层的湍流理论

在前一章中,我们详细介绍了地表面与土壤层之间的热量交换及其变化规律和计算方法;那么,发生在地表面与近地层大气之间的热量和物质交换又是怎样的呢?本章主要介绍该方面基础的理论、方法或相关研究取得的成果。

4.1 近地气层的特点

天气学原理的知识告诉我们,地球大气在运动过程中会受不同的作用力,如:气压梯度力、地转偏向力、湍流摩擦力、分子黏性力等。随大气高度的变化,作用力的大小不一样。在自由大气中,气压梯度力、地转偏向力相平衡,地面摩擦力和黏性力可忽略不计。在 Ekman 层中,湍流摩擦力与气压梯度力、地转偏向力具有相同量级,不能忽略。Ekman 层以下为近地气层,即运动性质和结构受地表摩擦力强烈作用的地表上方空气层,其厚度一般为边界层厚度的 1/10,在近地气层中,以湍流摩擦力为主,地转偏向力可忽略,气压梯度力存在,但不起主要作用。在距离地面几毫米的层流边界副层,只考虑分子黏性力起作用,任何物质或物理量的运输是通过分子扩散的方式进行的,传递的速度很慢,因此,物理量的梯度特别大。由于大气中热量和水汽的来源主要集中在下层,而动量则主要集中在高层,通过铅直方向湍流脉动所引起的输送过程,下垫面的热量和水汽可以输送到大气上层,作为大气中的一部分能量来源;同时高层动量向下输送,以补偿行星边界层和下垫面不光滑所造成的动量摩擦消耗。因此,湍流属性输送过程,即湍流交换对于大气中的热量、水汽、动量、二氧化碳含量等的输送和平衡,具有十分重要的意义。近地气层处于高度的湍流状态,是我们在本章的主要研究对象。

一般认为,近地气层有以下一些特点:

①该层中动量、热量、水汽等物理属性的铅直输送量不随高度变化,即有

$$\frac{\partial \tau}{\partial z} = 0, \quad \frac{\partial p}{\partial z} = 0, \quad \frac{\partial E}{\partial z} = 0$$

即属性量在垂直输送过程中损失很小,与整个属性量相比微不足道,因此可以认为它们不随高度变化。

②近地气层内气压随高度的变化很小,可以忽略不计,即 $\frac{\partial p}{\partial z} = 0$。

③实际气温梯度与位温梯度近似相等,即 $\frac{\partial T}{\partial z} \approx \frac{\partial \theta}{\partial z}$;对于海拔高度较低的平原地区,可认为气温与位温 θ 也大致相等,即 $T \approx \theta$。所谓位温是指气块从压强为 p、温度为 T 的初始位置绝热抬升(膨胀)或下降(压缩)到参照气压值(通常为标准大气压强 $p_0 = 1000$ hPa)的位置时所具有的温度。其表达式为

$$\theta = T \left(\frac{p_0}{p} \right)^{\frac{R}{c_p}}$$

式中,$R = 287$ J/(℃·kg)为气体常数;$c_p = 1004$ J/(℃·kg)为定压比热容;且有 $c_v = c_p - R = 717$ J/(℃·kg)称为定容比热容。对上式两边取对数,并且对高度 z 求微商,有

$$\frac{1}{\theta} \frac{\partial \theta}{\partial z} = \frac{1}{T} \frac{\partial T}{\partial z} - \frac{R}{c_p p} \frac{\partial p}{\partial z}$$

将状态方程 $p = \rho RT$ 和静力方程 $\frac{\partial p}{\partial z} = -\rho g$ 代入上式,有

$$\frac{1}{\theta} \frac{\partial \theta}{\partial z} = \frac{1}{T} \left(\frac{\partial T}{\partial z} + \gamma_d \right)$$

其中 $\gamma_d = \frac{g}{c_p} = 0.0098$ ℃/m ≈ 1 ℃/100 m 称为干(空气)绝热递减率。由于在近地层中,气温的实际递减率 γ 远大于干绝热递减率 γ_d,即 $\left| \frac{\partial T}{\partial z} \right| \gg \gamma_d$;所以,$\gamma_d$ 可忽略不计。另外,由位温表达式可知,对于海拔较低的平原地区,气压 p 接近于标准气压 p_0;所以有 $T \approx \theta$;况且位温 θ 通常以 K 温标表示,因此,1 ℃的误差也仅为 1/273 K。由此可得

$$\frac{\partial \theta}{\partial z} \approx \frac{\partial T}{\partial z}, \quad \theta \approx T$$

④气象要素的铅直梯度远大于其水平梯度,即 $\frac{\partial X}{\partial z} \gg \frac{\partial X}{\partial x}$。观测结果表明,近地层中气温的铅直梯度可达 1 ℃/m,而其水平梯度一般要相距几十到一百多千米才能相差 1 ℃;风速的铅直梯度在 1 m 高度可达几米/秒,而其水平梯度一般要相距几千米到几十千米才能相差 1 m/s。近地层中气象要素的铅直梯度很大。

⑤气象要素具有明显的日变化,即 $\frac{\partial X}{\partial t} \neq 0$。这主要是因为地球自转使一地接收到的太阳辐射有日变化和因为湍流交换影响的缘故。

⑥近地气层中气象要素的铅直梯度远大于自由大气中的铅直梯度,几厘米以上近地气层大气处于高度湍流状态。

4.2 湍流的一般概念

究竟什么叫湍流?下面就先介绍有关湍流的一般概念。

4.2.1 湍流的定义

流体的运动形态有两种:

层流或片流:流体有规则的运动,称为层流或片流,层流运动特征是所有流体质点运动的轨迹都是平滑的曲线,各层流体之间层次清晰,没有混合现象,或者说一个流体质点总是跟着前面一个质点走着相同的路径,速度场、气压场随时间(t)和空间(s)连续平缓地变化,层流运动服从牛顿黏性定律,流体运动可用 Navier-Stokes(纳维尔—斯托克斯)方程来描述。

湍流、乱流或紊流:流体无规则运动称为湍流、乱流或紊流。湍流运动的特征是:流体质点运动的轨迹相互交错,变更迅速,非常杂乱,或者说流体质点既有横向运动,也有纵向运动,甚至有逆主流方向的运动。

湍流运动作为流体运动的一种现象,在自然界到处可见,且较易辨认,还可用实验来验证其存在,例如:一束浓烟,被风吹散,混浊一片;又如实验室细口水龙头,开关打开,自来水逦迤一线,很有规则,而消防龙头,管口较粗,流速湍急,水花飞溅,漫无规则等。

什么叫湍流呢?湍流现象虽然到处可见,但到目前为止,还没有给湍流下一个严格的确切的定义。什么叫"无规则",没有给出严格的数学定义。现在普遍可以接受的是欣吉(Hinge)1975 年给出的定义,湍流是一种不规则的复杂运动,这是指个别特性量随时间和空间变化是极不规则的,但其"大数平均"却有一定规律,例如:沿平均风向运动的气流,其"大数平均"总是沿着主风向流动,但气流中个别质点的运动却是不规则的,既有沿主流方向运动,也有逆主流方向运动,既有横向运动,也有纵向运动。

简单地说,所谓湍流就是在时间和空间上都呈随机性的一种毫无规则的流体运动。

4.2.2　湍流现象

湍流现象早在 1839 年就已被人发现,直到 1883 年 Reynolds(雷诺)通过实验对边界层湍流作了系统的研究,而后,1921 年席勒(Schiller)等人又作了进一步的研究,从而使湍流逐步被人们所认识和了解。

1. 试验所揭示的湍流现象

在一特殊装置中有同一形态的两股流体,当他们的速度相同时,流体为层流运动,而当这两股流体的速度不同时,在其交界处就存在着速度梯度($\frac{\partial u}{\partial z} \neq 0$),这样就产生了湍流运动。由层流到湍流的演变,实际上就是层流稳定性被破坏的结果。

著名的雷诺试验是在一圆管内的水流中,引入一小股有颜色的水来判断层流和湍流的流态。当水流速度很小时,小股颜色水呈一条很清晰的直线,此时,流体为层流运动,当增大水流的速度以后,由于管壁的作用壁面处的流速近似等于零,从而在水管壁面附近形成了速度梯度,这样颜色水不再保持原有的清晰直线,而是与周围流体很快混合,形成模糊一片的湍流运动。

2. 实际大气中的湍流现象

日常生活中我们经常见到高大烟囱排放的烟云、植物花粉和种子在大气中的传播、冬季天空中雪花的飘落,空气中尘埃粒子的飞扬等,都是湍流运动的结果。在气象要素的自动观测中,气象要素和气体成分浓度的脉动就表现为湍流特征,如图 4-1 所示。

实际上,如果近地层大气中不存在湍流的话,下垫面的热量就不可能很快地向大气中传输,下垫面和近地面微小颗粒物和有毒气体也就不可能很快地向大气中扩散,长时间飘浮在空中传播到很远距离,城市居民就会由于缺乏新鲜空气的补给而不能再生存下去。所以说,湍流是边界层大气运动的最主要形式。

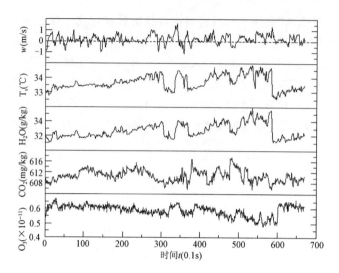

图 4-1　近地层大气中风速、温度、水汽、CO_2、O_3 等的脉动变化（Meyers，2003）

4.2.3　湍流产生和维持的条件

湍流是一种非常复杂的运动，其形成的物理机制，至今还没有得到完全令人满意的结论，但是从本质上讲，可以把流体运动由层流转变为湍流看成是层流稳定性被破坏的结果。

实验结果表明，湍流产生的必要条件，是流体中必须有剪切速度梯度的存在，这是因为在湍流运动中，由于流体的黏滞作用，湍流的动能将耗散为热能，因此要维持湍流，需要从流动中补充能量；而在剪切流动中，移动较快的涡旋能够带动移动较慢的涡旋，使其加速旋转，从而增加其能量。所以，要维持湍流运动，必须有剪切速度梯度，否则湍流将会逐渐衰减而最终消失。

在流体力学中，通常用雷诺数（Reynolds numbers）Re 的大小来判断剪切流是层流还是湍流。将大气作为黏性不可压缩流体，根据牛顿第二定律，单位体积流体受力之总和等于流体密度与其速度个别变化的乘积，即有 Navier-Stokes 方程

$$\rho \frac{\mathrm{d}u}{\mathrm{d}t} = \rho\left(\frac{\partial u}{\partial t} + u\frac{\partial u}{\partial x} + v\frac{\partial u}{\partial y} + w\frac{\partial u}{\partial z}\right) = -\frac{\partial p}{\partial x} + \rho fv + \mu\frac{\partial^2 u}{\partial z^2} \tag{4.1}$$

式中，ρ 为空气密度，p 为气压，$f = 2\Omega\sin\varphi$ 为地转参数（科里奥利参数），$\mu = \frac{1}{3}\rho\bar{c}\bar{\lambda}$ 为流体分子黏滞系数。这里，Ω 为地球自转角速度，φ 为地理纬度，而 $\bar{c}$ 为气体分子无规则运动的平均速度，λ 为分子自由程。该式表明流体所受力 $\left(\rho\frac{\mathrm{d}u}{\mathrm{d}t}\right)$ 等于气压梯

度力 $\left(-\dfrac{\partial p}{\partial x}\right)$、地转偏向力 $(\rho f v)$、分子黏滞力 $\left(\mu\dfrac{\partial^2 u}{\partial z^2}\right)$ 三者之和。将方程左端惯性力

项 $\rho u\dfrac{\partial u}{\partial x}+\rho v\dfrac{\partial u}{\partial y}+\rho w\dfrac{\partial u}{\partial z}$ 的量纲与方程右端黏滞力项 $\mu\dfrac{\partial^2 u}{\partial z^2}$ 的量纲相比,有

$$\frac{\rho U^2 L^{-1}}{\mu U L^{-2}}=\frac{\rho}{\mu}UL=\frac{UL}{\nu}$$

其中,μ 为分子黏滞系数,$\nu=\dfrac{\mu}{\rho}=\dfrac{1}{3}vl$ 为动力黏滞系数,l 为混合长度尺度。则定义

$$Re=\frac{UL}{\nu}=3\left(\frac{U}{v}\right)\left(\frac{L}{l}\right) \tag{4.2}$$

为雷诺数,它是一个无量纲量,其物理意义是特征惯性力与特征黏性力之比;也就是,流体宏观特征速度与微观特征速度之比和宏观特征长度与微观特征长度之比的乘积。

雷诺根据试验得出,当 $Re\geqslant 2300$ 时,流体从层流突变为湍流运动,即临界雷诺数是 $Re_c=2300$;后来,席勒得到的临界雷诺数 $Re_c=6000$,这比较接近于实际大气的动力湍流(根据风洞实验,动力湍流雷诺数为 6000~13000)。

若取临界雷诺数 $Re_c=6000$,长度尺度 $L=10$ m,温度为 20 ℃时动力黏滞系数 $\nu=0.15$ cm^2/s,则可得湍流产生的临界速度为 $U_c=0.009$ m/s;由此可见,大气中极易产生湍流运动的。

4.2.4　湍流的种类

在大气科学中,通常将湍流运动分为动力湍流和热力湍流两类;动力湍流是指流体在粗糙界面上由于摩擦以及流体内摩擦等动力作用产生的湍流;热力湍流是指在热力不均匀界面上受热力作用产生的湍流。而在实际大气中,大多为混合湍流,即既有动力作用又有热力作用而产生的湍流。物理学中,还把没有固体边界的由分子碰撞而产生的湍流称为自由湍流。

研究湍流运动,对于了解近地气层的微气象物理过程、气象要素的分布、微气象条件的形成等都具有十分重要的意义。湍流使近地气层的物理属性趋于均匀,它是近地气层中各种物理现象产生的根本原因。

4.2.5　物理属性的概念

物理属性包括物质属性和非物质属性。物质属性是指随流体质量增加而增大的物理特性,如动量、热量等。非物质属性是指与流体质量增减无关的物理属性,如速

度,温度,湿度等。

物理属性是直观上可以理解为空气质点或空气微团所固有的物理性量或物质量。例如空气微团所具有的热量、动量、水汽含量、CO_2 含量等等,空气微团作为一个载体总是具有或总是携带着热量、动量、水温量、CO_2 含量等这些物理性量或物质量的,这些物理性量的总称为物理属性,这是一个抽象概念,物理属性随载体空气微团一起运动,空气微团移动到那里,这些物理性量就被携带到那里,抽象概念包含着具体内容。湍流运动的主要效果是造成大气中各种物理属性从高值区向低值区扩散,使其在空间上的变化趋于缓和。实际上,近地层中动量,热量,水汽以及二氧化碳等属性量的输送主要是湍流扩散作用来完成的,而分子扩散的作用很小。

为研究问题的需要,普朗特(Prandtl)对近地气层中的物理属性提出了以下几点假设:

1. 物理属性具有保守性

所谓保守性是指物理属性随空气微团一起运动时,当携带它的空气微团未与周围空气微团混合时,其属性保持不变,既不增加也不减少,不与周围空气进行交换是一种绝缘过程。

2. 物理属性具有守恒性

所谓守恒性是指一旦移动的空气微团与周围空气混合时,其属性总量不变,服从质量守恒定律。

3. 物理属性具有被动性

所谓被动性是指空气微团在运动过程中或与周围空气混合时,其所含属性不影响微团的运动或随湍流运动没有重大影响。

普兰特关于物理属性的三点基本假设是经典概念,虽然这三点基本假设应用在动量、热量交换时,并不完全符合实际情况,但有助于对湍流扩散实际问题的探究。

4.2.6　物理量的表示

湍流是一种不规则的运动。虽然湍流运动的个别特性量随时间和空间的变化毫无规则,但是其"大数平均"(即统计平均值)却是有一定的规律;也就是说,在湍流运动中各种物理属性量的空间分布和时间变化,都具有统计学的规律性。

求算物理属性量的平均有三种:时间平均、空间平均、统计平均(总体平均)。

①时间平均:应用于空间某一特定点,对变量求和或在某一时域 T 上积分。设

$A = A(t,s)$, t 为时间, s 为空间, 则:

$$\overline{A_t(s)} = \frac{1}{T}\int_{t=0}^{T} A(t,s)\mathrm{d}t = \frac{1}{N}\sum_{i=0}^{N-1} A(i,s), \quad \Delta t = T/N$$

②空间平均:对某一固定时间 t, 对变量求和或在空间域 S 上积分。

$$\overline{A_s(t)} = \frac{1}{S}\int_{0}^{S} A(t,s)\mathrm{d}s = \frac{1}{N}\sum_{j=0}^{N-1} A(t,j), \quad \Delta s = S/N$$

③总体平均:对 N 个不同时间和空间的试验样本求和。

$$\overline{A_l(t,s)} = \int_{-\infty}^{\infty} A(t,s)f(A)\mathrm{d}A = \frac{1}{N}\sum_{i=0}^{N-1} A_i(t,s)$$

实际工作中,要在相同实验条件及大量空间点上进行多次重复观测非常困难。在气象上,经常进行的是定点观测,故求算时间平均比较容易。可以证明,对于均匀、平稳(随时间统计不变)的湍流,其时间、空间和系综平均都应该相等,叫作各态遍历法则。为易于处理湍流,通常做此假定,即:总体平均＝时间平均＝空间平均,也就是说,可以用某一空间点上长时间的观测资料进行平均来代替整个湍流场的平均,从而使问题简化。时间平均是常用的,其资料可以从安装在测杆和观测塔等固定设施上的传感器获得。在边界层下层中进行时间平均是非常普遍的,因为在一固定点进行观测相对来说比较容易。

对任一物理属性,在固定空间点 (x,y,z) 上,以某一时刻 t_0 为中心,在时间间隔 T 内对某一物理属性求平均,则表示该物理属性的时间平均值 $\overline{A}$ 还可表达为:

$$\overline{A}(x,y,z) = \frac{1}{T}\int_{t_0-T/2}^{t_0+T/2} A(x,y,z)\mathrm{d}t$$

式中, T 称为时间平均周期(即取样时间),其大小的选择必须恰当,取决于所考虑的特定问题。

时间平均值的几何定义如图 4-2 所示:经过连续观测得到了物理属性 $A(t)$ 随时间的变化曲线,该曲线波动大,变化起伏,无明显规律,是漫无规则的湍流运动。

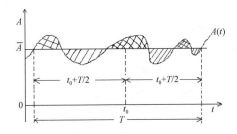

图 4-2　物理属性 $A(t)$ 随时间 t 的变化曲线

以 t_0 为中心、在时段 T 内对某物理属性求平均,其平均值 $\overline{A}$ 的几何意义是 $A(t)$ 曲线与 $\overline{A}$ 的横轴上下所包围的面积相等,这个 A 即为平均值 $\overline{A}$。$\overline{A} = \overline{A}(x, y, z, t_0, T)$,即它是空间 (x, y, z)、t_0、T 的函数。在求平均值时,关键在于时间平均周期的取法,即 T 取多大才能使平均值与脉动值分离最好、最适当? 其原则是:

(1)T 要比瞬时脉动周期大得多,保证在 T 时段内有足够数目的起伏,这样才有平均意义,如果 T 过小,可能把应该看成是脉动成分 A' 也当作平均值 $\overline{A}$ 了,以致使平均后的数值仍是极不规则的振动。

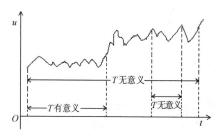

图4-3 时间平均周期 T 的选取示意图

(2)T 也不宜过大,它要比非定常运动有显著变化所需要的时间小得多,即要小于湍流特征变化的时间尺度,以显示出湍流运动的基本特征。如果 T 过大,就会平滑掉物理属性变化的主要趋势,就有可能把本来不是脉动值也包括到脉动值中去了。示意见图 4-3。

例如:空气温度具有明显的日变化,如果把 T 取到接近日变化的周期,就把日变化也包括到脉动值中去了,因为温度日变化是地球自转的结果,其不是湍流脉动成分。

由于自然风起伏变化的周期在几分之一秒到几分钟,在湍流研究上,一般 T 取 $5 \sim 10 \ \text{min}$ 或 $10 \ \text{min}$;关于 t_0 的取法,没有什么规定,只是根据需要来选取,如要测定中午 12 时的平均风速,t_0 就取在 12 时。

这样任何一个物理属性 A 就可以分成二部分,即平均值 $\overline{A}$ 和脉动值 A',即:

$$A = \overline{A} + A' \tag{4.3}$$

从统计上来理解,即 $\overline{A}$ 为平均值,A' 为距平,A 就为随机变量(瞬时值)。

例如:A(随机变量)实测值为:$1, 2, 3, 4, 5, 6, 7, 8, 9, 10$;平均值为:$5.5$;距平(脉动值)$-4.5, -3.5, -2.5, -1.5, -0.5, 0.5, 1.5, 2.5, 3.5, 4.5$。

脉动值和平均值具有相对性,取决于 T 的选取。例如:气象台站常用的风杯风速表、水银温度表等仪器观测到的风速、温度,从研究天气气候角度来讲,可以看成是随机变量,是瞬时值,用它可以来求年、月、日各周期的平均值,但从研究近地层湍流运动来讲,观测到的风速、温度都是平均风速、平均温度,因为这些常规仪器的感应探头点具有一定大小的体积,感应时间也有一定的滞后,惯性大,所以它测到的是一定空间和一定时间的联合平均值,根本测不到瞬时值,当然也测不到脉动值了。只有用灵敏度很高的仪器(如超声风速仪)才可测出瞬时值。将瞬时值拆分为平均值与脉动值之和,可将比较有规则的平均值和涨落不定的脉动值区分开来,有利于对不规则湍流运动的进行研究和分析。

1.平均运算规则

设 A、B 为变量，C 为常量，则有：

(1)常量的平均值等于常量，即 $\overline{C} = C$

(2)常量与变量乘积的平均等于常量乘以变量的平均值，即 $\overline{CA} = C\overline{A}$

(3)脉动值的平均值等于零，即 $\overline{A'} = 0$

(4)平均值的平均等于平均值，即 $\overline{\overline{A}} = \overline{A}$

(5)和的平均等于平均值的和。$\overline{A+B} = \overline{A} + \overline{B}$

(6)平均值和瞬时值乘积的平均等于平均值的乘积。$\overline{\overline{A}B} = \overline{A}\,\overline{B} = \overline{A}\,\overline{B}$

(7)两个瞬时值乘积的平均等于平均值乘积加上脉动值乘积的平均。$\overline{AB} = \overline{A}\,\overline{B} + \overline{A'B'}$

(8)某函数对坐标微商的平均值等于该函数平均值对同一坐标的微商，即：
$$\overline{\frac{\partial A}{\partial t}} = \frac{\partial \overline{A}}{\partial t}$$

利用上述平均法则，可以对多种气象要素的平均值进行计算，现以风速为例详细说明。

2.平均风速和风速脉动

平均风速一般是指对时间平均的风速，根据平均值定义，在某一时刻 t_0，时间间隔为 T 的时段内的平均风速可如下表达。

(1)时间平均值：
$$\overline{u} = \frac{1}{T}\int_{t_0-T/2}^{t_0+T/2} u(x,y,z,t)\mathrm{d}t = \frac{1}{T}\int_{t_0-T/2}^{t_0+T/2}(\overline{u}+u')\mathrm{d}t$$

$$\overline{v} = \frac{1}{T}\int_{t_0-T/2}^{t_0+T/2} v(x,y,z,t)\mathrm{d}t = \frac{1}{T}\int_{t_0-T/2}^{t_0+T/2}(\overline{v}+v')\mathrm{d}t$$

$$\overline{w} = \frac{1}{T}\int_{t_0-T/2}^{t_0+T/2} w(x,y,z,t)\mathrm{d}t = \frac{1}{T}\int_{t_0-T/2}^{t_0+T/2}(\overline{w}+w')\mathrm{d}t$$

(2)脉动风速的平均值等于 0：$\overline{u'} = 0, \overline{v'} = 0, \overline{w'} = 0$

(3) $\overline{\overline{u}} = \overline{\overline{u} + u'} = \overline{\overline{u}} + \overline{u'} = \overline{u}$

(4) $\overline{\overline{u}u'} = \overline{\overline{u}}\,\overline{u'} = 0$

(5) $\overline{(\overline{u}+u')(\overline{u}+u')} = \overline{\overline{u}\,\overline{u} + \overline{u}u' + \overline{u}u' + u'u'} = \overline{\overline{u}\,\overline{u}} + \overline{u'u'} = \overline{u}^2 + \overline{u'^2}$

同理有：$\overline{(\overline{u}+u')(\overline{v}+v')} = \overline{u}\,\overline{v} + \overline{u'v'}$，$\overline{(\overline{u}+u')(\overline{w}+w')} = \overline{u}\,\overline{w} + \overline{u'w'}$

请注意，尽管 $\overline{u'} = 0, \overline{v'} = 0, \overline{w'} = 0$，但 $\overline{u'^2}$、$\overline{v'^2}$、$\overline{w'^2}$、$\overline{u'v'}$、$\overline{u'w'}$、$\overline{v'w'}$ 不一定等于 0。

根据数理统计原理可知：

两个随机变量 X、Y 是相互独立的，即互不相关，那么有 $\overline{XY} = \overline{X}\,\overline{Y}$，两个随机变量乘积的平均等于平均的乘积。

如果 X、Y 不是相互独立的，而是相关的，那么有 $\overline{XY} \neq \overline{X}\,\overline{Y}$，两个随机变量乘积的平均不等于平均的乘积。

我们这里 u 和 u、v 和 v、w 和 w 肯定是相关的，因为自身和自身肯定相关。所以：$\overline{uu} \neq \overline{u}\,\overline{u}$，$\overline{vv} \neq \overline{v}\,\overline{v}$，$\overline{ww} \neq \overline{w}\,\overline{w}$

同理：$\overline{u'v'} = \overline{uv} - \overline{u}\,\overline{v}$，$\overline{u'w'} = \overline{uw} - \overline{u}\,\overline{w}$，$\overline{v'w'} = \overline{vw} - \overline{v}\,\overline{w}$

一般说来，u、v、w 是相关的，即风速增大，u、v、w 同时增大，$\overline{uv} \neq \overline{u}\,\overline{v}$，$\overline{uw} \neq \overline{u}\,\overline{w}$，$\overline{vw} \neq \overline{v}\,\overline{w}$。所以，脉动风速的协方差，$\overline{u'v'}$、$\overline{u'w'}$、$\overline{v'w'}$ 也不等于 0，实际上，将 $\overline{u'^2}$ 乘以 $\frac{1}{2}\rho$ 等于 $\frac{1}{2}\rho\overline{u'^2}$，就是 x 方向平均脉动动能。而 $\frac{1}{2}\rho(\overline{u'^2} + \overline{v'^2} + \overline{w'^2})$ 为总的脉动运动动能，因此，只要有脉动速度存在（u'、v'、$w' \neq 0$），就有脉动运动动能存在，而 u'、v'、w' 总是存在的，所以 $\overline{u'^2}$、$\overline{v'^2}$、$\overline{w'^2} \neq 0$。

3. 方差、标准差和湍强

随机变量测定值与其算术平均数的离差平方和的平均数称为方差，用来表示随机变量在其平均值附近的离散程度。表达式为：$\sigma_A^2 = \frac{1}{N}\sum_{i=0}^{N-1}(A_i - \overline{A})^2$。标准差定义为方差的平方根，$\sigma_A = \sqrt{\frac{1}{N}\sum_{i=0}^{N-1}(A_i - \overline{A})^2}$。湍强定义为湍流随机变量的标准差与其平均值之比，即 $I = \sigma_A / U$，无量纲。

湍流变量的脉动部分 $A' = A_i - \overline{A}$，所以有

$$\sigma_A^2 = \frac{1}{N}\sum_{i=0}^{N-1}(A_i - \overline{A})^2 = \frac{1}{N}\sum_{i=0}^{N-1}A_i'^2 = \overline{A_i'^2}。$$

两个随机变量 A 和 B 之间的协方差定义为：

$$V_{AB} = \frac{1}{N}\sum_{i=0}^{N-1}(A_i - \overline{A}) \cdot (B_i - \overline{B}) = \frac{1}{N}\sum_{i=0}^{N-1}(A_i' \cdot B_i')。$$

湍流变量的脉动部分 $A' = A_i - \overline{A}$，$B' = B_i - \overline{B}$，则有：

$$V_{AB} = \frac{1}{N}\sum_{i=0}^{N-1}(A_i' \cdot B_i') = \overline{A_i'B_i'}。$$ 所以，湍流量 $\overline{u'^2}$、$\overline{v'^2}$、$\overline{w'^2}$、$\overline{\theta'^2}$、$\overline{q'^2}$ 又称为方差。$\overline{u'v'}$、$\overline{u'w'}$、$\overline{v'w'}$ 等称为协方差。

4.3 湍流扩散的基本理论

湍流扩散基本理论主要有统计理论、梯度传输理论(即 K 理论)、相似理论和湍流随机理论等。

1921 年 R. J. Taylor(泰勒)提出湍流统计理论,该理论以拉格朗日参数表示湍流扩散过程,主要研究湍流脉动场的统计性质及其与平均场的关系。对发展中的湍流,其速度等特征量都是时间和空间的随机变量,故可以用统计学方法进行研究。20 世纪 30 年代以后,该理论发展较快,许多学者都致力于湍流统计理论的研究。湍流强度、相关系数、湍谱等都是对大量湍流现象进行统计处理所得到的量,这些量在大气污染研究与应用中较为广泛。

1925 年 Prandtl 根据分子交换和湍流交换之间存在的某些相似特点,引入了混合长度(l)的概念,建立了湍流混合理论;后来,Schimidt(施密特)等人在此基础上发展了梯度传输理论,并以湍流系数(K)表示湍流扩散过程,所以又称为 K 理论。该理论中作了一些假设条件,有的不完全符合实际情况,例如,假设属性在移动过程中不改变,只有当空气质点与周围空气混合时,属性才与周围混合;实际上,湍流对动量、热量的输送过程是一个连续的过程。因此,该理论属于半经验的理论。

1954 年 A. C. Monin 和 A. M. Obukhov 根据近地层气象要素场的统计均匀特征和相似原理,提出了在微气象学中具有划时代意义的湍流相似理论;该理论用普适函数 $\varphi(z/L)$ 表示近地层湍流交换和气象要素廓线分布,引进了影响湍流的三个外因参数和特征尺度 L、U、T 等。20 世纪 70 年代以后,该理论发展很快;迄今为止,为了描述湍流边界层,学者们所采用的方法几乎毫无例外的都是基于相似理论。

由于流体内不同尺度涡旋的随机运动造成了湍流的一个重要特点——物理量的脉动。一般认为,无论湍流运动多么复杂,Navier-Stokes 方程对于湍流的瞬时运动仍然是适用的。关于湍流运动与热交换的数值计算,采用的计算方法可以大致分为以下三类:

(1)直接数值模拟(DNS)。Navier-Stokes 方程是非线性偏微分方程,想要求解出其解析解较为困难,故该法是用非稳态的 Navier-Stokes 方程来对湍流进行直接计算,求得数值解。如果能对此法成功地加以运用,则所得结果的误差就仅是一般数值计算所引起的那些误差,并且可以根据需要而加以控制,但是要对高度复杂的湍流运动进行直接的数值计算,必须采用很小的时间与空间步长,所以计算量非常大,需要用超级计算机或小型网络计算机,并且限制在低雷诺数的情况下采用。

(2)大涡模拟方法(LES)。按照湍流的涡旋学说,湍流的脉动与混合主要是由大尺度的涡造成的。大尺度涡从主流中获得能量,它们是高度地非各向同性的,大尺度涡通过相互作用把能量传递给小尺度的涡。小尺度涡的主要作用是耗散能量,它们几乎是各向同性的,而且不同流动中的小尺度涡有许多共性,关于涡旋的上述认识就导致了大尺度涡模拟的数值解法。这种方法旨在用非稳态的 Navier-Stokes 方程来直接模拟大尺度涡,但不直接计算小尺度涡,小涡对大涡的影响通过近似的模型来考虑。大涡模拟方法被认为是目前和未来湍流研究中最富有前景的方法。这种数值计算方法仍然需要巨大的计算机容量,所以最可能作为一种解决湍流问题的研究工具。

(3)雷诺时均方程法,又叫湍流总体均值模型法(ensemble-averaged turbulence method)。由于在多数实际应用中,最终需要的是湍流的平均、方差和高阶距等统计量,那么,为什么不采用平均运动方程来直接求算这些期望的统计量呢? 在 19 世纪末,Reynolds 首先提出这个问题,并给出了平均的法则和推导出了 Reynolds 平均方程。该方法是将控制方程对时间作平均,在所得出的关于时均物理量的控制方程中包含了脉动量乘积的时均值等未知量,由于所得方程的个数就小于未知量的个数,要使方程组闭合,必须做出假设,建立关系模型,把未知的更高阶的时间平均值表示成较低阶的在计算中可以确定的量的函数,从而达到求解问题的目的。

下面围绕第三类方法,着重介绍相关的基础知识。

4.3.1 平均量方程

将近地气层大气视为不可压缩流体,其三个速度分量、气压、温度和密度与空间坐标及时间的依赖关系可用三个动量守恒方程(Navier-Stokes 方程)、质量守恒方程(连续方程)、热力学能量方程和状态方程等 6 个方程系统地描述。在局地直角坐标系(x, y, z)中,表征某一瞬时大气湍流的基本方程组为:

$$\begin{cases} \dfrac{\mathrm{d}u}{\mathrm{d}t} = -\dfrac{1}{\rho}\dfrac{\partial p}{\partial x} + fv + \nu \, \boldsymbol{\nabla}^2 u \\[2mm] \dfrac{\mathrm{d}v}{\mathrm{d}t} = -\dfrac{1}{\rho}\dfrac{\partial p}{\partial y} - fu + \nu \, \boldsymbol{\nabla}^2 v \\[2mm] \dfrac{\mathrm{d}w}{\mathrm{d}t} = -\dfrac{1}{\rho}\dfrac{\partial p}{\partial z} - g + \nu \, \boldsymbol{\nabla}^2 w \\[2mm] \dfrac{\partial u}{\partial x} + \dfrac{\partial v}{\partial y} + \dfrac{\partial w}{\partial z} = 0 \\[2mm] p = \rho RT \\[2mm] \dfrac{\mathrm{d}\theta}{\mathrm{d}t} = 0 \end{cases} \qquad (4.4)$$

式中 u、v、w 分别为速度在 x、y、z 方向的分量,$f = 2\omega\sin\varphi$ 为科里奥利力参数(φ 为纬

度)。其中总体变化与局地变化的关系为 $\dfrac{\mathrm{d}}{\mathrm{d}t}=\dfrac{\partial}{\partial t}+u\dfrac{\partial}{\partial x}+v\dfrac{\partial}{\partial y}+w\dfrac{\partial}{\partial z}$。

设 $\rho=\bar{\rho}+\rho',p=\bar{p}+p',T=\bar{T}+T',\theta=\bar{\theta}+\theta'$。对静力学方程有 $\dfrac{\partial \bar{p}}{\partial z}=-\bar{\rho}g$。对状态方程有 $\bar{p}+p'=R(\bar{\rho}+\rho')(\bar{T}+T')$，即 $(\bar{p}+p')/R=\bar{\rho}\bar{T}+\rho'\bar{T}+\bar{\rho}T'+\rho'T'$。对其两边同时求平均,得 $\bar{p}/R=\bar{\rho}\bar{T}+\overline{\rho'T'}$。因为 $\overline{\rho'T'}\ll\bar{\rho}\bar{T}$,所以,$\bar{p}/R\approx\bar{\rho}\bar{T}$,$p'/R\approx\rho'\bar{T}+\bar{\rho}T'+\rho'T'$。两边分别除以 $\bar{p}/R$ 和 $\bar{\rho}\bar{T}$,有 $p'/\bar{p}=\rho'/\bar{\rho}+T'/\bar{T}+\rho'T'/\bar{\rho}\bar{T}$。由于 $\rho'T'/\bar{\rho}\bar{T}$ 相比其他项很小,可忽略,所以 $p'/\bar{p}\approx\rho'/\bar{\rho}+T'/\bar{T}$。而 $p'/\bar{p}$ 变化的数量级远小于 $T'/\bar{T}$ 的数量级,即气压脉动对密度的影响远小于温度脉动对密度的影响,所以,$\rho'/\bar{\rho}=-T'/\bar{T}=-\theta'/\bar{\theta}$。

由此,铅直方向的运动方程可变换如下:

$$\begin{aligned}\frac{\mathrm{d}w}{\mathrm{d}t}&=-\frac{1}{\bar{\rho}+\rho'}\left(\frac{\partial \bar{p}}{\partial z}+\frac{\partial p'}{\partial z}\right)-g+\nu\boldsymbol{\nabla}^2w=-\frac{1}{\bar{\rho}+\rho'}\frac{\partial p'}{\partial z}+\left(\frac{\bar{\rho}}{\bar{\rho}+\rho'}-1\right)g+\nu\boldsymbol{\nabla}^2w\\&=-\frac{1}{\bar{\rho}+\rho'}\frac{\partial p'}{\partial z}-\frac{\rho'}{\bar{\rho}+\rho'}g+\nu\boldsymbol{\nabla}^2w\\&\approx-\frac{1}{\bar{\rho}}\frac{\partial p'}{\partial z}-\frac{\rho'}{\bar{\rho}}g+\nu\boldsymbol{\nabla}^2w=-\frac{1}{\bar{\rho}}\frac{\partial p'}{\partial z}+\frac{\theta'}{\bar{\theta}}g+\nu\boldsymbol{\nabla}^2w\end{aligned}\tag{4.5}$$

上述铅直方向运动方程的变换过程中,忽略了由于压强变化引起的密度变化(压缩效应),而只考虑温度对密度的影响(浮力效应),这个叫作 Boussinesq(布西内斯克)近似。空气的垂直运动方程也表明,浮力项主要是由温度扰动引起的。

1.运动学方程的推导

由于气象观测值一般都是平均值,而不是瞬时值;所以,需要以(4.3)式的形式代替其中的瞬时值。由于气压脉动 p' 很小,可以不予考虑,即有 $p\approx\bar{p}$。同时考虑到 Boussinesq(布西内斯克)近似,运动方程为:

$$\begin{cases}\dfrac{\mathrm{d}u}{\mathrm{d}t}=-\dfrac{1}{\bar{\rho}}\dfrac{\partial p}{\partial x}+fv+\nu\boldsymbol{\nabla}^2u\\[2mm]\dfrac{\mathrm{d}v}{\mathrm{d}t}=-\dfrac{1}{\bar{\rho}}\dfrac{\partial p}{\partial y}-fu+\nu\boldsymbol{\nabla}^2v\\[2mm]\dfrac{\mathrm{d}w}{\mathrm{d}t}=-\dfrac{1}{\bar{\rho}}\dfrac{\partial p}{\partial z}-g+\nu\boldsymbol{\nabla}^2w\end{cases}\tag{4.6}$$

则有:

$$\frac{\partial \bar{u}}{\partial t}+\frac{\partial \overline{u}\,\overline{u}}{\partial x}+\frac{\partial \overline{u}\,\overline{v}}{\partial y}+\frac{\partial \overline{u}\,\overline{w}}{\partial z}=-\frac{1}{\bar{\rho}}\frac{\partial \bar{p}}{\partial x}+2(\omega_z\bar{v}-\omega_y\bar{w})+$$

$$\frac{1}{\rho}\frac{\partial}{\partial z}\left(\mu\frac{\partial \bar{u}}{\partial z}\right) - \left(\frac{\partial \overline{u'u'}}{\partial x} + \frac{\partial \overline{u'v'}}{\partial y} + \frac{\partial \overline{u'w'}}{\partial z}\right) \tag{4.7}$$

时间平均的不可压流体连续方程为：

$$\frac{\partial \bar{u}}{\partial x} + \frac{\partial \bar{v}}{\partial y} + \frac{\partial \bar{w}}{\partial z} = 0 \tag{4.8}$$

利用(4.8)式以及微商关系,(4.7)式可写成(类似地可给出 y,z 方向的分量方程)：

$$\bar{\rho}\frac{\mathrm{d}\bar{u}}{\mathrm{d}t} = -\frac{\partial \bar{p}}{\partial x} + 2\bar{\rho}(\omega_z \bar{v} - \omega_y \bar{w}) + \frac{\partial}{\partial z}\left(\mu\frac{\partial \bar{u}}{\partial z}\right) - \bar{\rho}\left(\frac{\partial \overline{u'u'}}{\partial x} + \frac{\partial \overline{u'v'}}{\partial y} + \frac{\partial \overline{u'w'}}{\partial z}\right) \tag{4.9}$$

$$\bar{\rho}\frac{\mathrm{d}\bar{v}}{\mathrm{d}t} = -\frac{\partial \bar{p}}{\partial y} + 2\bar{\rho}(\omega_x \bar{w} - \omega_z \bar{u}) + \frac{\partial}{\partial z}\left(\mu\frac{\partial \bar{v}}{\partial z}\right) - \bar{\rho}\left(\frac{\partial \overline{v'u'}}{\partial x} + \frac{\partial \overline{v'v'}}{\partial y} + \frac{\partial \overline{v'w'}}{\partial z}\right) \tag{4.10}$$

$$\bar{\rho}\frac{\mathrm{d}\bar{w}}{\mathrm{d}t} = -\frac{\partial \bar{p}}{\partial z} + 2\bar{\rho}(\omega_y \bar{u} - \omega_x \bar{v}) + \frac{\partial}{\partial z}\left(\mu\frac{\partial \bar{w}}{\partial z}\right) - \bar{\rho}\left(\frac{\partial \overline{w'u'}}{\partial x} + \frac{\partial \overline{w'v'}}{\partial y} + \frac{\partial \overline{w'w'}}{\partial z}\right) - \bar{\rho}g \tag{4.11}$$

从方程(4.9)—(4.11)可见,原来方程组中的瞬时值均用相应的平均值所代替,所以称为平均运动方程,首先由 Reynolds 推导得出,所以也称为 Reynolds 方程。方程组(4.9)—(4.11)有 6 个未知量,因此方程组是不闭合的,这就是所谓湍流方程的闭合问题,已提出了许多半经验理论和闭合模式去解决该问题,但还没有一个被证明是完全令人满意的。其中,以梯度传输理论(或假设)最简单、应用最广泛,它设法将脉动量和平均量联系起来求解方程,形成了一阶闭合模型的基础。类似,也可以用更复杂的高阶模型来闭合方程,称为高阶闭合方案,目前,研究中多数只用到三阶闭合。

2. 雷诺应力

比较 Navier-Stocks 方程(4.6)式和 Reynolds 方程(4.9)—(4.11)式还可得知,平均运动方程的右端增加了 9 项由脉动速度乘积平均值表示的附加应力,称为雷诺应力或湍流摩擦应力,也可称为湍流黏性应力。通常表示为

$$\tau_{xx} = -\rho\overline{u'u'}, \quad \tau_{xy} = -\rho\overline{u'v'}, \quad \tau_{xz} = -\rho\overline{u'w'}$$
$$\tau_{yx} = -\rho\overline{v'u'}, \quad \tau_{yy} = -\rho\overline{v'v'}, \quad \tau_{yz} = -\rho\overline{v'w'}$$
$$\tau_{zx} = -\rho\overline{w'u'}, \quad \tau_{zy} = -\rho\overline{w'v'}, \quad \tau_{zz} = -\rho\overline{w'w'}$$

雷诺应力是由湍流脉动产生的摩擦作用引起的,这种力对大气的作用只要当小体积空气与周围空气发生混合时就会产生。所以,它在大气边界层中始终是存在的;尤其是在近地层中,湍流摩擦应力起主要作用,其大小与二阶脉动相关量($\overline{u'_i u'_j}$)有关。

(1)雷诺应力的性质

雷诺应力是由湍流脉动速度引起的，它与分子黏性无关。由量纲分析法知，密度 ρ 的量纲为 ML^{-3}，速度的量纲为 LT^{-1}，雷诺应力的量纲为 $ML^{-3} \cdot LT^{-1} \cdot LT^{-1} = M \cdot LT^{-2} \cdot L^{-2}$，其中，$LT^{-2}$ 为加速度的量纲，$M \cdot LT^{-2}$ 即为力的量纲，而 L^{-2} 为面积的量纲。故应力是单位面积上所受的力，换句话说，雷诺应力实际上就是由湍流脉动所产生的动力压强。

(2)雷诺应力的物理意义

以 $\tau_{xz} = -\rho \overline{u'w'}$ 为例，将 w' 的量纲改写为 $LT^{-1} - L^3 \cdot L^{-2} \cdot T^{-1}$，可以理解为单位时间内通过单位面积的流体体积；将 $\rho u' = \rho(u - \bar{u})$ 的量纲表示为 $ML^{-3} \cdot LT^{-1} = MLT^{-1} \cdot L^{-3}$，其中 MLT^{-1} 为动量的量纲，则可理解为单位体积流体所含有的 x 方向的脉动速度动量。故雷诺应力的量纲为 $MLT^{-1} \cdot L^{-3} \cdot LT^{-1} = MLT^{-1} \cdot L^{-2} \cdot T^{-1}$，其物理意义是在单位时间内通过单位面积由脉动速度 w' 在垂直方向上输送的 x 方向的脉动动量；也就是垂直方向上的脉动速度 w' 在单位时间内通过单位面积向上或向下输送的 x 方向的脉动动量。其中 $MLT^{-1} \cdot T^{-1}$ 是动量流（其本身也是一作用力）的量纲，而单位面积上所通过的动量流即称为应力（即压强）。

(3)雷诺应力的方向

以 $\tau_{xz} = -\rho \overline{u'w'}$ 为例，取一单位体积元，底面积 $ds = 1$，则 $w'ds$ 为单位时间内穿过单位面积 ds 的流体体积，ρu 为 x 方向上单位体积流体的动量；所以 $\rho u w'ds$ 即为单位时间内，x 方向的动量由于脉动速度 w' 的作用，在垂直方向上的输送量，其时间平均值为

$$\frac{1}{\Delta t}\int_t^{t+\Delta t} \rho u w' ds dt = \overline{\rho(\bar{u} + u')w' ds}^{\Delta t} = \rho \overline{u'w'}$$

当 $w' < 0$ 时，存在下沉运动，$\rho \overline{u'w'}$ 表示上层流体由于湍流脉动而对下层流体所施加的力；根据牛顿第三定律，则有 $\tau_{xz} = -\rho \overline{u'w'}$ 为下层流体对上层流体的反作用力，表示在垂直于 x 轴的平面上方向为 z 的应力分量。反之，当 $w' > 0$ 时，有上升运动，τ_{xz} 的方向即为 z 的反方向。

图 4-4 为作用于体积元的切向应力示意图，图中 1 表示平均速度廓线，2 表示切向应力。一般来说，雷诺应力 τ_{ij} 的第一个下标为应力作用面方向，第二个下标为应力的方向。例如，τ_{yx} 为与垂直于 y 轴的平面相切而指向 x 方向的应力分量；τ_{xx} 为与垂直于 x 轴的平面垂直指向 x 方向的应力分量。应力方向与作用面法方向垂直的称为切向应力；而应力方向与作用面法方向平行的，称为法向应力。显然，应力下

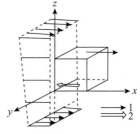

图 4-4　作用于体积元的切向应力

标位置对调,应力的大小不变,但是方向不同。在上面 9 个应力中,$-\rho\overline{u'u'}$、$-\rho\overline{v'v'}$、$-\rho\overline{w'w'}$ 为法应力,代表"湍流脉动动能";其他 6 个应力称为切应力,代表"动量通量"。

(4)雷诺应力的存在性

仍以 $\tau_{xz}=-\rho\overline{u'w'}$ 为例。由于 $w'<0$ 时,存在下沉运动,则有 $u'>0$;$w'>0$ 时,存在上升运动,有 $u'<0$;因此,无论空气微团自上往下或从下往上运动,都有二阶脉动相关量 $\overline{u'w'}<0$,即 $\tau_{xz}\neq0$。这是因为近地层中大气中存在垂直速度梯度,即 $\frac{\partial u}{\partial z}\neq0$。

有人(Moller,莫勒)曾估算过脉动速度 u' 和 w' 的相关系数,$r=\dfrac{\overline{u'w'}}{\sqrt{\overline{u'^2}}\ \sqrt{\overline{w'^2}}}=-0.8$。

3.热力学方程的推导

根据热力学第一定律,施加于任意孤立系统(如气体)的热量 ΔQ 为该系统内能的增加 ΔU 与该系统对外所做功 W 之和,即 $\Delta Q=\Delta U+W$。对于 1 克理想气体,其内能为 c_vT,这里 c_v 为比定容热容,所以有 $\Delta U=c_v\Delta T$。在等压情况下,气体膨胀所做的功为 $W=p\Delta V$,这里 ΔV 为气体体积变化量(也可按热量单位写成 $W=Ap\Delta V$,其中 $A=0.24\times10^{-7}$ 卡 / 尔格为功热当量)。则写成微分形式为 $\mathrm{d}Q=c_v\mathrm{d}T+p\mathrm{d}V$。将状态方程 $pV=RT$(对于单位体积气体为 $p=\rho RT$)代入,有

$$\mathrm{d}Q=(c_p-R)\mathrm{d}T+p\mathrm{d}\left(\frac{RT}{p}\right)=c_p\mathrm{d}T-\frac{RT}{p}\mathrm{d}p$$

以位温 θ 代替温度 T,则对于质量为 ρ 的单位体积空气,其热量变化为

$$\rho\frac{\mathrm{d}Q}{\mathrm{d}t}=\rho c_p\frac{\mathrm{d}\theta}{\mathrm{d}t}-\rho\frac{R\theta}{p}\frac{\mathrm{d}p}{\mathrm{d}t}$$

若考虑系统绝热的情况,即忽略辐射增温作用,有 $\frac{\mathrm{d}Q}{\mathrm{d}t}=0$;同时,将大气近似认为是不可压缩流体,即 $\rho=\overline{\rho}$,$\frac{\mathrm{d}p}{\mathrm{d}t}=0$。则有

$$\rho c_p\frac{\mathrm{d}\theta}{\mathrm{d}t}=\rho c_p\left(\frac{\partial\theta}{\partial t}+u\frac{\partial\theta}{\partial x}+v\frac{\partial\theta}{\partial y}+w\frac{\partial\theta}{\partial z}\right)=0$$

再将不可压连续方程两边同乘以 $\rho c_p\theta$,即

$$\rho c_p\left(\theta\frac{\partial u}{\partial x}+\theta\frac{\partial v}{\partial y}+\theta\frac{\partial w}{\partial z}\right)=0$$

两式相加,即可得热力方程的瞬时表达式为

$$\rho c_p\left(\frac{\partial\theta}{\partial t}+\frac{\partial u\theta}{\partial x}+\frac{\partial v\theta}{\partial y}+\frac{\partial w\theta}{\partial z}\right)=0 \tag{4.12}$$

将(4.4)式代入取时间平均,并利用平均不可压连续方程(4.8),可得

$$\rho c_p \frac{\mathrm{d}\overline{\theta}}{\mathrm{d}t} = -\rho c_p \left(\frac{\partial \overline{u'\theta'}}{\partial x} + \frac{\partial \overline{v'\theta'}}{\partial y} + \frac{\partial \overline{w'\theta'}}{\partial z} \right) = -\left(\frac{\partial}{\partial x}P_x + \frac{\partial}{\partial y}P_y + \frac{\partial}{\partial z}P_z \right)$$

$$(4.13)$$

这就是由平均值代替瞬时值所得到的平均热力学方程。其中, P_x、P_y 和 P_z 分别表示 x、y 和 z 方向上由于湍流脉动速度所引起的热量输送,称为热通量。显然,在垂直方向上,有 $P_z = \rho c_p \overline{w'\theta'}$。

4. 湍流输送的水汽通量

对于水汽,有 $\dfrac{\mathrm{d}q}{\mathrm{d}t} = m^*$,这里 m^* 为凝结率,将其展开后采用与前类似的方法可导出水汽垂直输送通量表达式。

取一面元 $\mathrm{d}s = 1$,则 $w'\mathrm{d}s$ 为单位时间内通过单位横截面积所输送的流体体积;ρq 为单位体积空气中所含有的水汽;那么,在单位时间内通过单位面积的水汽输送应该为 $\rho q w'$。由此,对时间积分并取 $\rho = \overline{\rho}$,可得

$$E = \frac{1}{\Delta t} \int_t^{t+\Delta t} \rho q w' \mathrm{d}t = \overline{\rho(\overline{q} + q')w'}^{\Delta t} = \rho \overline{w'q'}$$

这就是由湍流脉动速度 w' 引起的水汽垂直输送通量。

运动方程(4.9)—(4.11)和热力方程(4.13)式,对于研究大气边界层湍流是相当重要的,因为影响湍流运动的主要因素就是动力条件和热力条件的差异。湍流引起的动量、热量和水汽量的垂直输送都与二阶脉动相关量有关,那么,这些量如何确定就显得至关重要了。所以,多年来,许多学者都致力于湍流理论参数化方法的研究。

4.3.2 湍流输送的半经验理论

我们已经初步推导出近地层中动量通量、热量通量、水汽通量方程,当然也可以写出 CO_2 通量,即 $F_{CO_2} = \rho \overline{c'w'}$。可知,它们都是脉动量的协方差,它们的物理意义都是表示属性的铅直输送通量,即单位时间通过单位面积沿着铅直方向的属性输送量。但要去计算这四个通量,就需要知道脉动量。随着技术进步,这些脉动量已经能够直接测定了,但数据处理较为麻烦,正如前面所述的,常规气象仪器观测到的只是平均值,而不是瞬时值,更不是脉动值了,人们就想到是否能用平均量来表达脉动量,因此,就出现了一系列的"半经验的理论"。

1. 平均量表示脉动量的关系式

由于不规则的湍流运动,空气微团的运动完全是随机的,在一股主流中,有上也有下,有左也有右,甚至有逆主流运动的空气微团,这些个别空气微团就像醉汉走路一样。

假设湍流场水平方向是均匀、平稳的,只考虑铅直方向微团的运动。因此,任一时刻 t,通过 z 高度水平面的空气微团可以分成二类:一类是通过高度 z 向上运动,微团的 $w' > 0$。另一类微团通过高度 z 向下运动,微团的 $w' < 0$。

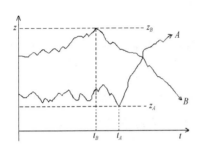

图 4-5 A、B 微团不同时刻随
高度 z 的变化

这两类微团在 t 时刻通过 z 高度以前所走的路程是多种多样、复杂的,完全是随机的。但不管它们所走的路程那么复杂,在它通过 z 高度以前,总可以找到一个最后一次铅直脉动速度 $w' = 0$ 的时刻和高度。如图 4-5 所示,A 微团在 t_A 时刻 z_A 高度上其铅直脉动速度 $w' = 0$,而 B 微团在 t_B 时刻 z_B 高度为 $w' = 0$。

假设 A 微团在 t_A 时刻 z_A 高度上的瞬时速度为 $u_A(z_A, t_A) = \overline{u_A}(z_A, t_A) + u'_A(z_A, t_A)$,而当它在 t 时刻到达 z 高度时,也有一个瞬时速度为:$u_A(z, t) = \overline{u_A}(z, t) + u'_A(z, t)$。设 A 微团从 z_A 高度运动到 z 高度,其速度改变量为 δu_A,那么有:

$$\delta u_A = u_A(z, t) - u_A(z_A, t_A) = \overline{u_A}(z, t) + u'_A(z, t) - \overline{u_A}(z_A, t_A) + u'_A(z_A, t_A)$$

整理后得:

$$u'_A(2, t) = \overline{u_A}(z_A, t_A) - \overline{u_A}(z, t) + u'_A(z_A, t_A) - \delta u_A$$

现将 $\overline{u_A}(z_A, t_A)$ 在 t 时刻 z 高度上对 $\overline{u_A}(z, t)$ 展成泰勒级数:

$$\overline{u_A}(z_A, t_A) = \overline{u_A}(z, t) + (z_A - z) \frac{\partial \bar{u}}{\partial z} + (t_A - t) \frac{\partial \bar{u}}{\partial t} + \frac{(z_A - z)^2}{2!} \frac{\partial^2 \bar{u}}{\partial z^2} + \frac{(t_A - t)^2}{2!} \frac{\partial \bar{u}}{\partial t} + \cdots$$

由于 $(z_A - z)$,$(t_A - t)$ 都是小量,故可略去二阶以上的高阶小量,即有:

$$\overline{u_A}(z_A, t_A) \approx \overline{u_A}(z, t) + (z_A - z) \frac{\partial \bar{u}}{\partial z} + (t_A - t) \frac{\partial \bar{u}}{\partial t}$$

回代得到:

$$u'_A(z, t) = (z_A - z) \frac{\partial \bar{u}}{\partial z} + (t_A - t) \frac{\partial \bar{u}}{\partial t} + u'_A(z_A, t_A) + \delta u_A$$

同理,对于 B 微团也有类似的表达式:即,

$$u'_B(z,t) = (z_B - z)\frac{\partial \overline{u}}{\partial z} + (t_B - t)\frac{\partial \overline{u}}{\partial t} + u'_B(z_B, t_B) + \delta u_B$$

由此得到一般表达式,对任一个微团有:

$$u'(z,t) = (z_0 - z)\frac{\partial \overline{u}}{\partial z} + (t_0 - t)\frac{\partial \overline{u}}{\partial t} + u'_0(z_0, t_0) + \delta u$$

这里,z_0、t_0 分别表示微团运动到 z 高度以前最后一次 $w' = 0$ 的高度和时刻,u'_0 为 $w' = 0$ 时的水平脉动速度。把 u' 代入 $\rho \overline{u'w'}$ 得到:

$$\rho\overline{u'w'} = -\rho\overline{w'(z - z_0)}\frac{\partial \overline{u}}{\partial z} + \rho\overline{w'(t_0 - t)}\frac{\partial \overline{u}}{\partial t} + \rho\overline{w'u'_0} + \rho\overline{w'\delta u}$$

上式表示的是,在 t 时刻,对 z 高度、足够大的水平面积上许许多多的空气微团进行空间平均,在均匀定常湍流场中,空间平均等于时间平均。下面来分析上式右边各项的物理意义。

第一项 $-\rho\overline{w'(z - z_0)}\dfrac{\partial \overline{u}}{\partial z}$ 是由于近地层平均风速铅直分布不均匀性所引起的,其绝对值与平均速度铅直梯度正比,而 $\dfrac{\partial \overline{u}}{\partial z}$ 前的 $\overline{w'(z - z_0)}$ 始终为正值。因为当微团向上运动,$w' > 0$,而 $z - z_0$ 也大于 0,当微团向下运动,$w' < 0$,而 $z - z_0$ 也小于 0,故 $\overline{w'(z - z_0)} > 0$。所以 w' 和 $z - z_0$ 是两个相关的随机变量,故其协方差不等于 0。所以,当 $\dfrac{\partial \overline{u}}{\partial z} \neq 0$ 时,均有 $-\rho\overline{w'(z - z_0)}\dfrac{\partial \overline{u}}{\partial z} \neq 0$。

第二项 $\rho\overline{w'(t_0 - t)}\dfrac{\partial \overline{u}}{\partial t}$ 与平均风速的非定常有关,由平均风速具有时间变化所引起的。因为 $t_0 - t$ 始终小于 0,但 w' 有时大于 0,有时小于 0,即 w' 和 $t_0 - t$ 是两个不相关的随机变量,故其协方差等于 0,这是非定常下的情况。在定常时,有 $\dfrac{\partial \overline{u}}{\partial t} = 0$,故 $\rho\overline{w'(t_0 - t)}\dfrac{\partial \overline{u}}{\partial t}$ 也等于 0。

第三项 $\rho\overline{w'u'_0}$ 是表示空气微团的铅直脉动速度与微团到达高度 z 以前最后一次 $w' = 0$ 时的水平脉动速度之间的关系,没有理由认为它们是相关的,故可假定 $\rho\overline{w'u'_0} = 0$。

第四项 $\rho\overline{w'\delta u}$ 表示微团铅直脉动速度与微团由 z_0 高度运动到 z 高度水平速度改变量之间的关系,只要我们把 $(z - z_0)$ 取得足够小,根据普兰特物理特性的假设条件,微团在运动过程中,可它未与周围空气混合时,物理属性具有保守性,即属性不增加也不减小，故 $\delta u = 0$。

综上所述，最后可得到：$\rho \overline{u'w'} = -\rho \overline{w'(z-z_0)} \dfrac{\partial \overline{u}}{\partial z}$。这样就初步建立了脉动量与平均量的关系。

根据微团运动与分子运动具有以下两个方面的相似性，即：①分子扩散运动和空气微团的湍流运动都是不规则的随机运动。②运动结果都引起动量交换或运输。因此，可认为空气微团的运动与分子扩散运动在物理过程上是相似的，可以模仿处理分子运动的方法来研究湍流运动。这两种运动的区别在于输送动量和其他属性的载体一个是分子，另一个是由许许多多分子所组成的空气微团。

我们知道，在分子物理学里分子黏性力可表示为：

$$\tau = \mu \frac{\partial \overline{u}}{\partial z} = \frac{1}{3}\rho c l \frac{\partial \overline{u}}{\partial z}$$

其中，$\mu = \dfrac{1}{3}\rho c l$，这里 ρ 为分子密度，c 为分子运动速度，l 为分子平均自由程。

前面推出的湍流应力公式为：

$$\tau_{zz} = -\rho \overline{u'w'} = -\left[-\rho \overline{w'(z-z_0)} \frac{\partial \overline{u}}{\partial z}\right] = \rho \overline{w'(z-z_0)} \frac{\partial \overline{u}}{\partial z}$$

比较这两个公式，非常相似，其中：c 和 w' 相似，分别为分子和微团的运动速度。l 和 $z-z_0$ 相似，分别为分子和涡团的扩散距离，都是大量分子和涡团扩散距离的平均值，这个平均距离对分子称为平均自由程，对涡团则称为混合长。故可模仿分子扩散运动，令 $\rho \overline{w'(z-z_0)} = A$，它相当于分子黏滞系数 $\mu = \dfrac{1}{3}\rho c l$，这里给 A 取个名字，叫作湍流交换系数，而分子黏滞系数除以密度 ρ，即 $\dfrac{\mu}{\rho} = \nu$。也模仿分子黏滞系数，令 $K_M = \dfrac{A}{\rho} = \overline{w'(z-z_0)}$，称 K_M 为湍流输送（交换）系数。这就得到水平动量在铅直方向的通量公式：

$$\tau_{zz} = -\rho \overline{u'w'} = -\left(-\rho \overline{w'(z-z_0)} \frac{\partial \overline{u}}{\partial z}\right) = \rho \overline{w'(z-z_0)} \frac{\partial \overline{u}}{\partial z} = \rho K_M \frac{\partial \overline{u}}{\partial z}$$

对其他物理属性，如热量、水汽、CO_2 等也满足上述的分析条件，因为都是湍流携带着的扩散运动，故也可以写出类似的表达式。

$$H = \rho c_p \overline{\theta'w'} = -\rho c_p K_H \frac{\partial \overline{\theta}}{\partial z}$$

$$E = \rho \overline{q'w'} = -\rho K_q \frac{\partial \overline{q}}{\partial z}$$

$$F_{CO_2} = \rho \overline{c'w'} = -\rho K_{CO_2} \frac{\partial \bar{c}}{\partial z}$$

这里 H、E、τ、F_{CO_2} 分别表示热量、水汽、动量、CO_2 铅直通量密度,所谓铅直通量密度是表示单位时间沿铅直方向平均通过单位面积的属性量,平均通过是指对足够大的面积属性输送量的平均情况。这三个公式中的 K_H、K_q、K_{CO_2} 分别为热量、水汽和 CO_2 湍流交换系数。可见,要计算任一物理属性平均铅直输送通量,第一要确定 K,第二要计算物理属性平均铅直梯度,物理属性平均铅直梯度是平均值,可直接由观测法得到,但问题是 K 怎么确定。由前后推导可知:$K = \overline{w'(z-z_0)}$,仍然包含有脉动量,很自然就提出一个问题,即能否用物理属性的平均量来表示 K 呢?普朗特进一步模仿分子扩散运动,引进混合长理论回答了这个问题,下面就介绍混合长的概念。

2. 混合长理论

Prandtl 的混合长理论是在湍流交换和分子交换之间具有相似性的基础之上提出来的。他对大气边界层中的物理属性作了三点基本假设(保守性,守恒性和被动性)的情况下,提出了一个类似于分子自由程的概念,即所谓"混合长度" l。在分子交换理论中,一个分子和任何其他分子连续两次碰撞之间所经过的路程,称为分子自由程 λ。大量分子的自由程的平均值,称为平均自由程 $\bar{\lambda}$。与此类似,普朗特定义,在湍流属性输送时,湍涡在一次混合过程中所经过的距离,称为湍流交换的"混合长",其单位为长度单位。

必须指出,混合长 l 与分子自由程 λ 相似但不相同。分子自由程 λ 是一个客观存在的物理量,而混合长则是一个假想的物理量,实际上并不存在。因为在近地层中,湍涡与周围空气的混合并不是突发性的,并不是湍涡在经过 l 距离后才开始与其周围空气突然地混合了,这种假想的运动状态实际上是不可能出现的,所以这也是该理论的主要缺点。此外,湍流对不同物理属性(如动量,热量和水汽量)输送的混合长也不可能是相同的,即 $l_M \neq l_H \neq l_E$。正因为普朗特的混合长理论只是根据与分子运动相似的特点,而并没有对湍流运动结构进行深入的研究(在当时条件下也不可能进行),所以该理论属于半经验的湍流理论。尽管如此,在某些特定的条件下,该理论对于描述某些湍流运动问题仍然很有意义。

假设有湍涡从高度 z 处移动到 $(z+l)$ 处,并与周围空气发生混合。根据普朗特的假设,在高度 $(z+l)$ 处引起的物理属性的脉动值 σ' 是由于高度 z 处的湍涡携带着 z 处的平均属性量 $\bar{\sigma}(z)$,从 z 处脱离出来,通过混合长 l 的距离,到达 $(z+l)$ 高度后与周围空气混合所造成的。因此,该物理属性的脉动值 σ' 取决于这两个高度处平均属性之差,即

$$\sigma' = \overline{\sigma}(z+l) - \overline{\sigma}(z)$$

将 $\overline{\sigma}(z+l)$ 在 z 处作泰勒级数展开，即

$$\overline{\sigma}(z+l) = \overline{\sigma}(z) + [(z+l)-z]\frac{\partial\overline{\sigma}}{\partial z} + \cdots + \frac{[(z+l)-z]^n}{n!}\frac{\partial^n\overline{\sigma}}{\partial z^n}$$

由于 l 的数值较小，一般可略去二次以上的高次项，则 σ' 可近似表示为

$$\sigma' \approx l_\sigma \frac{\partial\overline{\sigma}}{\partial z} \tag{4.14}$$

这样，我们在物理属性的（一阶）脉动值与其平均属性梯度之间建立了联系。这里，l_σ 表示物理属性为 σ 的混合长。例如：物理属性是动量，则 $u' \approx -l\dfrac{\partial\overline{u}}{\partial z}$。

根据大量的风洞试验研究，混合长的大小与到风洞底部的距离 z 有关，卡门（Von Karman）认为两者之间存在线性关系，即

$$l_0 = \kappa z \tag{4.15}$$

式中，κ 称为卡门常数，其值在 $0.38 \sim 0.43$ 之间，通常取 $\kappa = 0.4$。由于风洞实验中只考虑动力因素而没有考虑热力因素对湍流运动的影响，所以，该式只能应用于近地层大气层结为中性的情况；对于非中性层结，则需要对该式作层结订正。例如，М. И. 布德科（Будыко）的混合长表达式为 $l = m\kappa z$，其中 $m = \sqrt{1-Ri}$ 称为层结订正函数；Ri 为里查森数（Richardson number），它是一个层结稳定度参数。

通常各种气象要素的脉动值，必须借助于先进的精密仪器才能直接测量，如超声波风速仪等，而这对于常规气象站以及野外工作是难以实现的。因此，人们希望用这些要素的平均值及其梯度值来代替，以便于确定近地层的动量、热量和水汽的湍流输送通量。而根据混合长理论，利用（4.14）式就可解决这一问题，即将二阶脉动相关量与气象要素梯度联系起来。

设有物理属性 σ（可代表近地层风速、位温、比湿等任一物理量），其在垂直方向上的湍流输送通量可表示为 $F_\sigma = -\rho\overline{w'\sigma'}$，将（4.14）式代入，有

$$F_\sigma = -\rho\overline{w'l_\sigma}\frac{\partial\overline{\sigma}}{\partial z} = -\rho K_\sigma\frac{\partial\overline{\sigma}}{\partial z}$$

其中，

$$K_\sigma = \overline{w'l_\sigma} \tag{4.16}$$

称为湍流系数（turbulivity）。它表示当物理属性的梯度 $\dfrac{\partial\overline{\sigma}}{\partial z} = 1$ 时单位时间内单位质量空气中所含有的物理属性由于湍流作用而在垂直方向上输送的数量；其量纲为 L^2T^{-1}，单位为 m^2/s。

　　根据大气边界层中的风速观测,当湍流均匀且各向同性时[实际上,近地面层中湍流是各向异性的,O. G. Sutton(萨顿)认为,25m 高度以上才近似为各向同性],一般来说,在同一高度上脉动速度 u'、v' 和 w' 具有相同的性质和相同的量级。因此,可假设 $|u'| \sim |v'| \sim |w'|$,则根据(4.15)和(4.16)式,可以得到动量、热量和水汽的湍流系数分别为

$$K_M = l_u \cdot l_u \left| \frac{\partial \overline{u}}{\partial z} \right|, \quad K_H = l_T \cdot l_u \left| \frac{\partial \overline{u}}{\partial z} \right|, \quad K_E = l_q \cdot l_u \left| \frac{\partial \overline{u}}{\partial z} \right| \tag{4.17}$$

式中,平均风速梯度加绝对值符号是为了保证湍流系数 K_σ 恒为正值。相应地有动量、热量和水汽的湍流垂直输送通量表达式为

动量通量(向下为正)

$$\tau = -\rho \overline{w'u'} = \rho K_M \frac{\partial \overline{u}}{\partial z} = \rho l_u^2 \left| \frac{\partial \overline{u}}{\partial z} \right| \frac{\partial \overline{u}}{\partial z}$$

感热通量(向上为正)

$$H = \rho c_p \overline{w'\theta'} = -\rho c_p K_H \frac{\partial \overline{\theta}}{\partial z} = -\rho c_p l_T \cdot l_u \left| \frac{\partial \overline{u}}{\partial z} \right| \frac{\partial \overline{\theta}}{\partial z} \tag{4.18}$$

水汽通量(向上为正)

$$E = \rho \overline{w'q'} = -\rho K_E \frac{\partial \overline{q}}{\partial z} = -\rho_q l_q \cdot l_u \left| \frac{\partial \overline{u}}{\partial z} \right| \frac{\partial \overline{q}}{\partial z}$$

　　由此可见,湍流通量的大小与空气密度、湍流系数以及平均属性梯度在正比;而输送方向则是由平均属性含量的高值区向低值区输送,即湍流交换过程使平均属性含量的空间分布趋于均一。

　　(4.18)式建立了二阶脉动相关量与平均值之间的关系,也就是用平均量来计算通量的铅直扩散方程。由此,只要确定了湍流交换系数,就可根据观测资料确定湍流输送通量。

　　以上根据半经验混合长理论,模仿分子扩散运动,建立了脉动量与平均量的关系,即用平均量表示脉动量实现了由容易得到的气象观测资料来计算近地层属性铅直输送通量。但值得提出的是这种模仿只是对湍流运动的一种表观现象的研究,并没有对湍流运动结构本身进行深入研究,它是一种半经验半理论的方法。

4.3.3　湍流能量平衡

　　湍流运动是具有能量的。也正因为如此,湍流才得以产生并维持,而且湍流能量的转换直接影响湍流强度的变化。湍流能量的收支情况可概括如下:

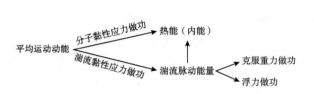

1.湍能平衡方程

在定常的湍流运动中,基本运动动能不断地转换成脉动动能,而脉动动能一方面因分子黏性耗散成热量转变为内能,另一方面在克服重力或浮力做功过程中转变为重力位势能。所以,脉动能量的总收入等于湍流克服摩擦黏滞力和浮力所做功的全部。

对于单位质量空气,近地层湍流能量平衡方程为

$$\frac{\partial E'}{\partial t} = K_M \left(\frac{\partial \overline{u}}{\partial z} \right)^2 - K_H \frac{g}{\theta} \frac{\partial \overline{\theta}}{\partial z} - \varepsilon \tag{4.19}$$

其中,$\frac{\partial E'}{\partial t}$ 表示湍流动能的时间变化率;等号右边第一项表示湍流通过雷诺应力做功从平均运动中所获得能量的速率,即湍流供给率;第二项表示由于浮力或重力引起的湍流能量的增加率或减小率;第三项 ε 表示湍流脉动能量的耗散和扩散的速率;第二、三项统称为湍流消耗率。下面逐项进行分析讨论,以了解湍流能量的转换过程。

1)湍流动能的来源,主要是平均运动动能的转换。因此,湍流脉动能量可表示为

$$E' = \frac{1}{2} \rho (\overline{u'^2} + \overline{v'^2} + \overline{w'^2})$$

显然,当湍流脉动动能随时间不断增加时,即 $\frac{\partial E'}{\partial t} > 0$,则湍流运动不断发展;而当 $\frac{\partial E'}{\partial t} < 0$ 时,湍流运动不断减弱。

2)雷诺应力的做功率。取底面积 $ds = 1$,高度 $dz = 1$ 的单位体积元;由于平均气流的作用使得该小体元的空气产生切变,则单位时间内体元下表面平均运动的做功率为 $F_1 = -\tau \overline{u}$,体元上表面的做功率为 $F_2 = \left(\tau + \frac{\partial \tau}{\partial z} \right) \left(\overline{u} + \frac{\partial \overline{u}}{\partial z} \right)$。由于近地层高度有限,有 $\frac{\partial \tau}{\partial z} = 0$;则平均运动动能所引起的湍流脉动能量为 $F = F_1 + F_2 = \tau \frac{\partial \overline{u}}{\partial z}$。对于单位质量空气,湍流脉动动能为 $\frac{F}{\rho} = \frac{\tau}{\rho} \frac{\partial \overline{u}}{\partial z} = K_M \left(\frac{\partial \overline{u}}{\partial z} \right)^2$。由此可知动力因素对湍流运动的影响。

3)重力或浮力的作功率。湍涡在上升或下降运动中需要克服重力或浮力而做

功,从而消耗湍流能量。将起始高度($z-l_T$)处的温度$T(z-l_T)$采用泰勒展开并

略去高次项,可得$T(z-l_T) \approx T(z) - l_T \dfrac{\partial \overline{T}}{\partial z}$,这里$l_T$为热力作用所引起的湍流混合

长。那么,湍涡从($z-l_T$)干绝热上升到z处时的温度下降为

$$T_e = T(z-l_T) - l_T\gamma_d = T(z) - l_T\frac{\partial \overline{T}}{\partial z} - \gamma_d$$

这里,T_e为湍涡的温度。则有z处空气与湍涡的温度差为

$$\Delta T = T(z) - T_e = l_T\left(\frac{\partial \overline{T}}{\partial z} + \gamma_d\right)$$

湍涡从($z-l_T$)上升到z处时,其(混合前的)密度比z处的空气密度增大了$\Delta\rho$,

若假设气压不随高度变化,即$\dfrac{\partial p}{\partial z}=0$,$p(z)=p_e$,则有

$$\Delta\rho = \rho_e - \rho(z) = \frac{p}{RT_e} - \frac{p}{RT(z)} = \frac{p}{RT(z)}\frac{T(z)-T_e}{T_e}$$

$$= \rho(z)\frac{\Delta T}{T_e} = \rho(z)\frac{l_T}{T_e}\left(\frac{\partial \overline{T}}{\partial z} + \gamma_d\right)$$

由此,湍涡上升到z处时,$\rho(z)=\rho$,重力增加量为$\Delta\rho g$,重力所做的功为$\Delta\rho g w'$,这里w'为湍流垂直脉动速度,所以湍涡上升过程中,克服重力(或浮力)做功为$-\Delta\rho g w'$,即有

$$-\Delta\rho g w' = -\rho\frac{g}{T_e}w'l_T\left(\frac{\partial \overline{T}}{\partial z}+\gamma_d\right) = -\rho\frac{g}{T_e}K_H\left(\frac{\partial \overline{T}}{\partial z}+\gamma_d\right)$$

设湍涡温度T_e等于近地层平均位温θ(通常取 300 K),又因为有$\dfrac{\partial \overline{T}}{\partial z}+\gamma_d = \dfrac{\partial \overline{\theta}}{\partial z}$的关

系,则对于单位质量空气来说,单位时间内湍涡克服重力所消耗(或浮力可供给)能量

的速率为$-\dfrac{\Delta\rho g w'}{\rho} = -\dfrac{g}{\theta}K_H\dfrac{\partial \overline{\theta}}{\partial z}$。该项反映了热力因素对近地层湍流运动的影响;

当近地层大气层结不稳定时,$\dfrac{\partial \overline{\theta}}{\partial z}<0$,则浮力作用率大于零,湍能增加,湍流运动发

展;中性层结时,$\dfrac{\partial \overline{\theta}}{\partial z}=0$,浮力或重力都不做功,湍流运动只受动力因素的影响;而稳

定层结(如夜间出现逆温)时,有$\dfrac{\partial \overline{\theta}}{\partial z}>0$,重力做功率大于零,则湍能减少,湍流运动

减弱。

  4)湍能耗散和扩散率ε。由于单位时间内因分子黏性所消耗的能量很小,通常可以忽略不计;而湍流能量的扩散与其能量通量、气压输送等有关,况且这部分损失的

能量也很小。所以,一般情况下,可认为 ε 近似为 0。

2. 梯度里查森数 Ri

由于近地层风的垂直切变而产生的湍流运动是动力因素引起的运动,称为动力湍流(强迫对流);还有由热力因素引起的对流,称为热力湍流。在实际大气中,湍流运动总是在动力和热力(浮力)的共同作用下产生、发展起来的。在重力场中,湍涡必然会受到重力(或浮力)的作用,那么,只要将湍涡克服重力(或浮力)所做的功与湍涡摩擦应力(即雷诺应力)所做的功进行比较,就可以判断湍流运动的消长,即湍流是发展了还是减弱了。

由近地层湍流能量平衡方程(4.19)式,忽略其中的湍能耗散和扩散项,则有

$$\frac{\partial E'}{\partial t} = K_M \left(\frac{\partial \overline{u}}{\partial z} \right)^2 - K_H \frac{g}{\theta} \frac{\partial \overline{\theta}}{\partial z} = K_H \left(\frac{\partial \overline{u}}{\partial z} \right)^2 \left[\frac{K_M}{K_H} - \frac{g}{\theta} \frac{\frac{\partial \overline{\theta}}{\partial z}}{\left(\frac{\partial \overline{u}}{\partial z} \right)^2} \right]$$

$$= K_H \left(\frac{\partial \overline{u}}{\partial z} \right)^2 [Ri_c - Ri]$$

定义
$$Ri = \frac{g}{\theta} \frac{\frac{\partial \overline{\theta}}{\partial z}}{\left(\frac{\partial \overline{u}}{\partial z} \right)^2} = \frac{g}{\theta} \frac{\frac{\partial \overline{T}}{\partial t} + \gamma_d}{\left(\frac{\partial \overline{u}}{\partial z} \right)^2} \tag{4.20}$$

为梯度里查森数,作为衡量湍流运动消长的一个指标。$Ri_c = K_M/K_H$ 称为临界里查森数,大多数学者的研究结果认为 Ri_c 在 $0.25 \sim 0.5$ 之间变化。显然,当 $Ri > Ri_c$ 时,$\frac{\partial E'}{\partial t} < 0$,湍流减弱;当 $Ri = Ri_c$ 时,$\frac{\partial E'}{\partial t} = 0$,湍流既不增强也不减弱,处于定常状态;当 $Ri < Ri_c$ 时,$\frac{\partial E'}{\partial t} > 0$,湍流增强。

由于近地层风速和位温梯度难以精确地直接测量,所以实际工作中确定 Ri 时,通常采用其对高度的对数差分形成来计算 Ri。

$$Ri = \frac{g}{\overline{T}} \left[\frac{\Delta T}{\sqrt{z_1 z_2} \ln(z_2/z_1)} + \gamma_d \right] \left[\frac{\sqrt{z_1 z_2} \ln(z_2/z_1)}{\Delta u} \right] \tag{4.21}$$

式中,$\overline{T}$ 为气层的平均绝对温度,$\Delta T = T_2 - T_1$,$\Delta u = u_2 - u_1$ 分别为气层上、下两个高度上的温度差与风速差,γ_d 为干绝热减温率。这里,取 x 坐标与 u 同方向。这样,通过两个高度上的平均风速和温度观测资料就可以确定出高度 $z = \sqrt{z_1 z_2}$ 处的 Ri。可见,Ri 是一个无因次量,其大小取决于位温、位温梯度、重力加速度和风速梯度。

由位温表达式 $\theta = T\left(\dfrac{p_0}{p}\right)^{\frac{R}{c_p}}$，取对数后对高度 z 求微分，并以静力方程和状态方

程代入，可得 $\dfrac{\partial \bar{\theta}}{\partial z} = \dfrac{\partial \bar{T}}{\partial z} + \gamma_d = \gamma_d - \gamma$。这里，$\gamma = -\dfrac{\partial \bar{T}}{\partial z}$ 为实际大气温度递减率。由

此，Ri 可表达为：$Ri = \dfrac{g}{\theta}\dfrac{\gamma_d - \gamma}{\left(\dfrac{\partial \bar{u}}{\partial z}\right)^2}$。当 $\gamma > \gamma_d$ 时，大气层结不稳定，$Ri<0$，湍流发展；

当 $\gamma = \gamma_d$ 时，大气层结为中性，$Ri=0$，湍流定常；当 $\gamma < \gamma_d$ 时，层结稳定，$Ri>0$，湍流减弱。

若将动量通量和感热通量表达式（4.18）代入（4.20）式，则有

$$Ri = -\frac{g}{\theta}\frac{K_M}{K_H}\frac{H}{c_p \tau \dfrac{\partial \bar{u}}{\partial z}} \tag{4.22}$$

显然，当感热通量 $H>0$ 时，即热量由地表向上层空气输送，$Ri<0$，大气层结不稳定，热力作用增强湍能，湍流发展；当 $H=0$ 时，$Ri=0$，中性层结，热力作用对湍能贡献为零，湍流定常；当 $H<0$ 时，即热量由大气向地表输送，$Ri>0$，大气层结稳定，热力作用减弱湍能，湍流减弱。

Ri 表明影响湍流运动的热力因素与动力因素的对比关系，可用来说明大气层结稳定度条件对湍流交换的影响情况。例如，大气层结不稳定时，$\dfrac{\partial \bar{\theta}}{\partial z}<0$，所以湍流总是从切变气流以及浮力做功中获得湍流能量并且随层结不稳定度的增加而增强，有利于近地层的属性输送，这种情况经常发生在日间强烈的超绝热条件下。如果大气层结为中性，则 $\dfrac{\partial \bar{\theta}}{\partial z}=0$，此时湍流不存在热力因素的影响，完全取决于近地层的风速切变，这种情况通常发生在早晨和傍晚大气层结转换的过渡时刻。而大气层结稳定时，$\dfrac{\partial \bar{\theta}}{\partial z}>0$，此时热力作用阻碍湍流的发展，不利于近地层的属性输送，但是如果 $\dfrac{\partial \bar{u}}{\partial z}$ 足够大，使得动力作用超过热力作用（即满足 $Ri_c>Ri$）时，湍流仍然能够发展加强。这里只是一般的讨论，实际上大气层结状况对于不同的下垫面条件也是有所差别的，对湍流的影响程度也不一致。

利用 Ri 还可以解释夏季晴空条件下，夜晚风速呈阵性变化的原因。因为夏季晴天，太阳辐射强烈，当太阳落山后，地面开始辐射冷却，地面放热较快，容易形成近地层逆温，大气层结稳定，此时 Ri 很大，抑制了湍流运动的发展，近地层中上下动量交换少，所以风速很小，甚至出现静风；维持一段时之后，温度梯度逐渐减小而风切变不断增大，使得 Ri 减小，上下层动量交换增加，所以风速又开始增加；尔后，随着地面温

度的进一步降低,而空气温度仍比较高,又使得近地层温度梯度增大,层结稳定度增加,Ri 又增大,近地层动量交换减少,所以风速又减小。这样,就使得夏季晴空的夜晚,近地层风速出现阵性的变化。

Ri 也具有日变化的特征。在近地层中,一般情况下有 $\frac{\partial \overline{u}}{\partial z}>0$,那么 Ri 随时间的变化就完全取决于位温梯度 $\frac{\partial \overline{\theta}}{\partial z}$ 的日变化,且两者的日变化规律基本一致。晴天情况下,早晨日出以后,地面接收太阳辐射而急骤增温,$\frac{\partial \overline{\theta}}{\partial z}<0$,$Ri<0$,大气层结不稳定,湍流不断增强,所以 Ri 不断减小;在午后 Ri 出现最小值;然后随获得的太阳净辐射量的逐渐减弱,地气温差逐渐减小,Ri 不断增大;傍晚日落以后,地面辐射冷却,开始出现逆温,$\frac{\partial \overline{\theta}}{\partial z}>0$,$Ri>0$,大气层结稳定度增大,$Ri$ 不断增大,出现最大值;尔后,随大气层结稳定度的减弱,Ri 又不断减小。图 4-6 为里查森数 Ri 的日变化。

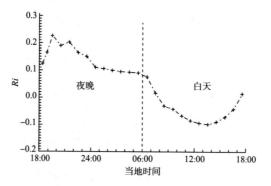

图 4-6 里查森数 Ri 的日变化

定义通量里查逊数 R_f 为热力湍能产生率的负值与机械湍能产生率之比,其表达式为

$$R_f=-\frac{g}{\theta}\frac{\overline{w'\theta'}}{-\overline{w'u'}\frac{\partial \overline{u}}{\partial z}}$$

R_f 的绝对值越大,热力作用越强。由于式中既包含二阶脉动相关量,又包含平均风速梯度,故通量里查逊数 R_f 的确定比较困难。

如果平均风场、温度场的的观测数据精度不高,则由此计算的风、温度梯度,特别是分母的风梯度平方,会引起较大的误差。计算中取对数差分改取线性差分时,便代表的是 z_2 和 z_1 高度间的总体稳定度状况,称为总体理查逊数 Ri_b。两个高度中一个常取为地面，设 z 处与地面处位温差为 $\Delta\theta$，因地面风速为 0，设 z 处风速为 u，则 $0\sim z$ 间的 Ri_b 数为：$Ri_b = \dfrac{g}{\theta} \cdot \dfrac{\overline{\Delta\theta}}{u^2}$。$Ri_b$ 数因其简单，故在实践中具有应用价值。

4.3.4 湍流扩散方程

湍流扩散方程也是描述湍流运动的重要方程之一。它是流体的物理属性通过湍流运动而扩散的属性守恒方程。在湍流运动中，流体微团以平均速度运行，而以脉动速度扩散。这对于研究大气边界层中污染物（如 SO_2，飘尘等）的输送和扩散过程是非常重要的。

在空间取一单位体积元 $dv = \Delta x \Delta y \Delta z = 1$；对于单位质量的空气，湍涡含有某一物理属性为 $\sigma(x,y,z,t)$，它通过体元底面积的通量是 $\rho w \sigma \Delta x \Delta y$，而通过体元上表面的通量应为

$$\rho w \sigma \Delta x \Delta y + \frac{\partial}{\partial z}(\rho w \sigma \Delta x \Delta y)\Delta z$$

因此，单位时间内通过单位面积在垂直方向上的属性输送净通量应为两者之差，即 $-\dfrac{\partial}{\partial z}(\rho w \sigma)$；类似地有 x、y 方向上的净通量分别为 $-\dfrac{\partial}{\partial x}(\rho u \sigma)$ 和 $-\dfrac{\partial}{\partial y}(\rho v \sigma)$。即根据物质守恒原理，体积元内属性 σ 的变化率应等于三个方向上净通量之和，即有

$$\frac{\partial \rho \sigma}{\partial t} = -\frac{\partial}{\partial x}(\rho u \sigma) - \frac{\partial}{\partial y}(\rho v \sigma) - \frac{\partial}{\partial z}(\rho w \sigma) = -\mathrm{div}(\rho \sigma \boldsymbol{V})$$

其中，$\boldsymbol{V}$ 为湍涡的速度矢量；div 即散度（divergence 的缩写）。

将上式中瞬时值以平均值与脉动值之和代入，并对时间取平均，同时利用微商关系和不可压流体连续方程(4.8)式，可得

$$\rho \frac{\mathrm{d}\bar{\sigma}}{\mathrm{d}t} = -\rho \left(\frac{\partial \overline{u'\sigma'}}{\partial x} + \frac{\partial \overline{v'\sigma'}}{\partial y} + \frac{\partial \overline{w'\sigma'}}{\partial z} \right) \tag{4.23}$$

其中，属性的个别变化，即 $\dfrac{\mathrm{d}\bar{\sigma}}{\mathrm{d}t} = \dfrac{\partial \bar{\sigma}}{\partial t} + \bar{u}\dfrac{\partial \bar{\sigma}}{\partial x} + \bar{v}\dfrac{\partial \bar{\sigma}}{\partial y} + \bar{w}\dfrac{\partial \bar{\sigma}}{\partial z}$，包括属性的局地变化、由平均运动的平流输送和垂直输送所引起的属性分布；(4.23)式右边三项分别表示由湍流脉动速度的扩散作用所引起的物理属性在 x、y 和 z 方向上的变化。这就是属性 σ 的湍流扩散方程。

根据二阶脉动相关量与平均属性梯度的关系，上式又可写成

$$\frac{\mathrm{d}\bar{\sigma}}{\mathrm{d}t} = \frac{\partial}{\partial x}\left(K_x \frac{\partial \bar{\sigma}}{\partial x}\right) + \frac{\partial}{\partial y}\left(K_y \frac{\partial \bar{\sigma}}{\partial y}\right) + \frac{\partial}{\partial z}\left(K_z \frac{\partial \bar{\sigma}}{\partial z}\right) \tag{4.24}$$

这就是普遍形式的湍流扩散方程。其中 K_x、K_y、K_z 分别称为水平扩散系数、横向扩

散系数和垂直扩散系数。如果要研究某一属性平均浓度 $\bar{\sigma}$ 的时空分布规律,就需要求解扩散方程,并使其适合一定的定解条件。

一般情况下,求扩散方程(4.24)式的分析解十分困难,因为湍流扩散系数 K_i 是时间和空间的函数,且其具体函数形式也比较复杂,在某些实际问题中获取不易。

最简单的情况就是所谓"斐克(Fick)扩散"问题。即湍流扩散系数为常数,并进一步假设 $K_x = K_y = K_z = K$,并设平均速度不变,且假定坐标系以常速随流体一起移动,这样流体微团的个别变化就等于其局地变化。于是,(4.24)式简化为

$$\frac{\partial \bar{\sigma}}{\partial t} = K \mathbf{V}^2 \bar{\sigma}$$

考虑在坐标原点 $x = y = z = 0$ 处有一源强为 Q 的"瞬时点源",即在起始时刻($t = 0$),在点源施放某种扩散物质,其总量为 Q(类似于原子弹爆炸),求以后某一时刻 t 扩散物质 $\bar{\sigma}$ 的平均浓度分布规律。这一问题,可以认为是"球对称"的扩散。所以,扩散方程可以改写为

$$\frac{\partial \bar{\sigma}}{\partial t} = \frac{K}{r^2} \frac{\partial}{\partial r}\left(r^2 \frac{\partial \bar{\sigma}}{\partial r}\right)$$

在满足下列条件时,求解扩散方程:

1)当 $t \to 0, r > 0, \bar{\sigma} \to 0$;

2)当 $t \to \infty, \bar{\sigma} \to 0$;

3)$\iiint\limits_{-\infty}^{\infty} \bar{\sigma}\mathrm{d}x\mathrm{d}y\mathrm{d}z = Q$(即质量守恒定律)。

则扩散方程的解为

$$\bar{\sigma}(x, y, z, t) = \frac{Q}{8(\pi K t)^{\frac{3}{2}}} e^{\frac{r^2}{4Kt}}$$

可见,物质浓度 $\bar{\sigma}$ 与源强 Q 成正比,且随径向 r 的变化服从"正态分布"。

斐克扩散是最简单的理想情况,以此为基础,可以进一步考虑较为复杂的边界层湍流扩散问题,如连续点源,线源的非斐克扩散问题,这里不作详述,可参考有关书籍。

4.4 近地气层湍流通量的确定方法

确定湍流引起的动量、热量和水汽量的垂直输送通量,有许多方法,其中应用最广泛的就是微气象学方法,它包括空气动力学方法(也称为通量—梯度法)、能量平

衡法、能量平衡—空气动力学阻抗法、能量平衡—鲍恩比法、相似理论方法、涡度相关法等。这些方法都具有一定的物理基础,然而各自又都带有某些局限性,理论上都属于微气象学的范畴,技术上又可以分为两类:一类是根据近地层大气的动力学特征、能量或物质的输送与其物理属性的梯度成正比(即梯度传输理论),结合经验或假设条件来确定湍流系数 K,进而确定出湍流通量的方法,俗称"K 理论方法"。另一类根据影响湍流的外因参数,分析得出湍流特征尺度,结合实验资料来确定普适函数的形式,进而确定出湍流通量的方法,即所谓"相似理论方法"。近几十年来,这种方法的研究十分广泛,研究成果很多。近年来,随传感器技术和计算机技术的发展,推动了涡度相关法应用发展,即利用精密传感器直接测量出气象要素的脉动值,由二阶脉动相关量确定 u_* 和近地层湍流通量,该法对观测数据的处理较为复杂和麻烦。

4.4.1 K 理论方法

由湍流通量表达式

$$\tau = \rho K_M \frac{\partial \overline{u}}{\partial z}$$

$$H = -\rho c_p K_H \frac{\partial \overline{\theta}}{\partial z}$$

$$E = -\rho K_E \frac{\partial \overline{q}}{\partial z}$$

可知,要确定近地层动量、感热和水汽的湍流垂直输送通量,首先必须确定各物理属性的湍流系数 K。由此可见,这种方法的关键是研究湍流系数 K 的表达式及其确定方法;然后,利用近地层气象要素的梯度观测资料就可以确定湍流通量了。

最初的 K 理论方法以雷诺相似为前提,假定近地层各种物理属性的湍流系数都相等,即 $K_M = K_H = K_E = K$。实际上,对与不同的物理属性,尤其是动量和热量湍流系数,存在着较大差异,这已被现代大量的实例资料所证明。例如,Pruitt 综合大量观测资料得到:

大气层结	不稳定	中性	稳定
$\alpha_T = \dfrac{K_H}{K_M}$	1.4	1.13	0.7

显然,无论是在哪一种大气层结条件下,都有 $K_M \neq K_H$,尤其是在非中性层结时。也有学者认为,热量湍流系数与水汽湍流系数是近似相等的,即有 $K_H \approx K_E$,这是容易理解的。

近地层大气层结条件对湍流运动影响很大。大气层结愈不稳定,湍流愈发展,愈有利于能量和物质的输送和交换,湍流系数也就愈大;即湍流系数 K 值随近地层大气层结不稳定度的增加而增大。为了确定不同层结条件下的湍流系数,先讨论最简单的情况,即中性层结时的湍流系数 K_0(用下标 0 表示不考虑热力因素对湍流运动的影响)。

中性层结条件下,湍流混合长采用卡门的风洞实验结果,即(4.15)式

$$l_0 = \kappa z$$

引入动力摩擦速度 u_*,表示湍流的速度尺度,单位为 m/s,其表达式为

$$u_* = \sqrt{\frac{\tau}{\rho}} \tag{4.25}$$

则 $\tau/\rho = -\overline{w'u'} = u_*^2$,$H/\rho c_p = \overline{w'\theta'} = T_* \times u_*$,$E/\rho = \overline{w'q'} = q_* \times u_*$

由(4.17)式和(4.18)式,可得

$$K_M = l_M u_* \tag{4.26}$$

将(4.15)式代入 u_* 表达式,根据近地层特点,从 $z_1 \sim z_2$、$\overline{u_1} \sim \overline{u_2}$ 积分可得中性层结时的动力摩擦速度 u_{*0} 的表达式为

$$u_{*0} = \frac{\kappa(\overline{u_2} - \overline{u_1})}{\ln \dfrac{z_2}{z_1}} \tag{4.27}$$

将(4.15)式及(4.27)式代入(4.26)式,可得中性层结时的湍流系数 K_0 的表达式为

$$K_0 = \frac{\kappa^2(\overline{u_2} - \overline{u_1})}{\ln \dfrac{z_2}{z_1}} \cdot z \tag{4.28}$$

由此,根据近地层梯度观测资料,即可确定中性层结时的湍流系数。该式表明,在中性层结条件下,湍流系数的大小与风速切变成正比,且随离地面高度的增加而线性增大。这是因为,上下层之间风速切变越大,垂直方向的动量交换就越多,湍流就越发展,湍流系数 K 就越大。因此,离地面越高,地面影响就越小,越有利于湍流运动的发展。

若将(4.28)式代入(4.18)式积分,并假设 $K_M = K_H = K_E = K_0$,则可得中性层结时动量通量、感热通量和水汽通量的计算式分别为

$$\tau = \frac{\rho \kappa^2 (\overline{u_2} - \overline{u_1})^2}{\left(\ln \dfrac{z_2}{z_1}\right)^2}$$

$$H = \frac{\rho c_p \kappa^2 (\overline{u_2} - \overline{u_1})(\overline{T_1} - \overline{T_2})}{\left(\ln \dfrac{z_2}{z_1}\right)^2} \tag{4.29}$$

$$E = \frac{\rho \kappa^2 (\overline{u}_2 - \overline{u}_1)(\overline{q}_1 - \overline{q}_2)}{\left(\ln \frac{z_2}{z_1}\right)^2}$$

其中，$\overline{u}_i$、$\overline{T}_i$ 和 $\overline{q}_i$ 分别为 z_i 高度上的平均风速、气温和比湿。

由(4.27)式可知,中性层结条件下近地层中的风速廓线应该是一对数曲线;也就是说,中性层结时近地层风速随高度的增加按对数规律增大。这与大量野外实际观测结果是一致的。

为了讨论近地层风廓线,引入下垫面粗糙高度 z_0 的概念。定义:下垫面上平均风速为零($\overline{u}=0$)的高度称为粗糙高度;以 z_0 表示。这是一个虚拟的高度,通常可由梯度观测资料外延风速廓线来确定。粗糙高度 z_0 随近地层大气层结稳定度的变化而变化,显然稳定层结时的粗糙高度大于中性层结、更大于不稳定层结时的粗糙高度;粗糙高度 z_0 还随近地层平均风速的增大而减小。对于一般的浅草地,粗糙高度大约 2~4 cm。

将(4.15)式代入 u_* 表达式,有 $u_{*0} = \kappa z \frac{\partial \overline{u}}{\partial z}$,取积分限 $z_0 \sim z$,可得中性层结时的风速廓线为

$$\overline{u}(z) = \frac{u_{*0}}{\kappa}(\ln z - \ln z_0) \tag{4.30}$$

显然,这是一个对数风速廓线。

若对于 z_1 高度,有 $u_{*1} = \kappa \dfrac{\overline{u}_1}{\ln \frac{z_1}{z_0}}$;令

$$C_D = \left(\frac{\kappa}{\ln \frac{z_1}{z_0}}\right)^2$$

称为拖曳系数。假设 $K_M = K_H = K_E = K_0$,代入(4.18)式可得中性层结时湍流通量的整体空气动力学计算公式,即

$$\tau = \rho C_D \overline{u}_1^2$$
$$H = \rho c_p C_D \overline{u}_1 (\overline{T}_0 - \overline{T}_1) \tag{4.31}$$
$$E = \rho C_D \overline{u}_1 (\overline{q}_0 - \overline{q}_1)$$

式中,$\overline{T}_0$、$\overline{q}_0$ 为粗糙高度 z_0 处的气温和比湿。该式通常用于中性层结时植被层上方湍流通量的确定;对于地表,因 $\overline{T}_0$、$\overline{q}_0$ 难以测量,有人用地面的温、湿度代替,有人根据梯度观测资料外推,但是都会产生比较大的计算误差。这是中性层结时的结果,而非中性层结时,拖曳系数 C_D 还受层结稳定度、平均风速和粗糙高度的影响;此外,热

量和水汽的整体输送系数 C_H、C_E（分别称为 Stanton 数、Dolten 数）也不同于拖曳系数 C_D。

非中性层结时湍流系数 K 的确定,就需要对(4.28)式进行层结订正。最方便的方法就是根据已经获得的气象要素实测资料,选配不同层结条件下要素的铅直廓线,拟合经验函数,采用半经验半理论的方法确定各种稳定度条件下的参数,以此来表示不同层结时的湍流系数 K。通常,任意层结情况下的湍流系数可以表示成以下两种形式

$$K = K_0 \cdot f(Ri) \tag{4.32}$$

$$K = K_0 \cdot \varphi\left(\frac{z}{L}\right) \tag{4.33}$$

式中,$f(Ri)$ 和 $\varphi\left(\frac{z}{L}\right)$ 为表示层结状况的通用函数(universal function);Ri 和 $\frac{z}{L}$ 为稳定参考数。关于 $\varphi\left(\frac{z}{L}\right)$ 将在稍后介绍;不同的学者对 $f(Ri)$ 提出了各自不同的表达式,归纳起来可表示为

$$f(Ri) = (1 - aRi)^b \tag{4.34}$$

其中 a、b 为经验系数(a 取 α_T、5、7、15 等,b 取 1、1/2、2/3、1/4 等)。该式表明,随着大气层结不稳定度的增加(即 Ri 减小),因湍流运动获得能量补充,从而使湍流交换加强,湍流系数将会明显增大;反之,在稳定层结下,随着大气稳定度的增加(Ri 增大),湍流运动将受到削弱,湍流系数 K 将减小。由此,可反映层结的影响。

4.4.2　鲍恩比—能量平衡法

鲍恩比 β(Bowen ratio)定义为感热通量 H 与潜热通量 LE 的比值(I. S. Bowen 于 1926 年提出),鲍恩比—能量平衡法是确定感热和潜热输送通量常用的方法。根据地表能量平衡方程 $R_n = H + LE + Q_{SF}$,感热和潜热通量的垂直输送方程分别为感热通量: $H = \rho c_p \overline{w'\theta'} = -\rho c_p K_H \frac{\partial \overline{\theta}}{\partial z}$,潜热通量: $LE = L\rho \overline{w'q'} = -L\rho K_E \frac{\partial \overline{q}}{\partial z}$

假设 $K_H = K_E = K$,得到:

$$R_n = -\rho c_p K \frac{\partial \overline{T}}{\partial z} - \rho L K \frac{\partial \overline{q}}{\partial z} + Q_{SF} \tag{4.35}$$

若以差分形式代替微分,可得

$$K = \frac{(R_n - Q_{SF})\Delta z}{\rho c_p \Delta T + \rho L \Delta e} \tag{4.36}$$

$$H = \frac{R_n - Q_{SF}}{1 + \frac{L}{c_p}\frac{\Delta e}{\Delta T}} \qquad (4.37)$$

$$LE = \frac{R_n - Q_{SF}}{1 + \frac{c_p}{L}\frac{\Delta T}{\Delta e}} \qquad (4.38)$$

式中 $\Delta T = \overline{T_1} - \overline{T_2}$，$\Delta e = \overline{e_1} - \overline{e_2}$，$\Delta z = \overline{z_2} - \overline{z_1}$。即通过观测净辐射、土壤热通量两个高度的温度与水汽压变化（一般地，第一高度为株高的 1.5 倍，第二个高度比第一个高度至少高 1 m），就可求算感热和潜热通量。该方法在实际应用时，应注意剔除 $\lambda(\Delta e + \gamma \Delta T)(R_n - Q_{SF}) < 0$ 和 $-1.25 < \beta < -0.75$ 的观测数据。

由于鲍恩比 β 为感热通量 H 与潜热通量 LE 之比，即

$$\beta = \frac{H}{LE} \approx \frac{c_p \Delta T}{L \Delta q} = \frac{c_p \cdot 10^3}{0.622L}\frac{\Delta T}{\Delta e} = \gamma \frac{\Delta T}{\Delta e} \approx 0.66 \frac{\Delta T}{\Delta e} \qquad (4.39)$$

则有鲍恩比-能量平衡法，其湍流通量表达式为

$$H = \frac{R_n - Q_{SF}}{1 + \frac{1}{\beta}}, \; LE = \frac{R_n - Q_{SF}}{1 + \beta} \qquad (4.40)$$

鲍恩比-能量平衡法的最大优点是：只需测定 R_n、Q_{SF} 两个高度的温湿度，就可确定感热和潜热输送通量，测定相对简单。研究结果表明，按上式计算的蒸散值与大型蒸渗仪的实测值相比，在没有平流的条件下，两者相当一致，有平流影响时计算值比实测值偏低约 20%。

鲍恩比-能量平衡法的不足：假设了 $K_M = K_H = K_E$，观测点要求有较大的风浪区，计算式中为两高度温度差与湿度差之比，会形成比较大的计算误差。误差主要来源分析如下：

对(4.40)式中的 LE 微分，两端同除以 LE，可得到：

$$\frac{\delta LE}{LE} = \frac{\delta(R_n - Q_{SF})}{R_n - Q_{SF}} + \frac{-\delta\beta}{1+\beta} \leq \left|\frac{\delta(R_n - Q_{SF})}{R_n - Q_{SF}}\right| + \left|\frac{\delta\beta/\beta}{1/\beta + 1}\right| \qquad (4.41)$$

(4.41)式表明，蒸散的相对误差来源于两个方面：一是净辐射 R_n 与土壤热通量 Q_{SF} 差值的相对误差，一般小于 10%；另一是鲍恩比，当 $\beta \geq 0$ 时，尤其是 $0 < \beta < 1$ 时，(4.40)式右端第二项分母大于 1，由 β 带来的误差可缩小，但当 $\beta < 0$，尤其是 β 在 -1 附近时，误差会成倍扩大。对(4.39)式微分有

$$\delta\beta = \frac{\partial\beta}{\partial\Delta T}\delta\Delta T + \frac{\partial\beta}{\partial\Delta e}\delta\Delta e = \frac{\gamma}{\Delta e}\delta\Delta T - \gamma\frac{\Delta T}{(\Delta e)^2}\delta\Delta e = \beta\left(\frac{\delta\Delta T}{\Delta T} - \frac{\delta\Delta e}{\Delta e}\right)$$

$$\left|\frac{\delta\beta}{\beta}\right| = \begin{cases} |\delta\Delta T/\Delta T - \delta\Delta e/\Delta e| & \beta \geq 0 \\ |\delta\Delta T/\Delta T| + |\delta\Delta e/\Delta e| & \beta < 0 \end{cases}$$

上述两式表明,鲍恩比的相对误差决定于空气温度和湿度(水汽压)测定的相对误差,即温度和湿度传感器的精度、上下两观测高度的温度差和湿度差。在 $\beta < 0$ 时,提高传感器的精度可减小鲍恩比的相对误差;在传感器精度一定时,提高上下两观测高度差,温湿度差将增大,也可减小鲍恩比的相对误差。在 $\beta \geqslant 0$ 时,虽然传感器精度的提高不一定能减小鲍恩比的相对误差,但提高温度或湿度传感器中精度较差者,能改善鲍恩比的相对误差。

4.4.3 Monin-Obukhov 相似理论方法

1946 年 A. M. Obukhov(奥布霍夫)提出近地气层中交换过程的普适长度尺度后,1954 年 A. C. Monin(莫宁)和 A. M. Obukhov 根据近地层气象要素场的统计均匀特征和相似原理,提出了大气边界层湍流相似理论(Similarity Theory)。该理论指出:在层结大气中均一下垫面上,近地气层无因次的风速梯度和温度梯度的正确组合分别为 $\dfrac{\kappa z}{u_*} \dfrac{\partial \overline{u}}{\partial z}$ 和 $\dfrac{\kappa z}{T_*} \dfrac{\partial \overline{T}}{\partial z}$,它们除了受独立变量高度 z 影响以外,只取决于 u_*、$\dfrac{p}{\rho c_p}$、$\dfrac{g}{\theta}$ 三个外部参数的大小和组合。所谓外部参数是指这三个参数不是湍流本身所具有的特征量,而是由于天气条件所决定的;这里 $u_*^2 = -\overline{u'w'}$ 为湍流摩擦应力(动量通量),$\dfrac{-p_0}{\rho c_p} = \overline{\theta'w'} = k_T \dfrac{\partial \overline{\theta}}{\partial z}$ 为显热通量参数,$\dfrac{g}{\theta}$ 为浮力系数。存在唯一的无因次参数 $\dfrac{z}{L}$,近地气层无因次的风速梯度和温度梯度能由无因次参数 $\dfrac{z}{L}$ 的某种函数 $\varphi\left(\dfrac{z}{L}\right)$ 来表示。这里,$\dfrac{z}{L}$ 称为无因次高度;L 称为 Monin-Obukhov 特征长度(Characteristic Length);$\varphi\left(\dfrac{z}{L}\right)$ 为普适函数或通用函数(Universal Function)。Monin-Obukhov 相似理论方法开启了现代微气象的发展,直接导致了新型观测装备发展和几个重要边界层观测试验项目的实施,直到现在仍在微气象学、流体力学和湍流理论中被广泛应用。

1. 基本概念

为了更好地了解湍流相似理论,先介绍几个有关的概念。

(1)相似原理

这里所谓的"相似"是从几何意义上延伸而来的。几何中的相似概念是指两个(或若干个)几何图形,只要它们的对应角度相等、对应边互成比例,则定义它们是相似的图形。而物理上的相似概念只不过是几何学中的相似概念一种拓宽,它包括时间相似、速度相似、动力相似等物理场的相似特性。

所谓时间相似是指两种流体(A、B)的质点,其平均速度的对应时间间隔相互成比例,即 $\dfrac{t_1^A}{t_1^B} = \dfrac{t_2^A}{t_2^B} = \text{Const.}$;运动相似是指在不同的流动空间($A$、$B$)中,各对应点和对应时刻上,速度(以及加速度)的方向一致,大小相互成比例,即 $\dfrac{u_1^A}{u_1^B} = \dfrac{u_2^A}{u_2^B} = \text{Const.}$;动力相似是指力场的几何相似,即作用在不同流体($A$、$B$)上的所有力的方向都对应一致,大小相互成比例,即 $\dfrac{\tau_1^A}{\tau_1^B} = \dfrac{\tau_2^A}{\tau_2^B} = \text{Const.}$;其他物理量(如温度、湿度、密度、热量等)的相似是指这些量的空间分布相似,也就是说,在不同流动空间的各对应点以及各对应时刻上,这些量的方向一致,大小相互成比例。

(2)湍能耗散率

由单位质量空气的湍流能量平衡方程

$$\frac{\partial E'}{\partial t} = K_M \left(\frac{\partial \overline{u}}{\partial z} \right)^2 - \left(K_H \frac{g}{\theta} \frac{\partial \overline{\theta}}{\partial z} + \varepsilon \right)$$

可知,在定常状态下,有 $\dfrac{\partial E'}{\partial t} = 0$,则湍能耗散率恰好等于湍能做功率,即等于单位时间内由平均运动所转换的湍流脉动动能的大小。

湍流是由尺度不同的、所含能量不等的大量湍涡所组成的,湍涡的尺度不同,其脉动速度也不相同;而湍涡的脉动速度不同,其脉动周期和频率也不同,因此其湍能耗散也不相同。对于大尺度湍涡,其脉动周期 T 长,波数 k 小($k = \dfrac{1}{\lambda}$,λ 为波长),其耗散的湍流能量也就比较少;而小尺度湍涡正好相反,耗散的湍流能量比较多。

(3)湍流谱

湍流谱是指湍流能量按湍流脉动波数 k 或者脉动周期 T 的分布,也称为湍流能谱。

在定常的湍流运动中,由于湍流摩擦应力(即雷诺应力)的作用,使平均运动动能不断地转变成湍流脉动动能;而脉动动能一方面在克服重力(或浮力)做功过程中转变为重力位势能,另一方面还要克服分子黏性力做功产生热量而转变为内能;与此同时,大尺度湍涡又不断地向小尺度湍涡输送能量,从而维持湍流能量的平衡。

一般情况下,湍流能谱可以划分为三个区域,即含能涡区、惯性副区和耗散区(图4-7),在小波数区内没有湍流运动,相当于风速、温度等要素的平均场,周期长达数小时或几天以上。

①含能涡区:是湍流能量输入涡区,波长较小,周期在 1 min 以上,该区内几乎包含了全部的湍流能量,湍流耗散很少,各类大型结构的湍涡不断分裂成许多小湍涡,

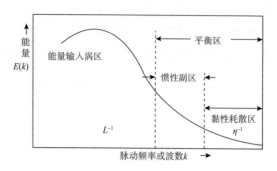

图 4-7　湍流能谱分布示意图

并将湍流能量向小尺度区域输送。

②惯性副区:这是一个过渡区,其中能量的产生和耗散都比湍流能谱转换的能量收支要小得多,该区内主要由惯性力决定湍流运动。

③耗散区:是由分子黏滞性所引起的大波数区,脉动频率很高,该区内从大尺度湍涡分裂所输送的能量和分子黏滞性耗散的能量相平衡;也就是说,由于分子黏性力的作用,全部湍流能量的耗散几乎都产生在该区内。

有时又把惯性区和耗散区所组成的谱区称为平衡区。按照局地各向同性的湍流理论,在该区内,惯性力和分子黏性力处于统计平衡状态。

在小尺度区域,层结的影响不大,而在湍流能谱的大尺度区域层结作用很显著。因此,在稳定层结的湍流中,随着稳定度的增加大尺度脉动的能量将减少。

通过以上讨论可知:①湍流能量的收支是在大尺度区域,而其耗散主要是在小尺度区域。②湍流能量的转移总是从高能量谱区向低能量谱区输送,以维持各谱区的湍流能量平衡。

单位质量湍流的平均能量耗散率 ε（$\mathrm{m^2 \cdot s^{-3}}$）与最大尺度涡旋的特征速度 V 和涡旋尺度 L 有关,即 $\varepsilon \propto \dfrac{V^3}{L}$。分析可知,如果大尺度的湍流削弱,湍流会以成倍的速度衰退。黏性耗散的最小长度尺度或 Kolmogorov(科尔莫哥罗夫)尺度 η 决定于 ε 和湍流黏性系数 ν（$\mathrm{m^2 \cdot s^{-1}}$）,有如下关系

$$\eta = \left(\frac{\nu^3}{\varepsilon} \right)^{\frac{1}{4}} = Re^{-\frac{3}{4}} L$$

湍流惯性副区的能谱 $E(k)$ 仅取决于 ε 和波数 k,可以得到著名的 $\dfrac{-5}{3}$ 指数律。即

$$E(k) = \varepsilon^{\frac{2}{3}} k^{-\frac{5}{3}} F(k\eta)$$

式中, $F(k\eta)$ 是关于 k, η 的待定函数。

（4）量纲分析方法

在研究近地气层湍流问题时，需要用到物理学中的量纲分析法。那么什么叫量纲分析法？量纲分析法又叫因次分析法，也叫 π 定理，这方面内容很多，可参见流体力学里相应内容，这里只简单复习一下。

假定某个物理量 a，受其他 n 个物理量制约，有待求关系 $a = f(a_1, a_2, \cdots, a_m,$ $a_{m+1}, \cdots, a_n)$，其中 $a_1, a_2, \cdots, a_n$ 为自变量。在这 n 个物理量中有 m 个基本量，即 m 个量纲独立的量。设为 $a_1, a_2, \cdots, a_m (m \leqslant n)$，$a_{m+1}, a_{2m+}, \cdots, a_n$ 的量纲可以用 $a_1, a_2, \cdots, a_m$ 表示出来。如下

$$[a_{m+1}] = [a_1]^{\alpha_{11}} [a_2]^{\alpha_{12}} \cdots [a_m]^{\alpha_{1m}}$$

$$[a_{m+2}] = [a_1]^{\alpha_{21}} [a_2]^{\alpha_{22}} \cdots [a_m]^{\alpha_{2m}}$$

$$\vdots$$

$$[a_{m+n}] = [a_1]^{\alpha_{(n-m)1}} [a_2]^{\alpha_{(n-m)2}} \cdots [a_m]^{\alpha_{(n-m)m}}$$

所以有

$$\pi_1 = \frac{a_{m+1}}{(a_1^{\alpha_{11}} a_2^{\alpha_{12}} \cdots a_m^{\alpha_{1m}})}$$

$$\pi_2 = \frac{a_{m+2}}{(a_1^{\alpha_{21}} a_2^{\alpha_{22}} \cdots a_m^{\alpha_{2m}})}$$

$$\vdots$$

$$\pi_{n-m} = \frac{a_n}{[a_1^{\alpha_{(n-m)1}} a_2^{\alpha_{(n-m)2}} \cdots a_m^{\alpha_{(n-m)m}}]}$$

上式中的 $\pi_1, \pi_2, \cdots, \pi_{n-m}$ 都是无量纲常数。

那么，就存在 $\pi = \dfrac{a}{(a_1^{\alpha_{01}} a_2^{\alpha_{02}} \cdots a_m^{\alpha_{0m}})} = \dfrac{f(a_1, a_2, \cdots, a_n)}{(a_1^{\alpha_{01}} a_2^{\alpha_{02}} \cdots a_m^{\alpha_{0m}})}$，即要确定 $\pi = f'(a_1, a_2, \cdots, a_m, \pi_1, \pi_2, \cdots, \pi_{n-m})$。$\pi$ 为无量纲常数，即 $[\pi] = 1$，有了上面的关系，是容易确定 $\pi = \Phi(\pi_1, \pi_2, \cdots, \pi_{n-m})$ 的函数关系的。$\pi = \Phi(\pi_1, \pi_2, \cdots, \pi_{n-m})$ 与 $a = f(a_1, a_2, \cdots, a_m, a_{m+1}, \cdots, a_n)$ 比较，自变量少了 m 个，有利于问题的解决。

2. 近地层相似理论

近地层相似理论的主要特点，就是根据近地层湍流的特征，分析得出影响近地层中湍流交换的三个外因参数，引入了三个湍流特征尺度，并且用无量纲参数 ξ 的某种函数关系 $\varphi(\xi)$ 来描述近地层中的湍流交换状况和气象要素铅直分布规律。

（1）湍流状态相似

在不同的湍流能谱区内，状态相似包括湍能转移过程相似和影响湍流的外因参数相同这两个方面。

湍能转移过程相似，即湍流能量都是大尺度湍流元区向湍流惯性区以及小尺度

湍能耗散区传递;也就是说,从湍流能量高值区向低值区传递。

影响湍流的外因参数相同,是指除了耗散区以外的各能谱区内,决定湍流状态的外因参数都是相同的。这也正是近地层相似理论的出发点。至于要除耗散区以外,是因为耗散区内分子黏性力的作用,是由湍流本身特性所决定的,即所谓"内因参数",不在讨论范围。影响湍流的外因参数可以由湍流能量平衡方程分析得出,即

$$\frac{\partial E'}{\partial t} = K_M \left(\frac{\partial \overline{u}}{\partial z}\right)^2 - K_H \frac{g}{\theta} \frac{\partial \overline{\theta}}{\partial z} - \varepsilon = u_*^2 \frac{\partial \overline{u}}{\partial z} + \frac{g}{\theta} \frac{H}{\rho c_p}$$

由此可见,外因参数有三个,即动力摩擦系数 u_*、浮力系数 $\frac{g}{\theta}$ 和热通量系数 $\frac{H}{\rho c_p}$。

相似理论中所引入的湍流特性尺度,都是由这三个外因参数决定的。根据量纲分析理论,可以得出唯一的长度尺度 L(M-O 特征长度)、温度尺度 T_*(特征温度)和湿度尺度 q_*(特征比湿)的表达式。如

$$L = \left(\frac{H}{\rho c_p}\right)^a (u_*)^b \left(\frac{g}{\theta}\right)^c$$

其中,特征长度 L 的量纲为 $[\mathrm{L}^1]$;H 的量纲为 $[\mathrm{Cal} \cdot \mathrm{L}^{-2} \cdot \mathrm{T}^{-1}]$,$\rho$ 的量纲为 $[\mathrm{ML}^{-3}]$,c_p 的量纲为 $[\mathrm{Cal} \cdot \mathrm{M}^{-1} \cdot \mathrm{K}^{-1}]$,$u_*$ 的量纲为 $[\mathrm{L}^1\mathrm{T}^{-1}]$,$g$ 的量纲为 $[\mathrm{L}^1\mathrm{T}^{-2}]$,$\theta$ 的量纲为 $[\mathrm{K}^1]$。根据 π 定理,有 $a=-1, b=3, c=-1$;则有特征长度 L 的表达式为

$$L = -\frac{u_*^3}{\kappa \dfrac{g}{\theta} \dfrac{H}{\rho c_p}} \tag{4.42}$$

类似地,由

$$T_* = \left(\frac{H}{\rho c_p}\right)^a (u_*)^b, \quad q_* = \left(\frac{E}{\rho}\right)^a (u_*)^b$$

可得特征温度 T_* 和特征比湿 q_* 的表达式为

$$T_* = -\frac{H}{\kappa u_* \rho c_p} \tag{4.43}$$

$$q_* = -\frac{E}{\kappa u_* \rho} \tag{4.44}$$

式中,负号和 κ(卡门常数)都是为了研究方便而添加的。由以上公式可见,不稳定层结时,$H>0$,有 $L<0$,$T_*<0$;稳定层结时,$H<0$,有 $L>0$,$T_*>0$;中性层结时 $H=0$,有 $L \to \infty$,$T_*=0$。

下面讨论湍流特征尺度 L、T_* 和 q_* 的物理意义。

$$L = -\frac{u_*^3}{\kappa \dfrac{g}{\theta} \dfrac{H}{\rho c_p}} = \frac{u_*^3}{\kappa \dfrac{g}{\theta} K_T \dfrac{\partial \theta}{\partial z}}$$

在 K 理论中,有 $u_* = l\dfrac{\partial \bar{u}}{\partial z}$, $K = lu_*$,故有

$$L = -\frac{u_*^3}{\kappa\dfrac{g}{\theta}\dfrac{H}{\rho c_p}} = \frac{\left(l\dfrac{\partial \bar{u}}{\partial z}\right)^2 u_*}{\kappa\dfrac{g}{\theta}\dfrac{\rho c_p(lu_*)\dfrac{\partial \bar{T}}{\partial z}}{\rho c_p}} = \frac{l}{\kappa\dfrac{g}{\theta}\dfrac{\dfrac{\partial \bar{T}}{\partial z}}{\left(\dfrac{\partial \bar{u}}{\partial z}\right)^2}} = \frac{1}{\kappa}\frac{l}{Ri}$$

由此可见,在一定的层结条件下,特征长度 L 与普朗特理论中的混合长 l 相类似,它具有长度的量纲,表示湍流的铅直混合距离,所以 L 也有人称之为湍流副层高度。L 可理解为单位里查森数时的混合长;但是特征长度 L 与混合长 l 又有一定的区别,它只作为湍流铅直混合的特征尺度。另外,L 还间接地反映了大气层结状况(L 与 Ri 符号一致),也是一个稳定参数;即不稳定层结时,$Ri < 0$,$L < 0$;稳定层结时,$Ri > 0$,$L > 0$;而中性层结时,$Ri = 0$,$L \to \infty$,此时湍流运动只取决于动力因素的影响。

同样,在普朗特理论中,有 $u_* = l_M\dfrac{\partial \bar{u}}{\partial z} = \bar{u}(z+l) - \bar{u}(z) = u'$;假设 $l_M = l_H = l_E$,则

$$T_* = -\frac{H}{\kappa u_*\rho c_p} = \frac{\rho c_p l_H u_*\dfrac{\partial \bar{T}}{\partial z}}{\kappa u_*\rho c_p} = \frac{1}{\kappa}l_H\frac{\partial \bar{T}}{\partial z} = \frac{T'}{\kappa}$$

$$q_* = -\frac{E}{\kappa u_*\rho} = \frac{\rho l_E u_*\dfrac{\partial \bar{q}}{\partial z}}{\kappa u_*\rho} = \frac{1}{\kappa}l_E\frac{\partial \bar{q}}{\partial z} = \frac{q'}{\kappa}$$

由此可见,T_*,q_* 与普朗特理论中的动力摩擦速度 u_* 相类似,分别表示湍流的温度脉动和比湿脉动的特征,并且分别具有温度和比湿的量纲,它们是湍流运动的温度特征尺度和湿度特征尺度。所以,有人认为,可定义 T_* 为"摩擦温度",q_* 为"摩擦湿度"。

(2)气象要素的无因次廓线相似

根据热量比扩散率 α_T 和水汽比扩散率 α_q,有

$$\alpha_T = \frac{K_H}{K_M} = \frac{-\dfrac{H}{\rho c_p\dfrac{\partial \bar{T}}{\partial z}}}{\dfrac{u_*^2}{\dfrac{\partial \bar{u}}{\partial z}}} = \frac{\kappa T_*\dfrac{\partial \bar{u}}{\partial z}}{u_*\dfrac{\partial \bar{T}}{\partial z}} = \text{Const.}$$

$$\alpha_q = \frac{K_E}{K_M} = \frac{-\dfrac{E}{\rho}\dfrac{\partial \overline{q}}{\partial z}}{\dfrac{u_*^2}{\dfrac{\partial \overline{u}}{\partial z}}} = \frac{\dfrac{\kappa q_*}{u_*}\dfrac{\partial \overline{u}}{\partial z}}{\dfrac{\partial \overline{q}}{\partial z}} = \text{Const.}$$

则有

$$\mathrm{d}\,\overline{T} = \frac{\kappa T_*}{\alpha_T u_*}\mathrm{d}\,\overline{u},\ \mathrm{d}\,\overline{q} = \frac{\kappa q_*}{\alpha_q u_*}\mathrm{d}\,\overline{u}$$

积分可得

$$\overline{T}(z_2) - \overline{T}(z_1) = \frac{\kappa T_*}{\alpha_T u_*}\big[\overline{u}(z_2) - \overline{u}(z_1)\big] \tag{4.45}$$

$$\overline{q}(z_2) - \overline{q}(z_1) = \frac{\kappa q_*}{\alpha_q u_*}\big[\overline{u}(z_2) - \overline{u}(z_1)\big] \tag{4.46}$$

显而易见,近地层温度、湿度和风速的无因次平均廓线是相似的。

前面得到中性层结时近地层平均风速的铅直分布为对数廓线,即

$$\overline{u}(z) = \frac{u_*}{\kappa}(\ln z - \ln z_0)$$

可以肯定,非中性层结时平均风速的铅直分布与大气层结条件有关,这里不妨以层结参数 ξ 的某种函数 $\varphi(\xi)$ 来表示。因此,非中性层结时的平均风速廓线可表示为

$$\overline{u}(z) = \frac{u_*}{\kappa}\big[\varphi_u(\xi) - \varphi_u(\xi_0)\big] \tag{4.47}$$

其中, $\xi = \dfrac{z}{L}$ 称为无因次高度, L 是稳定度参数; $\xi_0 = \dfrac{z_0}{L}$ 为无因次粗糙高度。类似的有非中性层结时的温度和湿度廓线为

$$\overline{T}(z) = \overline{T}(z_0) + \frac{T_*}{\alpha_T}\big[\varphi_T(\xi) - \varphi_T(\xi_0)\big] \tag{4.48}$$

$$\overline{q}(z) = \overline{q}(z_0) + \frac{q_*}{\alpha_q}\big[\varphi_q(\xi) - \varphi_q(\xi_0)\big] \tag{4.49}$$

这里, $\varphi_\sigma(\xi)$ 为气象要素平均廓线的普适函数。

(3)气象要素的无因次脉动相似

考虑无因次脉动量 $\dfrac{u'}{u_*}, \dfrac{v'}{u_*}, \dfrac{w'}{u_*}, \dfrac{T'}{|T_*|}, \dfrac{q'}{|q_*|}$,由于脉动速度 $u' = u - \overline{u}$,根据标准误差的概念 $\sigma^2 = \dfrac{1}{n}\sum\limits_{i=1}^{n}(X_i - \overline{X})^2$,其中, n 为样本数;则有脉动速度的均方差 $\sigma_u = \sqrt{\overline{u'^2}} = \sqrt{\overline{(u - \overline{u})^2}}$ 。

A.C.莫宁根据相似理论断定,无因次脉动概率分布的最重要特征,就是它们的二阶距 $\overline{u'^2} = \sigma_u^2, \overline{v'^2} = \sigma_v^2, \overline{w'^2} = \sigma_w^2, \overline{T'^2} = \sigma_T^2, \overline{q'^2} = \sigma_q^2$ 都与层结参数 ξ 有关,即有

$$\frac{\sigma_u}{u_*} = \varphi_{u'}(\xi), \qquad \frac{\sigma_v}{u_*} = \varphi_{v'}(\xi), \qquad \frac{\sigma_w}{u_*} = \varphi_{w'}(\xi)$$

$$\frac{\sigma_T}{|T_*|} = \varphi_{T'}(\xi), \qquad \frac{\sigma_q}{|q_*|} = \varphi_{q'}(\xi)$$

这里 $\varphi_{\sigma'}(\xi)$ 为无因次脉动概率分布的普适函数。由此可见,气象要素的无因次脉动也是相似的,都可以用普适函数来描述。

3. 普适函数

M-O 相似理论与 K 理论的最大区别就在于它以普适函数来表示近地层的湍流交换和气象要素铅直分布廓线,这也是该理论方法的核心内容。

(1)普适函数的引入

在普朗特理论中,根据风洞试验得到的中性层结时混合长(即卡门混合长)为 $l_0 = \kappa z$,则有

$$u_* = l \frac{\partial \overline{u}}{\partial z} = \kappa z \frac{\partial \overline{u}}{\partial z}, \qquad 即 \frac{\kappa z}{u_*} \frac{\partial \overline{u}}{\partial z} = 1$$

$$T_* = l \frac{\partial \overline{T}}{\partial z} = \kappa z \frac{\partial \overline{T}}{\partial z}, \qquad 即 \frac{\kappa z}{T_*} \frac{\partial \overline{T}}{\partial z} = 1 \qquad (4.50)$$

$$q_* = l \frac{\partial \overline{q}}{\partial z} = \kappa z \frac{\partial \overline{q}}{\partial z}, \qquad 即 \frac{\kappa z}{q_*} \frac{\partial \overline{q}}{\partial z} = 1$$

也就是说,中性层结时,表征近地层风速、温度和湿度场的无因次特征量都等于 1。

在非中性层结时,表征近地层风、温、湿场的无因次特征量应该与大气层结稳定度有关。因此,在相似理论中引入层结参数,并用层结参数 ξ 的某种无因次函数 $\varphi(\xi)$ 来表示这些无因次特征量。这里,要求函数 $\varphi(\xi)$ 是无因次的,那么,很明显层结参数 ξ 也必须是无因次的;同时还要考虑影响近地层湍流的三个外因参数 $\frac{H}{\rho c_p}, u_*, \frac{g}{\theta}$ 和高度 z;至于考虑高度 z,是因为气象要素的铅直分布是随高度 z 变化的,也就是说,要考虑气象要素的梯度。为了确定层结参数 ξ 的表达式,仍采用量纲分析方法,即有

$$\xi^{(0)} = -\kappa \left(\frac{H}{\rho c_p}\right)^a (u_*)^b \left(\frac{g}{\theta}\right)^c (z)^d$$

根据 π 定理,解得 $a=1, b=-3, c=1, d=1$;则有

$$\xi = \frac{z}{-\dfrac{u_*^3}{\kappa \dfrac{g}{\theta} \dfrac{H}{\rho c_p}}} = \frac{z}{L} \qquad (4.51)$$

由此可见,由三个外因参数和高度 z 唯一能组成的无因次参数 ξ,只有 $\dfrac{z}{L}$ 这一形式。

这样,表征近地层风速、温度和湿度场的无因次特征量就可以用无因次函数 $\varphi(\xi)$ 来表示,即有

$$\frac{\kappa z}{u_*}\frac{\partial \overline{u}}{\partial z}=\varphi_M(\xi),\qquad \frac{\kappa z}{T_*}\frac{\partial \overline{T}}{\partial z}=\varphi_H(\xi),\qquad \frac{\kappa z}{q_*}\frac{\partial \overline{q}}{\partial z}=\varphi_E(\xi)\qquad(4.52)$$

或者

$$\frac{\partial \overline{u}}{\partial z}=\frac{u_*}{\kappa z}\varphi_M(\xi),\qquad \frac{\partial \overline{T}}{\partial z}=\frac{T_*}{\kappa z}\varphi_H(\xi),\qquad \frac{\partial \overline{q}}{\partial z}=\frac{q_*}{\kappa z}\varphi_E(\xi)\qquad(4.53)$$

式中,$\varphi_M(\xi),\varphi_H(\xi),\varphi_E(\xi)$ 分别称为动量、热量和水汽普适函数,都是层结参数的未知函数。

若再考虑动量、热量和水汽的湍流通量公式(4.19)式,则有

$$K_M=\frac{\kappa z u_*}{\varphi_M(\xi)},\qquad K_H=\frac{\kappa z u_*}{\varphi_H(\xi)},\qquad K_E=\frac{\kappa z u_*}{\varphi_E(\xi)}\qquad(4.54)$$

这就是用普适函数表示的湍流系数表达式。在 K 理论中,中性层结时,有 $K_0 = \kappa z u_*$;由此可知,中性层结时普适函数 $\varphi_\sigma(\xi)$ 的值应该等于1;而中性层结时,$L \to \infty$;所以,当高度 z 一定时,必然有 $\varphi(0)=1$ 的结果。这对于以后确定普适函数 $\varphi(\xi)$ 的形式是很有意义的。

普适函数 $\varphi_\sigma(\xi)$ 与里查森数 Ri 也是直接相关的,因为其中的 ξ 本身也是一个稳定度参数。将(4.53)式代入里查森数 Ri 表达式,可以得出 Ri 与 ξ 及 $\varphi_\sigma(\xi)$ 之间的关系,即

$$Ri=\frac{z}{L}\frac{\varphi_H\left(\dfrac{z}{L}\right)}{\varphi_M^2\left(\dfrac{z}{L}\right)}=\xi\frac{\varphi_H(\xi)}{\varphi_M^2(\xi)}\qquad(4.55)$$

或者写成 $Ri=\dfrac{\xi}{\alpha_T\varphi_M}$;其中,$\alpha_T=K_H/K_M=\dfrac{\varphi_M}{\varphi_H}$。图 4-8 给出了 Ri 与 ξ 之间的关系。由图可见,在不稳定范围内,$Ri\approx\xi$;显然这可以使近地层的描述更为简单。在稳定范围内,当 $\xi \to \infty$ 时,Ri 趋于一个有限值;这一极限值(临界 Ri 数)大约为 $0.2\sim0.21$,此时湍流将消失,气流变成层流。

图 4-9 为热量比扩散率 α_T 与稳定度参数 ξ 的关系。由图可见,对于所有的稳定度范围,有 $\alpha_T>1$;虽然实际资料表现出较大的离散,但基本上表明了这一结论。在不稳定范围内,α_T 随 ξ 的减小很快增大,这表明湍流对热量输送比动量输送更为有效。

由此可知,普适函数 $\varphi(\xi)$ 的作用与 K 理论中层结订正函数 $f(Ri)$ 的作用是相同的,都可以用来描述大气层结状况对湍流运动的影响。

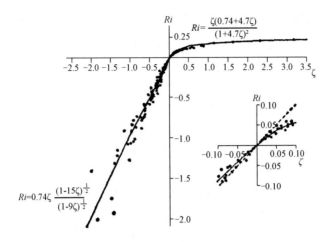

图 4-8　稳定度参数 Ri 与 ξ 的关系[4]

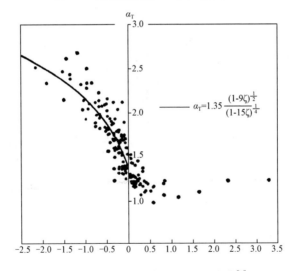

图 4-9　热量比扩散率 α_T 随 ξ 的变化[4]

（2）普适函数的形式

M-O 相似理论提出以后，人们开展很多试验观测项目，通过近地层湍流通量和气象要素梯度的实测资料采用经验拟合的方法来确定普适函数 $\varphi(\xi)$ 的具体表达式，这方面的研究成果很多，比较著名的有 J. A. Businger（布辛格）*et al.*，A. J. Dyer（戴尔）和 B. B. Hicks（希克斯）的普适函数表达式。

最初，A. C. Monin 和 A. M. Obukhov 根据层结参数 $\xi \rightarrow 0$ 时，函数 $\varphi(\xi)$ 的意义，采用级数展开式来确定普适函数的形式。在给定高度 z 的情况下，如果特征长度

L 的绝对值趋于无穷大,即 $|L| \to \infty$,则 $\xi = \dfrac{z}{L} \to 0$;而要使 $|L| \to \infty$,由特征长度 L 的表达式(4.42)式可知,只有一个可能,即感热通量 H 减小并趋于零,也就是大气层结趋于中性时,$\xi \to 0$。而在中性层结条件下,气象要素铅直分布服从对数规律,表征近地层温、湿、风的无因次特征量都等于 1,即(4.50)式。因此,有 $\varphi(0) = 1$ 的结果。对于某一种大气层结状况来说,即给定特征长度 L 的情况下,如果 $z \to 0$,也就是紧贴地表面的一层,此时 $\xi \to 0$;而在紧贴地表面的这层空气内,通常有 $Ri \to 0$,即为近中性层结;所以,也有 $\varphi(0) = 1$ 的结果。

根据 $\varphi(0) = 1$,则当函数 $\varphi(\xi)$ 在 $\xi = 0$ 这一点有连续导数时,可以将 $\varphi(\xi)$ 展开成关于层结参数 ξ 的麦克劳林级数形式,即

$$\varphi(\xi) = \varphi(0) + \xi\varphi'(0) + (\xi)^2\varphi''(0) + \cdots + (\xi)^n\varphi^n(0)$$
$$= 1 + \beta\xi + \beta'(\xi)^2 + \cdots + \beta^{n-1}(\xi)^{n-1}$$

当 $|\xi| \ll 1$ 时,展开式可以只取前两项近似,则有:

$$\varphi(\xi) \approx 1 + \beta\xi \tag{4.56}$$

这就是 A. C. Monin 和 A. M. Obukhov 最初给出的普适函数 $\varphi(\xi)$ 的形式。式中 β 为待定系数,他们根据四次考查资料求得的平均值为 $\beta = 0.62$;但是,随着仪器观测精度的提高,不同学者所得的 β 相差很大,有的竟相差 $5 \sim 10$ 倍。由(4.56)式可知,这里的近似取舍存在着一定的不合理性,主要是 $|\xi| \ll 1$ 条件不满足,$|L|$ 只有在近中性条件下才非常大,在典型稳定和典型不稳定下,$|L|$ 不可能非常大,这也正是这一表达式的不足之处。此外,这一表达式没有考虑动量、热量和水汽普适函数之间的差异,即假定 $\varphi_M(\xi) = \varphi_H(\xi) = \varphi_E(\xi) = \varphi(\xi)$。正是由于(4.56)式的不完善,即普适函数 $\varphi(\xi)$ 的表达式不理想,致使 M-O 相似理论方法最初(1954 年)并没有引起人们的重视;直到 1970 年前后,人们根据大量的试验资料重新拟合,得出了 $\varphi(\xi)$ 的实验式,相似理论方法才被发扬光大。

1971 年 E. J. Plate、A. C. Monin 和 A. M. Yaglom 等总结了众多关于普适函数的研究成果,归纳得出了普遍公认的普适函数形式为

$$\varphi_M(\xi) = \begin{cases} 1 + \beta_m\xi & (0 \leqslant \xi < 1) \\ (1 - \gamma_m\xi)^{-\frac{1}{4}} & (-2 < \xi < 0) \end{cases} \tag{4.57}$$

$$\varphi_H(\xi) = \varphi_E(\xi) = \begin{cases} 1 + \beta_h\xi & (0 \leqslant \xi < 1) \\ (1 - \gamma_h\xi)^{-\frac{1}{2}} & (-2 < \xi < 0) \end{cases} \tag{4.58}$$

其中,β,γ 为待定参数,表 4-1 列出了不同学者给定的值。

这些普适函数的表达式都是在野外大气试验实际观测基础上研究得出的,比(4.56)式要合理、精确得多。其中,尤其是 J. A. Businger,A. J. Dyer 和 B. B. Hick 的普适函数表达式应用比较广泛,王介民[5]曾对这两种普适函数进行过比较,认为这两

种参数的总效果差别不大,根据实验资料计算的湍流通量误差仅为 5% 以内。

表 4-1　根据近地层湍流观测确定的普适函数中的参数值

来　源	β_m	γ_m	β_h	γ_h	κ	$\varphi_H(0)$	$\varphi_E(0)$
Businger	4.7	15	6.4	9	0.35	0.74	0
Paulson	7	16	7	16	0.4	1	1
Webb	5.2	18	5.2	9	0.41	1	1
Dyer-Hicks	5	16	5	16	0.4	1	1

1971 年,J. A. Businger 等根据堪萨斯州的观测资料,对普适函数的表达式作了相当全面的讨论。图 4-10 给出了 J. A. Businger 普适函数曲线与无因次风速切变和无因次温度梯度观测资料的吻合情况。

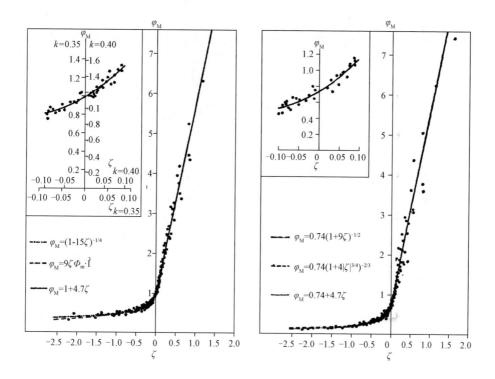

图 4-10　无因次风速切变及温度梯度观测值与普适函数模拟值的比较[4]

考虑到观测和确立经验相似函数(常数)的不确定性,在大多数实际应用中,不要求非常高的精度时,可采用下面较简单的 $\varphi(\xi)$ 函数形式。

$$\varphi_H(\xi) = \begin{cases} \varphi_M^2(\xi) = (1-16\xi)^{-1/2} & (-2 < \xi < 0) \\ \varphi_M(\xi) = 1+5\xi & (0 \leqslant \xi < 1) \end{cases}$$

可见,中性条件下,$\varphi_H(\xi) = \varphi_M(\xi) = 1$;不稳定条件下,$\varphi_H(\xi) = \varphi_M^2(\xi)$。另外有一个好处就是可简化 ξ 与 Ri 的关系,即

$$\xi = \begin{cases} Ri & (Ri < 0) \\ \dfrac{Ri}{1-5Ri} & (0 \leqslant Ri \leqslant 0.2) \end{cases}$$

这个关系可从图 4-8 得到确认。

$\varphi_M(\xi)$ 与 ξ 之间有没有统一的关系式呢?有,这就是 Keyps 方程,它由 Kazanski,Ellison,Yamamoto,Panofsky,Sellers 共 5 位学者先后从不同角度独立推导出来[6-10]。方程如下:

$$\varphi_M^4(\xi) - \gamma\xi\varphi_M^3(\xi) - 1 = 0$$

(3)近地层气象要素廓线

将(4.56)式代入(4.53)式积分,可得近地层气象要素铅直分布廓线

$$\bar{u}(z) = \frac{u_*}{\kappa}\left(\ln\frac{z}{z_0} + \beta\frac{z-z_0}{L}\right)$$

$$\overline{T}(z) - T_0 = \frac{T_*}{\kappa}\left(\ln\frac{z}{z_0} + \beta\frac{z-z_0}{L}\right) \tag{4.59}$$

$$\bar{q}(z) - \bar{q}_0 = \frac{q_*}{\kappa}\left(\ln\frac{z}{z_0} + \beta\frac{z-z_0}{L}\right)$$

这类平均廓线方程称为对数—线性廓线方程。由以上公式可见,右边第一项为中性层结时的对数廓线;第二项为层结订正项,表征大气层结稳定度对气象要素铅直分布的影响,即任意层结时要素廓线相对于中性层结时对数廓线的偏离程度。

Monin 和 Obukhov 绘制了任意层结时近地层风速和温度的对数—线性廓线,如图 4-11 所示,图中虚线表示中性层结($Ri=0$)时气象要素的对数廓线。由图可见,当大气层结为稳定层结($Ri>0$)时,气象要素随高度增加而增大的速度比中性层结时要快,比不稳定层结时更快。这是因为,大气层结稳定时,湍流通量的垂直输送比中性层结时弱,比不稳定层结时更弱。就(相对)风速而言,由于稳定层结时大气高层动

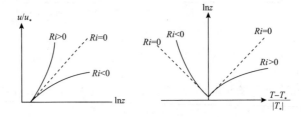

图 4-11　不同层结条件下近地层中的风速和气温廓线示意图[1]

量向下输送比中性层结时更少,比不稳定层结时更少;所以稳定层结时,风速随高度增大就比中性和不稳定层结时要快得多。

若将(4.57)和(4.58)式代入(4.53)式积分,可得

$$\overline{u}(z) = \frac{u_*}{\kappa}(\ln \frac{z}{z_0} - \psi_1)$$

$$\overline{T}(z) - \overline{T}_0 = \frac{T_*}{\kappa}(\ln \frac{z}{z_0} - \psi_2) \qquad (4.60)$$

$$\overline{q}(z) - \overline{q}_0 = \frac{q_*}{\kappa}(\ln \frac{z}{z_0} - \psi_2)$$

式中,ψ_1,ψ_2 为层结订正函数(也称为积分相似函数),显然不同层结时 ψ_1,ψ_2 的表达式也不相同。

4.湍流通量的确定

微气象研究的中心目标就是如何从平均廓线去确定湍流通量。近几十年来在这方面已做了许多努力,虽然获得解析解的理论工作还不成功,但是应用相似理论得到半经验关系式已经是完全可能的了。

由(4.42)~(4.44)式可知,相似理论中湍流通量的表达式为

$$\tau = \rho u_*^2, \quad H = -\rho c_p u_* T_*, \quad E = -\rho u_* q_* \qquad (4.61)$$

由此可见,要确定湍流通量,关键是确定湍流特征尺度 u_*,T_*,q_* 和 L。可以采用不同的方法,一是利用理查逊数 Ri 与无因次高度 $\frac{z}{L}$ 之间的关系即(4.55)式,先确定出特征长度 L,再由廓线方程(4.60)式根据近地层梯度观测资料计算 u_*,T_*,q_*;二是利用最小二乘方法,将梯度观测资料与对数-线性廓线方程(4.60)式进行拟合,可得特征尺度 u_*,T_*,q_* 和 z_0,再由 u_*、T_* 确定特征长度 L;最后根据(4.61)式确定近地层湍流通量。这两种方法往往会形成一定的累计计算误差。

目前,计算湍流通量一般都采用廓线梯度方法。由(4.42)式、(4.43)式可知,

$$L = \frac{u_*^2}{\kappa \frac{g}{\theta} T_*} \qquad (4.62)$$

将(4.57)式、(4.58)式代入(4.53)式积分,可得通量-廓线关系。

$$\overline{u}_2 - \overline{u}_1 = \frac{u_*}{\kappa}\psi_M$$

$$\overline{T}_2 - \overline{T}_1 = \frac{T_*}{\kappa}\psi_H \qquad (4.63)$$

式中,ψ_M,ψ_H 为积分相似函数,表达式为

$$\begin{cases} \psi_M = \ln \dfrac{z_2}{z_1} + \dfrac{\beta_m}{L}(z_2 - z_1) \\ \psi_H = \alpha_T \ln \dfrac{z_2}{z_1} + \dfrac{\beta_H}{L}(z_2 - z_1) \end{cases} \qquad \left(\dfrac{z}{L} \geqslant 0 \right) \qquad (4.64)$$

$$\begin{cases} \psi_M = \ln \dfrac{z_2}{z_1} + \ln\left[\dfrac{(x_1^2 + 1)(x_1 + 1)^2}{(x_2^2 + 1)(x_2 + 1)^2} \right] + 2(\tan^{-1} x_2 - \tan^{-1} x_1) \\ \psi_H = \alpha_T \left[\ln \dfrac{z_2}{z_1} + 2\ln \dfrac{y_1 + 1}{y_2 + 1} \right] \end{cases} \quad \left(\dfrac{z}{L} < 0 \right)$$

$$(4.65)$$

通常取 $\alpha_T = 1$。其中

$$x_1 = \left(1 - \gamma_m \frac{z_1}{L} \right)^{\frac{1}{4}}, \ x_2 = \left(1 - \gamma_m \frac{z_2}{L} \right)^{\frac{1}{4}}$$

$$y_1 = \left(1 - \gamma_h \frac{z_1}{L} \right)^{\frac{1}{2}}, \ y_2 = \left(1 - \gamma_h \frac{z_2}{L} \right)^{\frac{1}{2}}$$

若将通量-廓线关系表示为(4.60)式,根据 C. A. Paulson 的研究,层结订正函数 ψ_1, ψ_2 的表达式为

$$\begin{cases} \psi_1 = - \beta_m \dfrac{z}{L} \\ \psi_2 = - \beta_h \dfrac{z}{L} \end{cases} \qquad \left(\dfrac{z}{L} \geqslant 0 \right) \qquad (4.66)$$

$$\begin{cases} \psi_1 = \ln\left[\left(\dfrac{1 + x^2}{2} \right) \left(\dfrac{1 + x}{2} \right)^2 \right] - 2\tan^{-1} x + \dfrac{\pi}{2} \\ \psi_2 = 2\ln \left(\dfrac{1 + y}{2} \right) \end{cases} \quad \left(\dfrac{z}{L} < 0 \right) \quad (4.67)$$

其中

$$x = \left(1 - \gamma_m \frac{z}{L} \right)^{\frac{1}{4}} = \varphi_m^{-1}, \ y = \left(1 - \gamma_h \frac{z}{L} \right)^{\frac{1}{2}} = \varphi_h^{-1}$$

上面的关系式就是根据梯度观测资料计算 u_*,T_* 和特征长度 L 的基本方程。由于方程中存在隐含关系,一般需要采用迭代法求解,即首先以中性层结时的 ψ_M, ψ_H 代入(4.63)式得出 $u_*^{(0)}$,$T_*^{(0)}$,根据(4.81)式可得 $L^{(1)}$;再将 $L^{(1)}$ 代入(4.64)式或(4.65)式中确定 $\psi_M^{(1)}, \psi_H^{(1)}$(即稳定层结时和不稳定层结时的积分相似函数的一级近似),并代入(4.63)式确定出 $u_*^{(1)}$,$T_*^{(1)}$ 的一级近似,再根据(4.62)式确定出 $L^{(2)}$ 即特征长度 L 的二级近似值;依次重复迭代,逐步逼近 L 的真值,直至达到预定的误差要求时停止。

5. 相似理论方法小结

Monin 和 Obukhov 根据近地层气象要素场和湍流交换的某些相似特征,提出了

用普适函数 $\varphi\left(\dfrac{z}{L}\right)$ 来表示近地层气象要素的气象铅直分布和物理属性的湍流交换,建立了相似理论方法。由于这种方法没有不符合实际情况的假设条件($\varphi_H = \varphi_E$ 近似成立),计算结果精确等优点,从而受到了普遍的重视和广泛的应用,所提出的湍流特征尺度 u_*,T_*,L 等概念也已经被许多学者所承认,因此,M-O 相似理论已成为微气象学中的一种基本理论。需要提醒的是,相似理论适用于粗糙下垫面的常通量层中或下垫面水平均匀的条件($-2 < \xi < 1$);即使在理想的条件下,相似理论的精度也仅有 $10\% \sim 20\%$。

4.4.4 湍流通量确定的其他方法

确定湍流通量还有一些其他方法,如能量平衡－空气动力学阻抗法、涡度相关法等。

1. 阻抗法

仿照物理学中的欧姆定律,近地层湍流的感热输送应该与温度梯度成正比,而与热传导的空气阻抗成反比,即有

$$H = \rho c_p (T_s - T) r_a \tag{4.68}$$

式中,T_s 为植物冠层表面温度;r_a 为空气动力学阻抗;T 为空气温度。

同样道理,近地层水汽的湍流输送也应该与从蒸发面到空气层中的水汽压梯度成正比,而与空气对水分子扩散的阻抗成反比。但是与感热输送阻抗不同的是,蒸腾的水汽来自植物气孔下的气室。在这种气室中,空气是饱和的或者接近饱和,除非植物体内的水压过大或者因干枯而缺水。由于水汽必须通过受保护细胞所控制的气孔来进行扩散,所以对于植物叶面蒸腾还必须考虑第二个阻抗,即气孔阻抗 r_s。近年来,农田微气象条件与气孔属性之间的关系日益受到重视;气孔是作物与贴地层物质交换的门户,氧气,二氧化碳和水汽交换强度将制约着作物蒸腾和光合作用产生的速率,因而制约着水分与太阳光能的利用效率。

自从 1963 年 C. B. Thanner 首先用红外测温仪器测定作物表面温度之后,以红外温度为重要参数的遥感技术迅速发展,并已成为一种估算蒸发通量的新方法。蒙梯斯(Monteith)提出[11],如果已知空气动力学阻抗 r_a 和作物叶片气孔阻抗 r_s,就可以通过梯度观测来确定农田的蒸散(包括蒸发和蒸腾)。类似于(4.68)式,有水汽通量表达式为

$$E = \frac{0.622\rho}{p_0}\left(\frac{e_s - e}{r_a + r_s}\right) \tag{4.69}$$

式中，ρ 为空气密度；p_0 为海平面气压；e_s 为植物冠层叶面细胞壁面的饱和水汽压，可通过植物冠层表面温度 T_s 来计算；e 为近地层空气的水汽压。

植物叶片的气孔阻抗 r_s 可以利用扩散气孔表（Porometer）直接测量。但是由于测量 r_s 在技术上比较复杂，而且 r_s 受气象、植物生理和土壤水分的影响，难以测定；所以，(4.69)式使用起来很不方便。为此，人们试图避免植物叶面气孔阻抗 r_s 的确定，由 K. W. Brown 和 N. J. Rosenberg 等[12] 提出了"能量平衡—空气动力学阻抗综合法"，提出了确定农田潜热通量的表达式为

$$LE = R_n - Q_{SF} - \rho c_p (T_s - T) r_a \qquad (4.70)$$

空气动力学阻抗 r_a 的计算公式很多。一般认为，r_a 与热量湍流系数 K_H 之间存在下列关系：

$$r_a = \int_{z_1}^{z_2} \frac{1}{K_H} \mathrm{d}z$$

在中性层结情况下，J. L. Monteith 给出的空气动力学阻抗公式为

$$r_{a0} = \frac{1}{\kappa u_*} \ln \frac{z-d}{z_0} = \frac{1}{\kappa^2 u} \ln \left(\frac{z-d}{z_0} \right)^2 \qquad (4.71)$$

式中，$\bar{u}$ 为植物冠层高度 z 处的平均风速；d 为零平面位移高度，是指近地面平均风速为零（$\bar{u}=0$）的平面因地表植被的存在而发生的垂直位移；可表示为 $d = h - z_0$，这里 h 为植被层高度，即作物的平均高度（通常可取 $d = 2h/3 = 0.67h, z_0 = h/8 = 0.13h$）。对于非中性层结的情况，需要对上式进行层结订正。J. L. Monteith 给出的订正公式为

$$r_a = \frac{1}{\kappa u_*} \left(\ln \frac{z-d}{z_0} + n \frac{z-d}{L} \right) = r_{a0} \left[1 + \frac{n(z-d)}{L \ln \frac{z-d}{z_0}} \right] \qquad (4.72)$$

式中，$n(n=5)$ 为经验系数；L 为 M-O 特征长度。显然，不稳定层结时，$L<0$，有 $r_a < r_{a0}$，而稳定层结时，$L>0$，有 $r_a > r_{a0}$；中性层结时 $r_a = r_{a0}$。

N. J. Rosenberg 等[12] 认为，上式的缺点是在计算 r_a 时需要确定粗糙度 z_0，他们提出改进公式为

$$r_a = \frac{(\bar{T} - \bar{T}_s) \cdot \bar{u}(z)}{\frac{K_H}{K_M} u_*^2 (\bar{T} - \bar{T}_s)} = \frac{\bar{u}(z)}{\alpha_T u_*^2} \qquad (4.73)$$

其中

$$\alpha_T = \begin{cases} (1 - 16 Ri)^{\frac{1}{4}} & (Ri \leqslant 0) \\ 1 & (Ri \geqslant 0) \end{cases}$$

J. L. Hatfield 等[13] 认为，在中性层结条件下，植物冠层表面温度 T_s 与空气温度 T 近似相等。此时用遥感表面温度来计算蒸发量的实际意义不大。而在自然条件

下,大多处于中等和低温情况;因此,为了准确地计算作物蒸发耗水,就必须对作物冠层阻抗 r_s 进行层结稳定度的订正。其订正公式为

$$r_a = r_{a0} \left[1 - \frac{g(\overline{T_s} - \overline{T})n(z - d)}{T_0 \cdot \overline{u}^2} \right] \tag{4.74}$$

式中,g 为重力加速度;$T_0 = 273 + T$,取 K 温标;$n = 5$。

谢贤群[14]应用中国科学院禹城生态试验站冬小麦田的试验观测资料对(4.74)式进行了验证,发现在 $T_s - T$ 很大($\Delta T > 5.0\ ℃$)和 $\overline{u}$ 很小($\overline{u} \leqslant 1.0\ \text{m/s}$)的强烈不稳定情况下,会产生 $r_a < 0$ 的不合理结果。为此,从讨论近地面湍流运动规律出发,根据 Dyer(不稳定层结)和 Webb(稳定层结)的普适函数 φ_H,提出了一个改进的订正公式为

$$r_a = r_{a0} + \frac{\varphi_H}{\kappa u_*} = r_{a0} \left(1 + \frac{\varphi_H}{\ln \dfrac{z - d}{z_0}} \right) \tag{4.75}$$

其中

$$\varphi_H = \begin{cases} \left(1 - 16\dfrac{z - d}{L} \right)^{-\frac{1}{2}} & \left(\dfrac{z - d}{L} < -0.03 \right) \\[3mm] \left(1 + n\dfrac{z - d}{L} \right) & \left(\dfrac{z - d}{L} > -0.03\ \text{和}\ \dfrac{z - d}{L} > 0 \right) \end{cases}$$

式中,当 $\dfrac{z - d}{L} < 0$ 时,取 $n = 4.5$;当 $\dfrac{z - d}{L} > 0$ 时,取 $n = 5.2$。计算结果表明(4.75)式计算的水汽通量 E 与用鲍恩比方法的计算结果相当一致,平均相对误差为 11% 左右。

陈镜明[15]从植物微气象原理出发,提出了"剩余阻抗"的概念,并对(4.70)式进行了改进,其形式为

$$LE = R_n - Q_{SF} - \rho c_p \frac{(\overline{T_s} - \overline{T})}{(r_a + r_{bH})} \tag{4.76}$$

其中

$$r_a = r_{a0} \cdot \varphi_H = \begin{cases} r_{a0}(1 - Ri)^{-\frac{3}{4}} & (Ri < 0) \\[2mm] r_{a0}(1 - 5Ri)^{-2} & (Ri > 0) \end{cases}$$

$$r_{bH} = 7.5 \left(\frac{l_f}{\overline{u}} \right)^{\frac{1}{2}}$$

这里,r_{bH} 为热量传输对应于动量传输的剩余阻抗,其数量级与 r_a 相当;式中 l_f 为作物叶子的特征尺度,对于小麦来说,$\overline{l_f} = 1.3$;$\overline{u}$ 为作物冠层内的平均风速,对于小麦田来说,有经验关系式 $\overline{u} = 0.159u_{2.3}^{\frac{3}{5}}$;$u_{2.3}$ 为地面以上 2.3 m 高度处的风速。由于剩

余阻抗有明确的物理意义,它调整了作物叶温和冠层气温之间的差异,因而在能量平衡—空气阻抗遥感蒸发模式中不能忽略。

2.涡度相关法

涡度相关法又称涡度协方差法(eddy covariance method),是用高精度传感器直接测量由大气湍流运动所引起的气象要素脉动值(u'、w'、T'、q')等,通过计算脉动量(如温度、CO_2 和 H_2O 等)与垂直风速脉动的协方差(covariance)来确定近地层湍流输送通量的方法。1951 年,澳大利亚微气象学家 W. C. Swinbank 首先提出利用涡度相关原理来测定近地层大气中热量和水汽垂直输送通量,并对直接测量感热和潜热的涡度相关技术进行了研究。目前,涡度相关法在流体力学和微气象学理论发展以及气象观测仪器、数据采集和计算机存储、数据分析和自动传输等技术进步的基础上,经过长期的发展而逐渐成熟的。它是测定大气与地表或植被冠层水、热、CO_2、CH_4 等气体交换通量最直接的方法,已经得到微气象学和生态学家们的广泛接受和认可,成为国际通量观测网络(flux-net)的重要技术手段之一,涡度相关通量观测数据已经被广泛用于各种模型及遥感观测的检验和验证。

与其他微气象学研究方法一样,涡度相关法对仪器性能和仪器安装等要求相当严格。涡度相关法应用于实际时,在仪器性能方面需要解决两个技术上的难题,一是要求传感器的响应速度足够快(至少要在 20 ms 以内),以便能够同时测量由于不同尺度湍涡快速通过所引起的各个气象要素的细微变化。二是要求存贮速度快、容量大的数据采集系统,因为需要对每个涡度特性分别进行测量,大量的观测资料会很快地累计起来。自 20 世纪 90 年代以来,由于计算机技术和传感器制造技术的飞速发展,涡度相关系统已被作为商业化,在全球通量观测网中被广泛应用于测量水热、CO_2、CH_4 等的通量。在安装方面,一是高度要合适。根据大气湍流谱的特征分析,多数湍流输送与湍流运动频率有关,通常满足 $10^{-3} \leqslant nz/\bar{u} \leqslant 5 \sim 10$;这里 n 为湍涡的自然频率,z 为测量高度,$\bar{u}$ 为平均风速。如果传感器响应速度较慢,虽然可通过提高仪器安装高度来进行弥补,但是有关的测量也会受到上风方向更远区域的下垫面特性的影响,因为下垫面水平均匀的范围,即"风浪区"(fetch,即来流路径的距离)与仪器观测高度的比例至少要在 100:1;例如传感器高度为 2 m,则至少需要 200 m 的风浪区;在这样的高度上,传感器才能具有合适的时间和空间响应来充分探测出动量和热量交换的湍涡。二是传感器的探头安装要求垂直。若偏斜 1°,就可能引起 8%~10%的方差测量误差。此外,感应探头都有一定的大小,也会在其周围引起自然风的乱流,且观测支架本身也会引起气流的扰动;一般传感器附近的流线弯曲对风速脉动值测量的影响远大于观测支架对平均风速测量的影响。三是注意各个传感器对观测脉动量的时空同步性,时空不同步会导致通量测定误差。

　　涡度相关法的优点在于：直接测量湍流通量，仪器轻便灵活，可用在不同地方的不同下垫面上，而且其方法原理严谨完善，无须引入湍流扩散系数，不附带任何假设条件；因此，理论上是最完美的，所测量的湍流通量应该是准确可靠的。涡度相关法可被用作检验其他方法的"标准"，以此来验证其他各种方法的理论基础和结果的精确度。

　　该法的主要不足是数据量大，数据处理较为复杂，需要对观测资料进行一系列的质量控制，除仪器安装维护以及涡动相关通量计算中各种修正方法外，还必须对观测资料进行一系列检查、筛选、去粗取精的过程。包括：①对原始湍流脉动资料的检查：野点、不连续检查，非平稳，统计量异常等。②资料的处理分析：坐标旋转、频率衰减订正、WPL 订正等；③对通量产品包括动量（u^*）、感热、潜热、CO_2 通量等检查、通量贡献源区（footprint）分析。④与其他气象、水文、生态相关资料的对比分析。

　　下面对涡度相关法的测定原理、仪器和观测数据的质量控制进行简要阐述。

　　（1）涡度相关法测定原理

　　在下垫面水平均一的常通量层内，由标量物质守恒方程得到：

$$\frac{\partial \rho_s}{\partial t} + \frac{\partial u_i \rho_s}{\partial \chi_i} - D \frac{\partial^2 \overline{\rho_s}}{\partial \chi_i^2} = \overline{S}(\chi_i, t) \tag{4.77}$$

　　这里，ρ_s 是该气体密度（$\rho_s = C$，ρ_d 是干空气密度），C_s 是质量混合比；χ_i 为 x、y、z 坐标轴，u_i 为相应的 u、v、w 风速；D 是该物质在空气中的分子扩散率，$S(x_i, t)$ 是标量物质守恒方程控制体积（图 4-12）内的源/汇强度。方程左边的第一项是单位体积内痕量气体密度变化的平均速率，而第二、三项是引起控制体积边缘发生净平流项（net advection）和分子扩散的辐散通量（flux divergence）项。

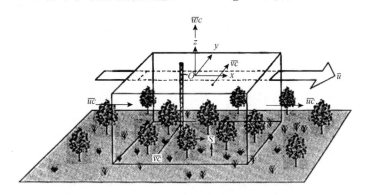

图 4-12　植被表层的笛卡儿坐标系控制体积的示意图[16]

u，v，w 代表三维风速，而 c 代表痕量气体的质量混合比

　　常通量层通常要求满足以下三个条件，即：①$\overline{\dfrac{\partial \rho_s}{\partial t}} = 0$；②测定下垫面与仪器之间

没有任何源或汇($\overline{S}=0$);③足够长的风浪区和水平均质的下垫面($\frac{\partial \overline{u_i \rho}}{\partial \chi_i}=0, \frac{D \partial^2 \overline{\rho_s}}{\partial \chi_i^2}=0, i=1,2$)。在满足以上三个假设条件情况下,由方程(4.77)可得,

$$\frac{\partial \overline{w\rho_s}}{\partial z} - D \frac{\partial^2 \overline{\rho_s}}{\partial z^2} = 0 \tag{4.78}$$

这里,$w = u_3$ 是垂直风速,$z = x_3$ 是垂直坐标。由于近地层分子黏性力的作用,湍流受到抑制,但在测定高度 z 处湍流输送量要比分子扩散大几个数量级。于是,对方程(4.78)积分,并运用雷诺分解(Reynolds decomposition)($w = w' + \overline{w}, \rho_s = \rho'_s + \overline{\rho_s}$)可以得出

$$F_0 = -D\left(\frac{\partial \overline{\rho_s}}{\partial z}\right) = (\overline{w'\rho'_s})_z = F_z \tag{4.79}$$

这里,F_0 是土壤和叶表层的分子扩散通量,F_z 是测定高度 z 处和湍流涡度通量。因此,我们可以得到垂直湍流通量的方程为

$$F_s = \overline{w'\rho'_s} = \frac{1}{T}\int_1^T w'\rho'_s \mathrm{d}t = \frac{1}{N}\sum_{i=1}^N w'\rho'_s \tag{4.80}$$

当常通层的三个基本假设条件不能完全满足时,必须利用各种方法对观测值进行修正。例如,利用坐标轴系统的旋转使 $\overline{w}$ 为 0,从而可以消除平均垂直通量的影响;水汽和热量对脉动的影响需要进行 WPL 校正。

(2)风速脉动的测定

湍流变化与涡度通量观测的项目主要包括风速脉动,CO_2、水汽、湿度和气温脉动等,这些项目的观测必须依据湍流变化分析和涡度通量计算的要求,确定适宜的采样频率、测量精度和分辨率,因此不仅要有高精度的观测设备,还要有能够保障运行和维护的条件。这里,详细介绍一下脉动风速观测仪器的情况。

涡度相关系统的风速观测多用三维超声风速仪,它是利用超声波在空气中的传播速度随风速而变化的原理,测定发生器和接收器之间超声波的到达时间来计算风速。具体地说,就是在发生器和接收器相对方向内置一对声响元件(发送接收器),交互地发送和接收声音脉动信号。目前使用得较多的是三维超声风速仪,由具有三对发生—接收器的探测与数据转换器构成,它可不间断地测定风向和风速的变化,但主导型的三维超声风速仪还不能直接测定最为重要的垂直风速成分,需要从三个成分的坐标交换求解,所以在仪器安装时要做严格的水平调整,通量计算时需进行坐标轴交换。

设声音从发生器 2 向发生器 1 传播的时间为 t_1,其反方向的声音传播时间为 t_2,d 为路径长,V_d 为沿路径的风速分量,C 为声速。如果 C 和 d 已知,则 V_d 就变为相对简

单的时间间隔($t_2 - t_1$)的测量，可以通过求 t_1、t_2 的差得到，超声风速仪的电路中已经可以自动进行这种计算。计算式如下。

$$t_2 - t_1 = \frac{2d}{c^2}V_d \approx \frac{d}{201.5\,T_v}V_d$$

T_v 称为虚温，可表示为 $T_v = T(1 + 0.32e/p)$，其中 e 为水汽压，p 为大气压。因此，如果温度变化，则检定值也随着变化。为了消除侧风和声速的影响，可以取 t_1、t_2 的倒数，即得

$$\frac{1}{t_2} - \frac{1}{t_1} = \frac{2}{d}V_d, \quad V_d = \frac{d}{2}\left(\frac{1}{t_2} - \frac{1}{t_1}\right)$$

这样求出来的 V_d 是跨度的平均值，比跨度更小的涡流就会被平滑掉，通量观测一般使用的是间距 $0.1\sim0.2$ m 的探头。

（3）涡度相关仪观测资料的处理、结果计算和校正

观测数据的处理、结果计算和校正是通量观测的关键过程，如，欧洲碳通量网络的数据采集、处理和储存以及结果计算和校正的一般流程如下图 4-13 所示。

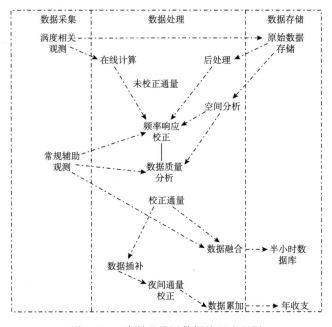

图 4-13　欧洲通量网数据处理流程图

可见，这一过程主要包括数据采集，数据储存、坐标轴转换、通量校正、数据插补以及日和年尺度的通量计算等步骤，下面对重要步骤作简要介绍。

①通量计算要求的采样频率和平均长度

在计算植被—大气间 CO_2 通量时,对于给定的某一段时间间隔 T,CO_2 的湍流通量等于垂直风速 w 的脉动和 CO_2 混合比 c 的脉动之间的协方差在 T 时间段内的积分。

$$F_c = \frac{1}{T}\rho_d \int_0^T [w_i'(t)c_i(t)]dt$$

在实际应用中,由于观测数据受观测技术和采样频率的制约,获取的只能是离散数据,所以上式可以表达为

$$F_c = \frac{1}{N}\rho_d \sum_{i=1}^N [w'_i(t)c'_i(t)]$$

这里,N 是样本数,等于采样频率(f)和平均周期(T)的乘积,即 $N = T \times f$。

基于涡度相关技术测定植被—大气间 CO_2/H_2O 通量,需要考虑生态学和微气象学的相关原则来确定适宜的数据平均周期,其目标是:ⓐ可以分辨 CO_2/H_2O 通量日变化特征;ⓑ可以分辨短周期的零星事件的影响;ⓒ可以捕捉大部分的低频通量成分。Kaimal 和 Finnigan 提出了以下估算平均周期的简单方法[17]:

$$T = \frac{2\sigma_a^2 \tau_a}{\alpha^2 \varepsilon^2}$$

式中,σ_a 为所研究时间序列的总体方差;τ_a 为积分时间尺度;ε 为允许误差。对于水平风速的典型日间条件($\sigma_u = 1\ \text{m·s}^{-1}$,$\tau_u = 10\ \text{s}$,$\overline{u} = 5\ \text{m·s}^{-1}$)而言,并且指定 $\sigma_{\overline{u}} = 0.1\ \text{m·s}^{-1}$(也就是 $\varepsilon = 0.02$),则可以计算得到合理的平均周期大约为 $t = 2000\ \text{s} \approx 30\ \text{min}$。因此对于 CO_2/H_2O 通量计算来说,取 30 分钟的平均周期是个合理策略。

②坐标轴的旋转

在植被—大气间的气体交换的微气象研究中,对通量观测数据进行生态学意义的解释之前,对数据进行坐标轴旋转(coordinate rotation)是十分必要的环节。最普遍的旋转程序是以测定平均风来定义每个观测期内(如 30 min)的直角矢量为基础,叫作自然风坐标系,然后对所有观测的通量进行坐标轴旋转。坐标轴旋转的目的是使超声风速计平行于地形表面,这种方法首先由 Tanner 等提出[18]。自然风系统主要在近地层气流为一维的情况下应用,也就是说速度和标量浓度梯度仅仅存在于垂直方向,因而,不存在标量水平平流,也不存在气流的辐散,也没有风向切变导致的侧风向的动量通量。由于在倾斜角度较大的复杂地形的森林中,用涡度相关法进行通量测定在不断增加,在山地森林或地表面凹凸程度较大的林地进行测定时,通量观测站设在非常理想点和年周期的连续观测,因此,提出了更多的坐标轴旋转方案[19,20],以图尝试克服自然风坐标系的一些缺点。

③WPL 校正

用涡度相关技术观测 CO_2 等微量气体的湍流通量时,需要考虑因热量或水汽通

量的输送而引起的微量气体密度变化。如果测量某气体成分相对于空气混合比的脉动或混合比的平均梯度变化时,则不需要任何校正。然而,如果测量的是某成分相对于湿空气的质量混合比,则需要对感热和水汽通量的影响进行校正。如果直接在大气原位置测量某组分的密度脉动或平均梯度,就需要分别对热量和水汽通量的影响进行 WPL 校正[21]。

在计算通量时,平均垂直通量为零的控制条件可以表达为

$$\overline{w\rho_d} = 0$$

上式左边又可写作 $\overline{\overline{w}\,\overline{\rho_d}} + \overline{w'\rho'_d}$,从而得出平均垂直风速为

$$\overline{w} = -\frac{\overline{w'\rho_d{}'}}{\rho_d}$$

根据干空气密度(ρ_d)与水汽密度(ρ_v)和温度(T)之间的关系:

$$\rho'_d = -\mu\rho'_v - \overline{\rho_d}(1+\mu\sigma)\left(\frac{T'}{\overline{T}} - \frac{\overline{T'^2} - \overline{T}^2}{\overline{T}^2} + \cdots\right)\left(1 + \frac{\overline{T'^2}}{\overline{T}^2} - \cdots\right)^{-1}$$

将上式乘以 w' 后替换 $\overline{w'\rho'_d}$ 变为

$$\overline{w} = \mu\frac{\overline{w'\rho'_v}}{\rho_d} + (1+\mu\sigma)\left(\frac{\overline{w'T'}}{\overline{T}} - \frac{\overline{w'T'^2}}{\overline{T}^2} - \frac{\overline{w'T'^3}}{\overline{T}^3} - \cdots\right)\left(1 + \frac{\overline{T'^2}}{\overline{T}^2} - \frac{\overline{T'^3}}{\overline{T}^3} + \cdots\right)^{-1}$$

这里 $\mu = M_d/M_v$ 为干空气与水汽分子量的比值,$\sigma = \dfrac{\overline{\rho_v}}{\rho_d}$ 为水汽密度与干空气密度的比值。

实际上 $\left(\dfrac{T'}{\overline{T}}\right)$ 在数量上往往小于 10^{-2},因此我们通常都忽略 $\left(\dfrac{T'}{\overline{T}}\right)^2$ 级数项。因此有

$$\overline{w} = \mu\frac{\overline{w'\rho'_v}}{\rho_d} + (1+\mu\sigma)\frac{\overline{w'T'}}{\overline{T}} \qquad (4.81)$$

涡度相关法计算 CO_2 通量的方程式是:$F_c = \overline{w\rho_c} = \overline{w'\rho'_c} + \overline{w}\,\overline{\rho_c}$,用方程(4.81)替换该方程中的 $\overline{w}$ 后可以得到

$$F_c = \overline{w'\rho'_c} + \mu\frac{\overline{\rho_c}}{\rho_d}\overline{w'\rho'_v} + (1+\mu\sigma)\frac{\overline{\rho_c}}{\overline{T}}\overline{w'T'}$$

类似地,对水汽通量有

$$E = (1+\mu\sigma)\left(\overline{w'\rho'_v} + \frac{\overline{\rho_v}}{\overline{T}}\overline{w'T'}\right)$$

这样就以协方差的形式给出了 CO_2 和水汽通量表达式,并校正了感热和潜热通量对 CO_2 和水汽通量的影响。

④频率响应校正

在涡度相关的通量计算中,湍流通量观测在低频端受平均周期和(或)高通滤波的影响,而在高频端又会受仪器响应特性的影响,所以通量观测需要对这些影响进行校正。对于通量的高通滤波效应来说,标量湍流通量是有限平均时间内垂直风速脉动和标量浓度乘积的平均,脉动值主要通过上述的时间平均、线性趋势去除或滑动平均运算获得。不同平均运算处理的转换函数通常会降低低频(协方差)的变异性。低通滤波效应主要来源于通量观测系统不能分辨小尺度的湍流脉动,因此导致测定的湍流通量偏低。通常导致高频脉动削弱的仪器效应包括超声风速计与红外气体分析仪(IRGA)传感器响应能力方面的不匹配、标量传感器路径平均以及传感器的分离等[22],对于闭路系统来说还包括取样管内浓度高频脉动衰减作用。在实践中,校正通量衰减量可以利用下式进行计算:

$$CF = \frac{\int_0^\infty Co_{us}(f)\mathrm{d}f}{\int_0^\infty TF_{HF}(f)TF_{LF}(f)Co_{us}(f)\mathrm{d}f}$$

式中 Co_{us} 为 CO_2 浓度和垂直风速的理论协谱,f 为频率,TF_{LF} 和 TF_{HF} 分别为低通和高通转移函数,转移函数为上述量化各种效应的数学表达式的乘积形式。

目前,Campbell(坎贝尔)公司开发出集成了开路式二氧化碳(水汽)分析仪和三维超声风速仪一体化的产品 IRGASON,目的是保证脉动量测定的时空同步性,降低观测误差。

(4)缺失数据的插补

基于涡度相关技术的观测数据通常按半小时的步长采集一天 24 h,一年 365 d 的通量数据,但往往因系统故障或外界干扰,年平均数据量只有 65%[23],因此需要建立一套完整的数据插补技术来形成完整的数据集。目前,在通量观测界较常用的三种数据插补方法有平均昼夜变化、半经验法及人工神经网络等。

参考文献

[1] 翁笃鸣,陈万隆,沈觉成,等. 小气候和农田小气候. 北京:农业出版社,1981.

[2] Arya S P. Introduction to Micrometeorology. 2nd ed. San Diego:Academic Press,2001.

[3] Kaimal J C,Finnigan J J. Atmospheric Boundary Layer Flows: Their Structure and Measurement. New York:Oxford University Press,1994.

[4] Businger J A,Wyngaard J C,Izumi Y,*et al*. Flux-profile relationships in the atmospheric surface layer. *J. Atm. Sci.* ,1971,**28**:181-189.

[5] 王介民. 近地层辐射及湍流通量的估算. 高原气象,1987,**6**(1):9-19.

[6] Kazansky A B, Monin A S. Turbulence in the inversion layer near the surface. Izv. Acad. Nauk. SSSR Ser. *Geophys*, 1956, **1**: 79-86.

[7] Ellison T H. Turbulent transfer of heat and momentum from an infinite rough plate. *J. Fluid Mech.*, 1957, **2**: 456-466.

[8] Yamamoto G. Theory of turbulent transfer in non-neutral conditions. *J. Meteorol. Soc. Japan*, 1959, **37**(2): 60-70.

[9] Panofsky H A. An alternative derivation of the diabatic wind profile. *Quart. J. Roy. Meteorol. Soc.*, 1961, **87**: 109-110.

[10] Sellers W D. Simplified derivation of the diabatic wind profile. *J. Atmos. Sci.*, 1962, **19**(2): 180-181.

[11] Monteith J L. Principle of environmental physics. London: Edward Arnold, 1973.

[12] Brown K W, Rosenberg N J. A resistance model to predict evapotranspiration and its application to a sugar beet field. *Agron J.*, 1973, **68**: 635-641.

[13] Hatfield J L, Perrier A, Jackson R D. Estimation of evapotranspiration of one time of day using remotely sensed surface temperatures. *Agric Water Manage.*, 1983, **7**: 341-350.

[14] 谢贤群. 一个改进的计算麦田总蒸发量的能量平衡-空气动力学阻抗模式. 气象学报, 1988, **46**(1): 102-106.

[15] 陈镜明. 现用遥感蒸散模式中的一个重要缺点及改进. 科学通报, 1988, **6**: 454-457.

[16] Lee X, Massman W J, Law B. Handbook of Micrometeorology: A Guide for Surface Flux Measurement and Analysis. Kluwer, Dordrecht, 2004.

[17] Kaimal J C, Finnigan J J. Atmospheric boundary layer flows: Their structure and measurement. New York: Oxford University Press, 1994.

[18] Tanner C B, Thurtell G W. Anemoclinometer measurements of Reynolds stress and heat transport in the atmospheric surface layer. ECOM 66-G22-F, ECOM, United States Army Electronics Command, Research and Developement. 1969.

[19] Wilczak J M, Oncley S P, Stage S A. Sonic anemometer tilt correction algorithms. *Boundary-Layer Meteorol.*, 2001, **99**: 127-150.

[20] Paw U K T, Baldocchi D, Meyers T P, *et al*. Correction of eddy covariance measurements incorporating both advective effects and density fluxes. *Boundary-Layer Meteorol.*, 2000, **97**: 487-511.

[21] Webb E K, Pearman G I, Leuning R. Correction of the flux measurements for density effects due to heat and water vapour transfer. *Quart. J. Roy. Meteorol. Soc.*, 1980. **106**: 85-100.

[22] Moore C J. Frequency response corrections for eddy correlation systems. *Boundary-Layer Meteorol.*, 1986, **37**: 17-35.

[23] Falge E, Baldocchi D, Olson R, *et al*. Gap filling strategies for long term energy flux data sets. *Agric Forest Meteorol*, 2001, **107**: 71-77.

第 5 章

气象要素在近地气层中的分布

在近地气层中,由于地表面的直接影响,以及湍流输送的结果,致使气象要素在时间、空间上的变化很大,了解气象要素在近地层中的分布,对于掌握各种小气候特征和解决生产实践中的问题具有重要的意义。本章以第 4 章介绍的近地层湍流原理为基础,进一步阐明近地层中气象要素如气温、空气湿度和风等的分布状况。

5.1 气温在近地层中的分布

5.1.1 气温的铅直分布

近地气层中空气温度的变化,主要决定于下垫面辐射状况和湍流运动的变化。白天,地面接收太阳辐射增温,然后通过湍流运动将热量输送给近地气层,使得整个地气层气温自下而上很快升高。夜间,地面辐射冷却,热量反过来由近地层输给地面。因此,近地气层的温度分布具有以日为周期的变化。就其铅直分布的类型来说,与土温一样,也可分成四类型:日射型、辐射型、早上过渡型、傍晚过渡型。在典型晴天条件下,可以很容易观测到这四种分布类型。图 5-1 为典型晴天时的各种气温铅直分布

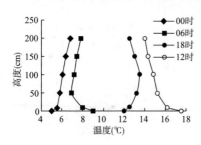

图 5-1　不同时刻气温的铅直分布

类型,分述如下:

1.日射型

图 5-1 中 12 时的分布曲线,这是白天气温铅直分布的典型形式。白天,地面净辐射为正,因吸收太阳辐射而加热,地面温度急剧上升,地面为热源,其热量通过湍流作用不断地向近地层中输送,所以近地层气温的铅直分布是由地面向上迅速递减的,这是气温铅直分布的一种最基本的类型。

2.辐射型

夜间,由于地面辐射冷却的结果,不断降温,为补偿地面损失的热量,大气通过湍流热通量向下补充热量,近地面空气由下而上逐渐降温,气温由下而上递增,热量将由近地层输向地面。这是第二种基本分布型,称作辐射型,如图 5-1 中 00 时的分布曲线所示。

3.傍晚过渡型

这是介于日射型和辐射型之间的过渡型。傍晚,随着太阳高度不断变小,地面净辐射很快下降,下垫面迅速冷却,于是紧贴地面的气温也随之下降,形成逆温,但是在上层还保持日间增温的形式。此时,温度分布是下层已进入辐射型,上层仍为日射型的温度铅直分布。图 5-1 中 18 时曲线属于这一型。

4.早上过渡型

早上日出之后,地面净辐射很快由负转为正,地面开始迅速增温,破坏近地层的逆温分布使底层逆温不断消失。这个破坏过程逐渐地由低层到上层,在这整个过程中,温度分布都是呈过渡形式,即低层是日射型,上层是辐射型,与傍晚过渡型正好反过来。图 5-1 中 06 时曲线属于这一类型。

关于气温的铅直分布(廓线),大致上可有对数模式、幂指数模式、对数—线性模式和对数—非线性模式等,分别为:

对数模式

$$T = T_1 + (T_2 - T_1) \frac{\ln z - \ln z_1}{\ln z_2 - \ln z_1} \tag{5.1}$$

幂指数模式

$$T = T_1 + (T_2 - T_1) \frac{z^{\epsilon} - z_1^{\epsilon}}{z_2^{\epsilon} - z_1^{\epsilon}} \tag{5.2}$$

对数—线性模式为

$$T = T_1 + (T_2 - T_1) \frac{(\ln z - \ln z_1) + \frac{\beta}{L}(z - z_1)}{(\ln z_2 - \ln z_1) + \frac{\beta}{L}(z_2 - z_1)} \tag{5.3}$$

式中符号意义均同第 4 章说明。另外,根据不稳定层结条件下的普适函数表达式,可导出对数－非线性模式。这些模式虽表示形式不同,但说明的问题是一样的,即日间总是描述日射型的气温分布,夜间描述辐射型的气温分布。特别是在接近中性层结和高度比较低的情况下,以上几种模式彼此是十分接近的。所以,实际上在小气候工作中,通常都认为近地层中铅直分布与对数率是大致符合的。国内许多野外考查资料证实了这一点。另外,根据国外考查资料,认为在近地面 8～25 m 内的温度廓线都可用对数率表示。虽然,该模式通常只有在温度铅直温度少变时,才比较符合。对于层结发生急剧变化的过渡时刻,如早晚过渡时刻,即便在最贴近地面的一层中也不可能符合上述几种模式。一般地说,过渡型的温度铅直分布的持续时间,在湿润地区,由于地面增温或冷却过程都比较缓慢,所以较长,而在干燥地方就短得多。

根据第 4 章的讨论,几种基本的无量纲温度梯度可以表示成

$$\frac{\kappa z}{T_*}\frac{\partial T}{\partial z} = \varphi_H = \begin{cases} 1 & (|L| \to \infty) \\ \dfrac{\kappa}{A}z^{\epsilon} & (|\epsilon| < 1) \\ 1 + \beta\dfrac{z}{L} & \left(\dfrac{z}{L} \geqslant 0\right) \\ \alpha\left(1 - \gamma_h\dfrac{z}{L}\right)^{-\frac{1}{2}} & \left(\dfrac{z}{L} \leqslant 0\right) \end{cases} \tag{5.4}$$

式中系数 α、β 和 γ_h 据不同的作者有不同的数值。

气温的垂直递减率可表示为 $\gamma = -\dfrac{\partial T}{\partial z}$,由上式可得

$$\gamma = -\frac{\partial T}{\partial z} = -\frac{T_*}{z}\varphi_H \tag{5.5}$$

由此可知,近地层中气温垂直递减率与高度、大气层结、感热以及摩擦速度等因素有关。在高度很低的气层中,忽略大气层结的影响,气温铅直递减率随高度按双曲线降低,并随地面风速切变增大而减小,且其绝对值随感热通量的绝对值增大而增大。对同一高度来说,稳定或不稳定越大,温度梯度就越大。

因为:$H = R_n - LE - Q_{SF}$,$H = -\rho c_p K_H\dfrac{\partial T}{\partial z}$,可推得:$\gamma = \dfrac{R_n - LE - Q_{SF}}{\rho c_p K_{z=1}} \times \dfrac{1}{z}$,由此可知,地面所吸收的净辐射越多,$\gamma$ 就越大;地面越潮湿,蒸发潜热大,γ 就越小;地面越干燥,蒸发潜热小,γ 就越大。土壤热通量越大,γ 就越小。z 越小,γ 急剧增大,在紧贴地面很小的薄层中,气温铅直梯度会非常之大。

5.1.2 气温日变化

到达活动面上的太阳辐射强度的变化,是引起近地层(实际是整个大气边界层)和土壤活动层内温度日变化的根本原因。温度和它的梯度一旦发生变化,就要引起各层之间湍流交换速度的变化并,因而引起风廓线和温度廓线的变化。气温的日变

化的基本特征与土温相似,也可近似地以正弦或余弦曲线来描述,这是由于地面净辐射具有类似日变化特征的缘故。

研究气温日变化的问题,可归结为求解土壤—大气两层介质的热传导方程。我们仅讨论最简单的情况,即假设湍流系数既与时间无关,也与高度无关,土壤导温系数也假定为一常数,而传给活动面的辐射量具有周期性的变化。例如,地面净辐射可表示成一个三角函数的形式。同时我们假定下垫面没有蒸发。

于是,土壤—大气两层介质的热传导方程可写作:

对于大气,有

$$\frac{\partial T}{\partial t} = \frac{\partial}{\partial z}\left(K_H \frac{\partial T}{\partial z}\right) + \frac{R}{\rho c_p} \quad (z \geqslant 0) \tag{5.6}$$

对于土壤,有

$$\frac{\partial T}{\partial t} = K_S \frac{\partial^2 T}{\partial \zeta^2} \quad (\zeta \geqslant 0) \tag{5.7}$$

式中 $R/\rho c_p$ 表示由辐射流入量引起的温度变化率,K_S 表示土壤导温系数,ζ 代表由地面指向土中的铅直坐标。

上述方程组的边界条件是:

1)在地面上应满足热量平衡方程,即

$$-\rho c_p K_H \frac{\partial T}{\partial z} - \rho_s c_s K_S \frac{\partial T}{\partial \zeta} = R_{n0} + R_{n1}\cos\omega t \mid_{z=\zeta=0} \tag{5.8}$$

以及温度的连续条件

$$T\mid_{z=0} = T\mid_{\zeta=0} \tag{5.9}$$

2)在远离活动面处,温度日变化逐渐衰减,而趋近于已知的日平均值,即有

$$T\mid_{z\to\infty} = T_a, \quad T\mid_{\zeta\to\infty} = T_s \tag{5.10}$$

这里 $\rho_s C_s$ 表示土壤的容积热容,R_{n0} 和 R_{n1} 分别表示净辐射的日平均值和日变化的振幅,ω 表示净辐射日变化的角频率(在这里它等于地球自转角速度)。

现在的问题可转化为决定不同时刻各高度和深度的温度对其日平均值的离差 θ 和 τ。由于 $R/\rho c_p$ 是一项小量,当我们研究温度距平日变化时,它自然就不出现在方程中。我们令

$$\theta(t,z) = T(t,z) - \overline{T(z)}$$
$$\tau(t,\zeta) = T(t,\zeta) - \overline{T(\zeta)} \tag{5.11}$$

根据(5.6)式和(5.7)式,可得到决定 θ 和 τ 的热传导方程分别为

$$\frac{\partial \theta}{\partial t} = K_H \frac{\partial^2 \theta}{\partial z^2} \quad (z \geqslant 0) \tag{5.12}$$

$$\frac{\partial \tau}{\partial t} = K_S \frac{\partial^2 \tau}{\partial \zeta^2} \quad (\zeta \geqslant 0) \tag{5.13}$$

相应的边界条件变成

$$-\rho c_p K_H \frac{\partial \theta}{\partial z} - \rho_s c_s K_S \frac{\partial \tau}{\partial \zeta} = R_{n1}\cos\omega t \bigg|_{z=\zeta=0} \tag{5.14}$$

$$\theta\big|_{z=0} = \tau\big|_{\zeta=0},\ \theta\big|_{z\to\infty} = 0,\ \tau\big|_{\zeta\to\infty} = 0 \tag{5.15}$$

由于解具有周期性特点,故可把 $\theta(t,z)$ 和 $\tau(t,z)$ 的解分别写成

$$\theta = A_1 e^{i\omega t + \beta_1 z} + A_2 e^{-i\omega t + \beta_2 z} \tag{5.16}$$

$$\tau = A_3 e^{i\omega t + \beta_3 \zeta} + A_4 e^{-i\omega t + \beta_4 \zeta} \tag{5.17}$$

式中待定系数 β_j 和 $A_j (j = 1,2,3,4)$ 是通过上述边界条件和解的有限条件来确定的。经过一些推导,最终可得到温度距平日变化的解为

$$\theta(t,z) = \frac{R_{n1} e^{-\sqrt{\frac{\omega}{2K_H}}z} \sin\left(\omega t - \sqrt{\frac{\omega}{2K_H}}z + \frac{\pi}{4}\right)}{\sqrt{\omega}(\sqrt{K_H}\rho c_p + \sqrt{K_S}\rho_s c_s)} \tag{5.18}$$

$$\tau(t,\zeta) = \frac{R_{n1} e^{-\sqrt{\frac{\omega}{2K_S}}\zeta} \sin\left(\omega t - \sqrt{\frac{\omega}{2K_S}}\zeta + \frac{\pi}{4}\right)}{\sqrt{\omega}(\sqrt{K_H}\rho c_p + \sqrt{K_S}\rho_s c_s)} \tag{5.19}$$

由上述解看出,气温距平日变化的特征与土温距平的特征相似,都可以近似地用正弦曲线来描述,温度出现的位相比净辐射最大值出现的位相落后 $\pi/4$ 弧度(相当于 3 h)。温度日振幅与净辐射日振幅成正比,并在地面达到最大,其值为

$$A_{max} = \frac{R_{n1}}{\sqrt{\omega}(\sqrt{K_H}\rho c_p + \sqrt{K_S}\rho_s c_s)} \tag{5.20}$$

气温日振幅随离地高度的增加呈指数律递减,位相落后呈线性增加。土温日振幅的变化也是相似的,所不同的是土壤中热量的交换靠分子传导过程完成,因此地面温度变化影响的深度有限。而对于空气层,地面温度变化通过湍流作用影响的温度就大得多,远远超出近地层的高度。

由(5.20)式可以看出,温度振幅随着介质的容积热容增大而减少,并随着大气湍流系数和土壤导温系数的增大而减小。因此,在其他条件相同的情况下,容积热容或湍流系数大的地方的气温日振幅要比容积热容或湍流系数小的地方要小些。

上述分析解虽然过于粗略,但它却能定性的描述近地层气温变化的基本特征。图 5-2 就是一个观测实例。

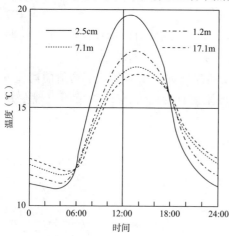

图 5-2 8 月份各高度气温日变化[1]

气温日较差随高度递减很迅速。根据大量观测资料,可以认为它大致符合对数或指数关系。例如,在苏联马赫塔林的考察(图 5-3)表明,在 25 m 高度以下气温日较差随高度的变化比较符合对数率。

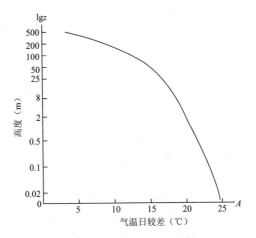

图 5-3　气温日较差 A 随高度 z 的变化[1]

气温日较差除随高度有明显减小外,它的变化还与下垫面湿润状况、云量云状以及风状况等有关。一般地说,湿润下垫面上的气温日较差要比干燥地段小得多;阴雨天气日较差要比晴天小得多;风速的加强也可使日较差减小。表 5-1 给出苏联伊尔库茨克站晴天和阴天的气温日较差。由表可见,该站阴天气温日较差仅为晴天的 1/2～1/5。

表 5-1　晴天和阴天的气温平均日较差[2]　　　　　　　　　　　单位:℃

天气型	1	2	3	4	5	6
晴天	11.9	14.2	18.1	15.4	17.8	20.0
阴天	3.2	6.1	8.0	5.5	4.5	5.6
7	8	9	10	11	12	平均
19.4	18.7	18.9	15.0	11.0	9.0	15.8
4.4	4.5	3.2	3.6	3.5	2.8	4.6

气温日变化的位相随高度增加也有所落后,但要比土中的小。根据萨顿(O. G. Sutton)的观测资料,南英格兰波吞 1932 年 3 月各高度最高气温的出现时刻,从 2.5 cm 到 17.1 m 的气层内,可相差一个半小时。

最低气温出现的时刻,在北半球高纬度地区的温暖季节内,一般出现在日出之后十几分钟至半小时,而且纬度愈高,落后于日出时间愈多,阴天比晴天更加落后,这与此时净辐射由负值通过零的时间有关。冬季,在纬度较高的地区,最低温度往往出现在日出之前。这是因为,地面温度较低,有效辐射较小,天空散射辐射量在日出前可超过有效辐射的大小,即在日出前净辐射就可以由负值转为正值。只有当地面净辐射由负值通过零之后,地面才开始增温,然后才有可能把热量输送给近地层空气,并使之温度升高。

气温梯度也具有明显的日变化,夜间为逆温,日间为超绝热梯度。卡络奇(K. Knoch)曾对波茨坦气象台 2 m 与 34 m 高度处气温差的日变化和年变化做过分析,得到图 5-4。图中负值表示温度随高度减小,正值则表示逆温,两条粗线表示等温条件,两条虚线表示日出和日落的时间。该图清楚表明,在日变化中,正午和午夜的铅直气温差最大,零值(梯度)大约出现在日出后 2 h 和日落前 1~2 h。在年变化中,夏季铅直气温差最大,冬季最小,零值(梯度)线几乎与日出和日没等值线相平行,其出现时间相当于太阳高度角 10°~15°。这一特点还可用图 5-5 来证实。一般地说,在苏联 55°N 地区,逆温破坏和形成时间大体上与太阳高度角 10°~15°相适应。但在个别日子里,由于云和下垫面湿润状况显著改变的影响,可发生提前或落后的现象。

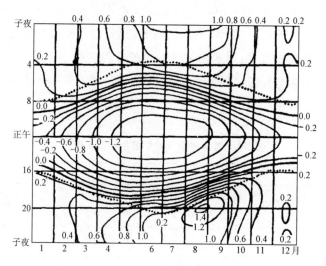

图 5-4　波茨坦 2 m 与 34 m 高度处的 10 年平均气温差(℃)

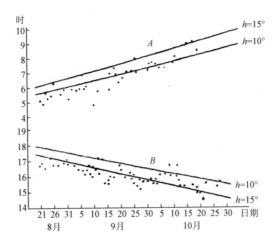

图 5-5　8—10 月 20～50 cm 气层中逆温破坏(A)和形成(B)时刻
与太阳高度角的关系[1]

5.1.3　气温的脉动

在近地层中,由于湍流运动的结果,任一高度上的空气温度都具有脉动的特点。
图 5-6 为位于日本东京郊外东北方气象塔上用三维超声风速—温度仪测量的例子。

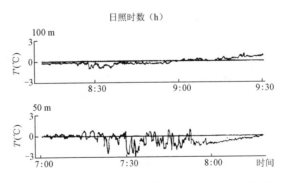

图 5-6　强湍流期间的气温脉动(1983 年 10 月 31 日)

由图 5-6 可见,在 7:30—7:32 内,50m 高处的气温变幅达到 3.2 ℃。M. H. 戈
尔茨曼在塔什干用白金电阻温度表每 5 s 进行一次读数,总共在 2.5 min 内,在 5 cm
高度上测得温度最大变幅为 7.1 ℃,可见近地层中温度脉动是很大的,而且愈近地
面,气温脉动愈大。O. G. Sutton 提出温度脉动随高度递减的经验关系为 $T' = cz^{-0.4}$,式中 T' 表示温度脉动,c 为与大气稳定度有关的经验系数。

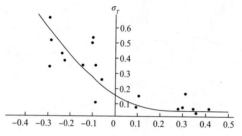

图 5-7　气温均方差与稳定度参数 ε 的关系

气温脉动与大气层结关系密切,层结愈不稳定,湍流变换愈强,气温脉动也就愈大。反之,层结愈稳定,湍流交换愈小,气温脉动也就愈小。图 5-7 清楚地反映了这一特点,图中 σ_T 为气温均方差,ε 表示拉依哈特曼稳定度参数。

温盖德(J. C. Wyngaard)和柯特(O. R. Cote)根据堪萨斯的实验结果(图5-8)求得在不稳定层结下气温均方差 σ_T 与稳定度参数 z/L 的关系为

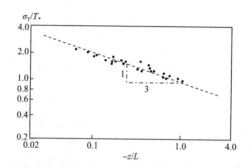

图 5-8　不稳定层结下无因次温度脉动与 $-z/L$ 的关系

$$-\frac{\sigma_T}{T_*} \approx 0.95\left(-\frac{z}{L}\right)^{-\frac{1}{3}} \tag{5.21}$$

但在接近临界理查森数时,由于感热通量和动量通量都很小,所以在稳定条件下要得到无因次温度脉动 σ_T/T_* 与稳定参数 z/L 的可靠关系是很困难的。

温度脉动也有日变化,其日变化曲线大体上与湍流系数的日变化相似,也是中午前后最大,夜间最小(图 5-9)。

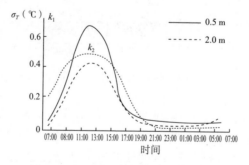

图 5-9　气温脉动均方差 σ_T 的日变化

5.2 近地层中空气湿度的分布

由于在近地层中水汽的输送过程与热量的输送过程类似,都是通过湍流交换的形式进行的。因此,我们完全可以用类似的方法讨论近地层中湿度的分布规律。

5.2.1 空气湿度的铅直分布

在没有水汽平流情况下,近地层中的水汽主要靠下垫面蒸发提供,并通过湍流输送到大气。由于高度愈高,随着离开水汽源地愈远,可得到的蒸发的水汽愈少。白天随着湍流混合作用的加剧,将会促使不同气层内的温度变化变得均匀些,从而引起下层的绝对湿度减小和边界上部的绝对湿度的增大。图 5-10 给出这种变化过程的例子。

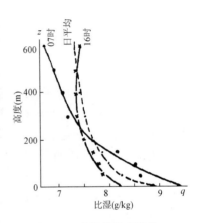

图 5-10   比湿的铅直廓线

根据相似理论,比湿梯度可以表示成

$$\frac{\partial q}{\partial z} = \frac{q_*}{z} \varphi_w \left(\frac{z}{L} \right)$$

在目前实验条件下,一般认为水汽普适函数与热量普适函数近似相等。由特征比湿的表达式可知,空气比湿铅直梯度与下垫面蒸发量成正比,而与高度和地面风速切变成反比,并与大气层结有关。

另外,T. A. 奥格涅娃根据奇姆良水库和卡拉萨维湖的观测资料,提出水面上比湿铅直分布的经验公式为

$$q = q_0 + (q_1 - q_0) \left(\frac{z}{z_1} \right)^{\frac{1}{n}} \tag{5.22}$$

式中 q_0 和 q_1 分别表示水面和水面上 1 m 高度处的比湿, z_1 表示 1 m 高度, n 为与大气层有关的参数,并且经验上得到

$$n = 11.5 + 5.1 \frac{\Delta T}{u_1^2}$$

其中 ΔT 表示水面与 2 m 高度上的温度差, u_1 表示水面 1 m 高度处的风速(m/s)。

在微气象工作中,由于考虑的高度不高,所以应用对数模式就能相当精确地表示出比湿(或绝对湿度)的铅直分布特征。图 5-11 就是一个例子。由图可以看出,在贴

地层内空气水汽压的实际铅直分布与对数模式是非常一致的。

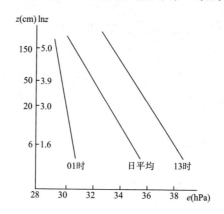

图 5-11 贴地层内水汽压的铅直分布[1]

空气相对湿度的变化既与湿度变化有关,也受气温变化的影响。一般在没有湿度平流的影响下,气温变化相对湿度的影响总大于绝对湿度相应的影响。因此在近地层中,空气相对湿度的时间变化一般与气温的时间变化趋势相反。这一点对于我们理解空气相对湿度的铅直分布和口变化特征是十分重要的。

在近地层中,相对湿度的铅直分布可以理解为湿型和干型两种基本形式。

湿型:相对湿度由地面向上递减,称为湿型分布。这种分布通常出现在夜里。因为此时有逆温存在,近地面的气温比上层温度低,所以下层的相对湿度比上层的高,如图 5-12 中的日落后和日出前的曲线。

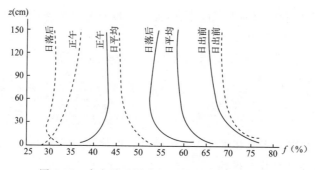

图 5-12 南京贴地层内相对湿度的铅直分布[2]

干型:与湿型正好相反,相对湿度右下向上传递,称为干型分布。这种分布出现在日间,如图 5-12 中正午时刻的曲线。

在比较湿润地区的暖季,在一昼夜中相对湿度干、湿型交替出现是很明显的。只有在比较特殊的条件下,如在低温或高湿的地区或季节,全天都可以出现湿型分布。

反之,在干燥炎热地区或季节,也可能全天出现干型分布。此时,夜里干型主要是因为土壤吸湿的结果。

5.2.2 空气湿度的日变化和脉动

空气绝对湿度的日变化,主要取决于地面湿润状况和湍流交换条件。绝对湿度日变化按其形状可分为单峰型或双峰型两种。一般地说,单峰型发生在土壤充分湿润的地区,而双峰型则出项在干燥土壤表面之上。

图 5-13 可作为湿润土壤表面上单峰型绝对湿度日变化的例子。在这里,白天蒸发增加很快,而大量的蒸发耗热不利于不稳定层结的形成,因此湍流混合强度增加得较小。这样贴地层空气比湿就能保持随地面蒸发强度变化而变化的简单形式,即在白天(午后)出现最大值,夜间出现最小值。

双峰型绝对湿度日变化一般出现在中纬度地区。例如,陕西绥德(图 5-14)第一个最大值在上午 9 时(地方时)左右出现。此时湍流交换尚未达到强度的程度,而地面蒸发(虽然不大)使近地层有较多的水汽积累。此后,地面因上层土壤湿度减小,蒸发有所减弱,又加之湍流增强,使近地层积累的水汽向上层从分扩散,于是可在午后出现次低值。到了日没前后,湍流运动已经减弱,地面蒸发如同上午(9 时左右)一样,虽然不大,仍使水汽在近地层中积累,形成次高。夜间,由于蒸发完全停止(或产生凝结),气温不断下降,所以近地层内的绝对湿度就一直减小,并且逆温破坏之际前达到最低值。该地区的比湿也有类似的日变化。

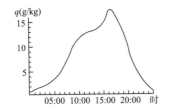

图 5-13 0.25 m 高度上的比湿日变化

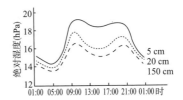

图 5-14 绝对湿度的日变化[1]

以上讨论的是绝对湿度的一般日变化规律。但在许多情况下,由于天空条件(云、太阳视面状况)以及湍流条件的遽然改变,还可出现三峰型,甚至多峰型的无规律的日变化。

相对湿度的日变化一般比较简单。它大致上与气温日变化曲线形式相反。从它的时间—高度变化特征来判断,可区分成正常型、湿型和干型等三种基本日变化型。

正常型:白天的相对湿度铅直分布为干型(随高度递增),夜间转为湿型(随高度递减),如图 5-15 所示。

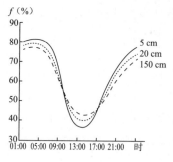

图 5-15 正常型相对湿度的日变化

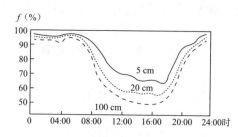

图 5-16 湿型相对湿度的日变化

湿型:在一昼夜中,相对湿度铅直分布均为湿型,如图 5-16 所示。这种情况通常发生在低温或高湿的气候区。

干型:在一昼夜中,相对湿度铅直分布均为干型。图 5-17 可作为干型日变化的例子。它通常出现在干旱气候条件下或高温低湿的季节内。

绝对湿度的梯度也有日变化,而且在不同高度上它的日变化形式也颇不一样。由图 5-18 看出,5 cm 与 20 cm 高度上绝对湿度差值的日变化呈单峰型,而 20 cm 与 150 cm 高度上绝对湿度差值的日变化却为双峰型,且两个最大值和最小值出现的时间几乎与绝对湿度本身极值出现的时间一致。由图还可看出,贴近的面气层的绝对湿度梯度及其日振幅要比上层相应的大得多。譬如,5 cm 与 20 cm 气层最大绝对湿度梯度可达到 20 hPa/m,而 20 cm 与 150 cm 气层的最大绝对湿度梯度仅有 0.8 hPa/m。

在太阳辐射、地面蒸发和湍流运动等因素影响下,绝对湿度梯度的季节变化特征是,一般在白天是夏季最大,冬季最小,而在夜间其季节变化就很不明显了。

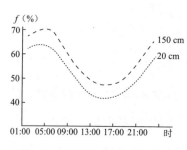

图 5-17 干型相对湿度的日变化

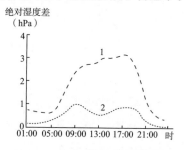

图 5-18 绝对湿度差值的日变化

相对湿度梯度也具有日变化和年变化。图 5-19 表示正常型相对湿度梯度(差值)日变化和年变化的例子。图中等值线表示 2 m 与 34 m 高度上的相对湿度的差值,正值代表湿型,负值表示干型;虚线代表日出和日落的时刻。由图可见,就相对湿度差值的日变化而言,各季干型与湿型的交替出现都很明显,并且在一昼夜中以湿型持续时间为最长;从季节变化来看,湿型最大差值出现在 8、9 月间的子夜前,达 9%,

其最长持续时间发生在 12 月份,约 21 h。而干型最大差值出现在 4 月份正午前后,
可达 -2%,干型最长持续时间发生在 4-5 月间,长达 8~9 h。

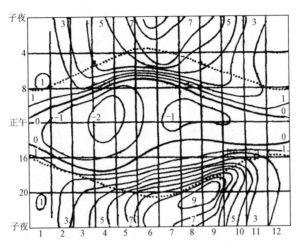

图 5-19　2 m 和 34 m 高度上的相对湿度差(%)

　　湿度同其他气象要素一样,由于湍流作用而产生脉动。图 5-20 为比湿和垂直速
度的脉动的例子。由图可见,比湿脉动大致与垂直速度脉动呈负相关关系。不过对
人的直观感觉来说,人们对湿度脉动的感觉很不敏感,不像对风的脉动很容易察觉。

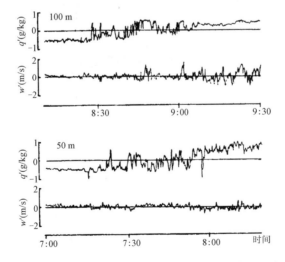

图 5-20　强湍流期间比湿和垂直速度的脉动(1983 年 10 月 31 日)

　　测量资料表明,在中性层结时无因次比湿脉动与无因次温度脉动具有相同的值,

当 Z/L 的绝对值 $\leqslant 0.1$ 时,其平均值在 1.6 和 2.5 之间,且离散程度较大;无因次比湿脉动随着不稳定度的增加而减少。

5.3 近地层中的风状况

了解近地层中的风状况是相当重要的。例如,在建筑设计中要确定楼房、烟囱能够承受的风压;要确定大气污染物的扩散方向、扩散速率以及控制污染物的措施等需了解近地层风速的分布规律;由于能源的紧张,国家在大力发展风力发电,那么要确定合适的风机安装地点和高度,需要了解近地层风速随时间和高度的变化。

5.3.1 风速的铅直分布

在近地层中,无因次风速梯度(普适函数)具有以下几种基本形式:

$$\frac{\kappa z}{u_*}\frac{\partial u}{\partial z} = \varphi_M = \begin{cases} 1 & (|L| \to \infty) \\ \dfrac{\kappa}{A}z^{\varepsilon} & (|\varepsilon| < 1) \\ 1 + \beta\dfrac{z}{L} & \left(\dfrac{z}{L} \geqslant 0\right) \\ \left(1 - \gamma_m\dfrac{z}{L}\right)^{-\frac{1}{4}} & \left(\dfrac{z}{L} \leqslant 0\right) \end{cases} \tag{5.23}$$

由此,可求得近地层中平均风速铅直分布的四种廓线方程分别为

对数模式

$$u = u_1 + (u_2 - u_1)\frac{\ln z - \ln z_1}{\ln z_2 - \ln z_1} \tag{5.24}$$

幂数模式

$$u = u_1 + (u_2 - u_1)\frac{z^{\varepsilon} - z_1^{\varepsilon}}{z_2^{\varepsilon} - z_1^{\varepsilon}} \tag{5.25}$$

对数-线性模式

$$u = u_1 + (u_2 - u_1)\frac{(\ln z - \ln z_1) + \dfrac{\beta}{L}(z - z_1)}{(\ln z_2 - \ln z_1) + \dfrac{\beta}{L}(z_2 - z_1)} \tag{5.26}$$

对数-非线性模式

$$u = \frac{u_*}{\kappa}\left(\ln\frac{z}{z_0} - \psi_1\right) \tag{5.27}$$

式中

$$\psi_1 = 2\ln\frac{(1+x)}{2} + \ln\frac{(1+x^2)}{2} + \frac{\pi}{2} - 2\mathrm{tg}^{-1}x$$

$$x = \left(1 - \gamma_m \frac{z}{L}\right)^{\frac{1}{4}} \qquad \left(\frac{z}{L}\right) \leqslant 0$$

这里 γ_m 为经验系数,不同学者所得到的数值也有所差异。

另外还有两种指数模式。一种是奇里京克维奇—查里柯夫指数模式:

$$u = u_1 + (u_2 - u_1)\frac{\left(-\dfrac{z}{L}\right)^{-\frac{1}{3}} - \left(-\dfrac{z_1}{L}\right)^{-\frac{1}{3}}}{\left(-\dfrac{z_2}{L}\right)^{-\frac{1}{3}} - \left(-\dfrac{z_1}{L}\right)^{-\frac{1}{3}}} \quad \left(\frac{z}{L} \leqslant -0.15\right) \qquad (5.28)$$

另一种是简单的指数模式,即

$$u = u_1\left(\frac{z}{z_1}\right)^p \tag{5.29}$$

式中 p 表示层结的参数($p>0$),其余符号同前。

以上六种风速铅直分布模式是作者们根据不同的资料和对湍流运动的不同假设所得的结果。它们的共同点是都考虑了由于高度的增加,粗糙表面的影响减弱,风速将显著增大。有了风速廓线方程,就可以根据地面气象站的风速资料推算近地层以及边界下层任一高度的风速,所以在实用上意义很大。现在根据多数实测结果来看,认为对于较高的一层(譬如说 100 m 以上),比较符合简单的指数律,即(5.29)式。至于在紧贴地面的薄层中,由于高度很小(譬如说 3 m 以下),层结作用很弱,利用对数律就可以了,但高度稍高(如在 3 m 以上)风速廓线就偏离了对数律(图 5-21)。由此可见,在近地层中,除近中性层结条件或高度很低以外,若用对数律描述风速的铅直分布不过是近似处理罢了。通常在实际微气象工作中,可根据具体问题选择模式,即根据(5.25)~(5.28)式来拟合风速廓线或推算风速的铅直分布。

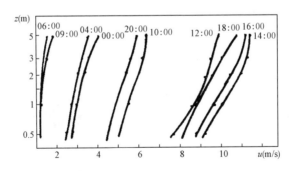

图 5-21 双湖风速铅直分布(1979 年 6 月 3 日)[1]

在研究近地层中风速的铅直分布时,必须考虑下垫面粗糙度 Z_0 的影响。所谓粗糙度是指平均风速为零的高度。它不是固定的,是随着湍流条件的变化而改变的,所以是一种参数。通常都是根据风速梯度观测资料绘制风廓线,然后外延风廓线至风速为零的高度,或者根据观测资料应用统计回归方法计算确定。下面我们讨论近地层风速和稳定条件对粗糙度的某些影响。

康斯坦丁诺夫在 1963 年比较系统地分析了大量野外观测资料,得到一些有意义地结果。图 5-22 为各种表面粗糙度与 2 m 高处风速的关系。该图表明,随着风速的增大,动力湍流作用加强,可导致下垫面粗糙度 z_0 的降低。这是总的规律性。至于在水面上粗糙度随风速变化曲线(图 5-22I)有某些向上弯曲现象,则是因风速较大时产生波浪而造成粗糙度 z_0 增大的结果。

大气稳定度能影响湍流运动,因而也影响到下垫面的粗糙度(图 5-23)。随着大气稳定度的增长,粗糙度 z_0 是增大的,而且变化比较显著。反之,在不稳定层结下,湍流混合加强,粗糙度 z_0 随之降低。

陈万隆等根据 1979 年 5—8 月设在拉萨西郊草地上(平均草高 10 cm)的热源观测站的资料,得到不同层结条件下粗糙度 z_0 与 2 m 高处风速 u_2 的经验关系为

$$z_0 = \begin{cases} 2.4e^{-0.25u_2} & (\Delta T \geqslant 0.6\ ℃) \\ 7.5e^{-0.60u_2^{0.8}} & (\Delta T = 0.1 \sim 0.5\ ℃) \\ 17.0e^{-u_2^{0.66}} & (\Delta T \leqslant 0\ ℃) \end{cases} \tag{5.30}$$

式中 ΔT 表示 0.5 m 与 2 m 高处的气温差,z_0 的单位为 cm,u_2 的单位取 m/s。

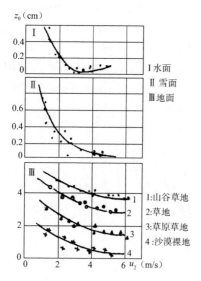

图 5-22 粗糙度与 2 m 高度处风速的关系

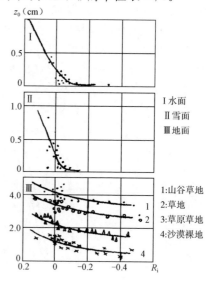

图 5-23 粗糙度与稳定度 Ri 的关系

由(5.30)式可见,对于高原草地上,在任意大气层结下,粗糙度都是随着地面风速增大按指数律降低,而且这种变化以稳定和中性层结条件下最为显著,弱不稳定层结时次之,在不稳定层结条件下这种变化就比较缓慢了。

粗糙地面对近地层风速的影响,可引用表 5-2 来说明。由表看出,在其他条件相同的情况下,粗糙面上任一高度的风速比光滑面上同一高度的风速要小,而且愈靠近地面差别愈大。

表 5-2　当 10 m 高处风速为 20 m/s 时各种地面上的风速分布(m/s)

土壤覆盖性质	粗糙度(cm)	高　　度(m)		
		2.0	0.5	0.1
草	3	14.4	9.3	4.0
裸露土壤	1	15.4	11.4	7.0
雪	0.05	16.0	14.0	10.6

如果土壤表面生长着高而密的草丛或农作物时,气流将受植被的影响而抬升,此时风速廓线相应地向上发生位移(图 5-24),好像把原来在裸地上的廓线铅直地抬高到某一 z_g 的新高度上,在 z_g 高度以下由于受植被的影响,风速铅直分布将有别于上方的廓线,并且一般风速都很微弱。通常人们把 z_g 高度称为活动层高度(对风速来说),而把 $z_g - z_0$ 称为零平面位移 d,即有

$$z_g = d + z_0$$

所以,对于有植被的地段,风廓线方程将相应地改变(以对数模式为例)为

$$u = u_1 + (u_2 - u_1) \frac{\ln(z-d) - \ln(z_1-d)}{\ln(z_2-d) - \ln(z_1-d)} \tag{5.31}$$

这种式子对农作物和森林微气象研究具有实际的意义。

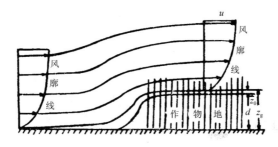

图 5-24　气流通过高而密的植被时发生的垂直位移示意图[1]

零平面位移的大小与一系列因素有关,首先它取决于作物本身的高度。G. 斯坦希尔(Stanhill)得到零平面位移 d 与大范围作物高度 H 的关系为

$$\lg d = 0.979 \lg H - 0.154 \tag{5.32}$$

多数研究认为,对禾本科作物,零平面位移 d 约相当于作物株高的 2/3。所以,在野外微气象工作中,为了获得风速廓线总是从植物高度的 2/3 开始计量仪器的高度,这样工作起来就比较方便。当然,我们也可以根本不考虑 d,仍旧从地面开始设

置各高度的仪器,并按实测结果直接制作风廓线图。

除了植物本身高度以外,零平面位移 d 还与风速大小、大气层结以及作物种类等有关。总的来说,风速愈大,层结愈不稳定,零平面位移就愈低。反之,风速愈小,层结愈稳定,零平面位移就愈高。

大气层结对风速铅直分布的影响是很明显的。这一点我们可以从(5.25)~(5.29)式看出。E. L. Decon 根据短草地面的观测结果,制作了 4 m 和 0.5 m 两高度上的风速比与理查森数 Ri 的关系图(图 5-25)。该图清楚地表明,当大气层结稳定($Ri>0$)时,湍流交换弱,风速切变大,所以风速比 $u_4/u_{0.5}$ 也大。相反,在不稳定层结下($Ri<0$),随着不稳定度的增加,湍流混合作用加弱,由于上下层间动量交换的结果,风速切变减小,$u_4/u_{0.5}$ 也就比较小。

关于风速梯度可以从(5.23)式求出,并且不难理解,风速梯度与高度、摩擦速度和大气层结等因子有关。

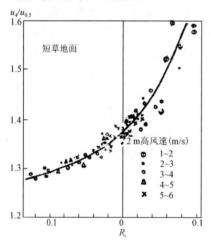

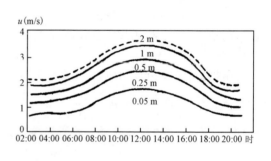

图 5-25　$u_4/u_{0.5}$ 与 Ri 的关系　　　　图 5-26　各高度风速日变化

5.3.2　风速日变化

在近地层中风速日变化主要决定于湍流交换的日变化。图 5-26 是贴地层风速日变化的例子。日间,由于湍流加强,地面风速加强,直到午后风速出现最大。随后,随着湍流交换的减弱,风速也不断减小,这样一直持续到午夜。入夜之后,因出现逆温并不断加强,贴地层趋于静风,这样延迟到翌日清晨日出为止。在整个夜间风速都很小。日出后随着湍流的加强,风速又重新增大起来。这种典型的风速日变化,在开阔的平坦地段(周围无较大水体等影响)在有利的天气条件下(晴朗、少云),在近地层的任一高度上都能出现。

值得注意的是,近地层风速日变化曲线形式正好与大气边界层上层的日变化相反。图 5-27 清楚表明,大气边界层的底层与上层风速的日变化相反趋势。在上层,由于湍流交换结果是动量向下输送,损失动量。白天的动量损失大于夜间。故此,风速日变化中以夜间风速最大,日间最小。在这两个相反的风速日变化层内有一个过渡层。在该层内,风速日变化有两个最高,两个最低。而在过渡层中部应存在一个转换高度(其风速日振幅为零),在此高度上下,风速日变化曲线也是相反的。图中 30～50 m 高处的曲线属于过渡层转换高度之下的日变化类型,它的日间最高是由于湍流加强的结果,而夜间最高是因湍流交换受到稳定层结的抑制,因此在逆温层顶附近形成动量积累的结果。

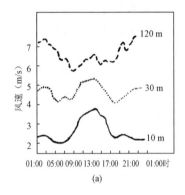
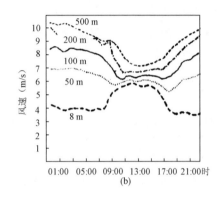

图 5-27　大气边界层各高度上的风速日变化
(a)北京冬季风速日变化;(b)Wangara 试验期间平均风速日变化

过渡层转换高度具有年变化,即夏季最低,冬季最高。这与湍流交换强度的年变化有关。图 5-28 表示苏联多尔戈普鲁德纳亚站的风速日较差的铅直变化。图中的日较差规定在底层为正,在转换高度以上为负。由图可见,从夏半年到冬半年,多尔戈普鲁德纳亚站风速日较差的转换高度从 30 m 增高到 120 m 左右。大约在 150 m 高度以下,风速日较差随高度迅速减小;在 150 m 以上,风速日较差随高度变化就变得很小了。

水面上的风速日变化,正好与陆地上的相反,日间最小,夜间最大。这是因为水体上方日间多逆温或等温,层结比较稳定,湍流不易产生;

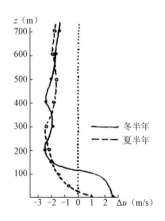

图 5-28　风速日较差随高度的变化

而夜间层结多为不稳定,湍流加强,风速增大。这种现象在比较大的水体(如大湖泊,海域)上方是极为常见的,而且水体大气边界上层的风速日变化与近地层风速日变化具有大体相同的形式。

5.3.3 风的脉动

在近地层中,由于受到下垫面摩擦和热力强迫作用,气流运动是高度湍流性质的。有观测研究表明,风速脉动具有从零点几秒到几分钟的周期,而小尺度湍流动能的主要部分则是与周期在 5 s 以下的脉动相联系的。风的脉动包括两个方面:风速的脉动和风向的脉动。无论是风速脉动还是风向脉动都是很大的。脉动,作为近地层中湍流运动的表现形式,它的强弱直接与湍流运动的强弱相联系,所以它的大小首先与大气的稳定度等一系列因素有关。

1. 风速脉动

风速脉动又分为铅直方向分量的脉动 w' 和水平方向分量的脉动 u',v' 等。通常还用它们的均方差表示风速在各个方向的脉动。通常以二阶量 σ_u,σ_v 和 σ_w 分别表示 x,y 和 z 方向速度分量的脉动。

在中性层结下,铅直方向的速度脉动 σ_w 仅与动力湍流强度有关,即有

$$\frac{\sigma_w}{u_*} = A \tag{5.33}$$

式中 A 为某一常数,不同作者获得的值不同,一般在 $0.7 \sim 1.33$(但很可能在 $1.2 \sim 1.3$)之间。图 5-29 即为表示 2 m 高处铅直速度均方差 σ_w 与 1 m 高处风速的关系图。图中直线是取 $A = 1.25$ 绘制的。该图清楚地表明,下层风速同脉动的联系是紧密的,下层风速愈大,表示动力湍流愈发展,铅直方向的动量输送也愈多,因而铅直速度脉动自然就比较大。其他地方也有类似的观测结果。

铅直速度脉动还与大气稳定度有关。大气愈不稳定,湍流愈发展,铅直速度脉动就愈大;反之,大气愈稳定,铅直速度脉动就愈小。图 5-30 即为各高度上每小时平均的铅直速度脉动均方差的日变化曲线,由此可见,各高度 σ_w 的最大值出现在白天(午后),而且比夜间的最小值大好几倍。显然这与大气稳定度的变化有关。该图还表明,白天 σ_w 随高度增大而增大,而在夜间(20 时)这种变化则不明显。J. C. Wyngaard 等根据对堪萨斯实验的资料的分析得到在不稳定条件下 σ_w/u_* 与稳定度参数 z/L 的关系图(图 5-31)。由图看出,σ_w/u_* 随不稳定度增强而增大,散布点的斜率在极不稳定情况下趋近于自由对流状态时的斜率($1/3$)。根据莫宁-奥布霍夫相似理论,我们可设

$$\frac{\sigma_w}{u_*} = \varphi_w \left(\frac{z}{L}\right) \tag{5.34}$$

同理,可设由感热通量引起的无因次温度脉动为

$$-\frac{\sigma_T}{T_*} = \varphi_T \left(\frac{z}{L}\right) \tag{5.35}$$

其中的普适函数分别表示(无因次)铅直速度脉动和(无因次)温度脉动的普适函数。如前章所述,因次分析不能得到普适函数的一般形式,但在极端条件下求得它们的解析形式也并不困难。下面我们来讨论在自由对流条件下,无因次铅直速度脉动和无因次温度脉动的普适函数的表达式的问题。

观测结果表明,w' 和 T' 具有很好的相关,而且因为 $\overline{w'T'} = -u_* T_*$,故可以期望有 $-\sigma_w \sigma_T \sim u_* T_*$,所以

$$\varphi_w \varphi_T = 常数 \tag{5.36}$$

根据图 5-8 和图 5-31,在中性层结时 σ_w/u_* 和 $-\sigma_T/T_*$ 的数值分别为 1.2 和 2.0。因此,这一常数接近于 2.0。

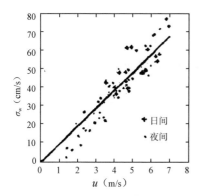

图 5-29 σ_w 与 u_1 的相关

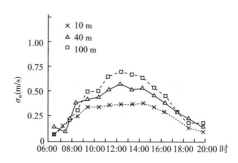

图 5-30 塔层 σ_w(小时平均)的日变化

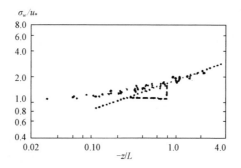

图 5-31 不稳定条件下 σ_w/u_* 与稳定度 z/L 的关系

在自由对流条件下,尽管风切变和地面摩擦应力都很小,但是巨大的向上感热通量使位能迅速地转变成动能。在湍流动能平衡方程中,湍流动能垂直通量散度和湍流动能耗散两项的尺度为 σ_w^3 / l。同时,由于在近地层中混合长 l 必须以 z 为尺度,所以在自由对流条件下定常的湍流动能平衡方程为

$$0 = \frac{g}{\theta} \overline{w'T'} - \frac{(c\sigma_w)^3}{z} \tag{5.37}$$

式中 c 表示待定常数。

由于在近地层中感热通量与高度无关,所以我们可以从(4.37)式直接解得

$$\sigma_w = \frac{1}{c} (z \frac{g}{\theta} \overline{w'T'})^{\frac{1}{3}} \tag{5.38}$$

上式除以 u_*,并利用(5.34)式关系式可得

$$\varphi_w \left(\frac{z}{L} \right) = \frac{\sigma_w}{u_*} = c' \left(-\frac{z}{L} \right)^{\frac{1}{3}} \tag{5.39}$$

考虑到关系式(5.36),于是得到在自由对流条件下相应的温度脉动的普适函数

$$\varphi_T \left(\frac{z}{L} \right) = -\frac{\sigma_T}{T_*} = c'' \left(-\frac{z}{L} \right)^{-\frac{1}{3}} \tag{5.40}$$

根据(5.21)式,$c'' \approx 0.95$,因此 $c' \approx 2.0$。则得(5.36)式中的常数约为1.9,这与中性层结时其值为2.0相差不大。由此表明,在所有不稳定层结下,(5.36)式是一个很好的近似。

横山(O. Yokoyama)认为,无因次铅直速度脉动在300 m高度以下均能遵循Monin-Obukhov相似理论,即在强烈不稳定条件下,σ_w/u_* 以 $(-z/L)^{1/3}$ 的形式随高度而增加(图5-32a),而在中性或稳定条件下则接近不变。

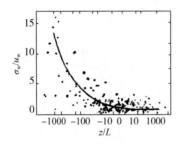
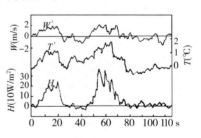

图5-32a 任意层结下 σ_w/u_* 与 z/L 的关系　图5-32b 23 m高度 W'、T' 和 H 的变化

气流在铅直方向的脉动同时带来了感热通量和稳定的瞬时起伏。C. H. B. Priestley得到澳大利亚埃迪斯凡尔(Edithvale)23 m高度上铅直速度脉动与气温脉动和瞬时感热通量的2 min记录(图5-32b)。该图清楚地反映出,当铅直速度为正时,表示气流向上输送,于是稳定脉动和瞬时感热通量都是明显地增大。反之,凡

是铅直速度为负,总是伴随着温度脉动和瞬时感热通量的显著减弱,甚至出现
负值。

风速的横向脉动 σ_v(指垂直于风向的水平风速脉动,以风速的均方差表示),在
接近中性层结时,主要决定于摩擦速度 u_* 的大小,因而也就决定于平均风速的大
小。从图 5-33 上课件各高度上横向风速脉动 σ_v 与 11 m 处平均风速存在有明显
的线性关系。

在非中性层结下,横向风速脉动的大小取决于热力和动力条件的对比情况。在
风速比较小的情况下,各层愈不稳定,横向风速脉动愈大;当风速比较大时,层结的影
响就要相对小些,图 5-34 即为横向风速脉动 σ_v 与 11 m 高处风速 u_{11} 以及 16 m 和 2
m 的温度差 $T_{16}-T_2$ 的关系图。该图正说明了热力因素和动力因素对横向风速脉
动的影响。

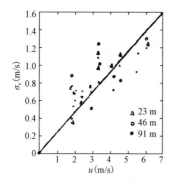

图5-33 各高度 σ_v 与 u_{11} 的关系

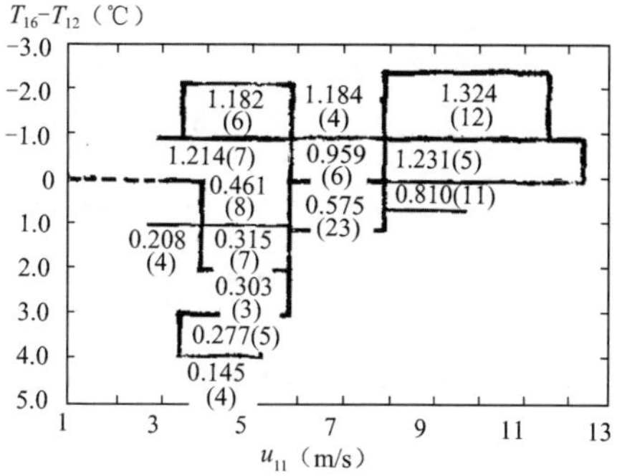

图 5-34 σ_v 与 u_{11} 以及 $T_{16}-T_2$ 的关系

在有强烈逆温的夜间,由于逆温的影响,风速是不大的。根据在奥尼尔地方的实
测资料,横向风速脉动 σ_v 与 11 m 高处风速的 3/2 次方有较好的线性关系:$\sigma_v =
0.02u_{11}^{\frac{3}{2}}$。相关图可见图 5-35。

H. A. Panofsky 根据近地层观测结果,提出

$$\sigma_v(\text{或 } \sigma_u) = u_* \left(12 + \frac{h}{2|L|}\right)^{\frac{1}{3}} \tag{5.41}$$

这是因为 σ_u 与 σ_v 在数值上差异不明显。式中 h 表示大气边界层的厚度。

水平风速脉动(σ_u, σ_v)也具有明显的日变化,由图 5-36 可以看出,白天 σ_u(或 σ_v)
比其早晚的值要大,最大值出现在 15 时左右。显然这与大气层结的日变化有关。翁
笃鸣曾观测到 2 m 高处水平风速均方差与 1 m 高度上湍流系数具有相似的日变程,
说明 σ_u 确实决定于大气层结的变化。由图 5-37 还可看出,σ_u 和 σ_v 随高度变化不明
显。由此,有的作者认为 Monin-Obukhov 相似理论不适用于水平风速脉动的普适
函数。

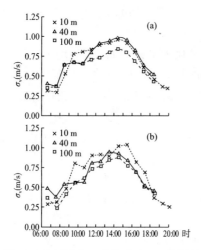

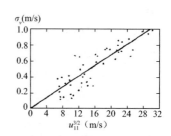

图 5-35　夜间 2 m 高处 σ_v 与 u_{11} 的相关　　图 5-36　塔层水平风速均方差的日变化

最后需要指出,在气象工作中有时用阵性度(即相对湍流强度)来表示风速的脉动状况。对于三个方向($i=x,y,z$)的阵性度可写成

$$g_i = \frac{\sigma_{ui}}{u}, \; u_i = u,v,w \tag{5.42}$$

对于短周期的湍流,有人根据 2 m 高处资料得出它们之间的比值为

$$g_x : g_y : g_z = 1.00 : 1.06 : 0.75$$

因此,人们认为接近地表面处,湍流是各向异性的。也就是说,湍流交换在三个方向不同的,因为横向阵性度比铅直方向阵性度大 40% 左右。O. G. 萨顿认为,在 25 m 以上才可以近似认为阵性度的三个分量是相等的,即湍流是各向同性的。

此外,有的作者建议用

$$g = \frac{u_{\max} - u_{\min}}{\bar{u}} \tag{5.43}$$

表示风的阵性度。其中 $u_{\max}$,$u_{\min}$ 代表某一规定短时段(譬如 10 min)内的最大和最小风速,而 u 表示同时段的平均风速。显然,阵性度愈大,表示风的脉动愈强烈,因而造成阵性风压愈大。这对高耸建筑物(如烟囱、水塔、电视塔等)是极不利的。

2.风向的脉动

在发生速度脉动的同时,风向也会发生显著的脉动。风向的脉动包括风向的铅直脉动和风向(水平)方位角脉动两个部分。风向铅直脉动角的均方差 σ_θ 及风向方位角的均方差 σ_A 也是表征湍流运动强度的一种统计量。

σ_θ 和 σ_A 的数值分别与铅直方向阵性度和横向阵性度之间有密切联系。风向铅

直脉动角 θ' 可表示成

$$\mathrm{tg}\theta' = \frac{w'}{\overline{u}+u'}$$

因风向铅直脉动角很小,所以有

$$\mathrm{tg}\theta' \approx \theta'(\mathrm{rad})$$

其方差应为

$$\overline{\theta'^2} = \frac{\overline{w'^2}}{(\overline{u}+u')^2} = \overline{\frac{w'^2}{\overline{u}^2}\left(1+\frac{w'}{\overline{u}}\right)^{-2}}$$

将上式展开并略去高次项,可得

$$\overline{\theta'^2} \approx \overline{\frac{w'^2}{\overline{u}}}$$

或以均方差表示,则有

$$\sigma_\theta \approx \frac{\sigma_w}{\overline{u}}(\mathrm{rad}) = \frac{\sigma_w}{\overline{u}}\frac{180}{\pi}(°) \tag{5.44}$$

同理,可得风向方位角的脉动均方差 σ_A 与横向阵性度间的关系为

$$\sigma_A \approx \frac{\sigma_v}{\overline{u}}(\mathrm{rad}) = \frac{\sigma_v}{\overline{u}}\frac{180}{\pi}(°) \tag{5.45}$$

同风速的脉动一样风向的脉动也与大气稳定度有密切关系。图 5-37 即为铅直脉动角 σ_θ 与理查孙数 Ri 的关系。由图可见,大气层结不稳定($-Ri$ 愈大),铅直脉动角 σ_θ 也愈大。风向方位角脉动 σ_A 也有类似的情况(图 5-38)。图中 ε 为拉依哈特曼稳定度参数($\varepsilon<0$ 为不稳定层结,$\varepsilon>0$ 为稳定层结)。

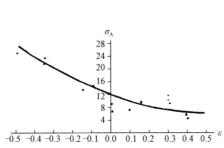

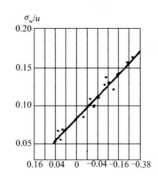

图 5-37　垂直脉动角与 91 m 处 Ri 的关系　　图 5-38　方位脉动角与稳定度参数的关系

考虑到动力与热力因素所引起的湍流运动在风向脉动上的反映是有区别的,史密斯曾应用风向变率作为湍流阵性度分类的依据。这种分类系统有四个主要类型:

A 型:每小时内风向变化超过 90°,风速微弱,这主要是热力湍流所造成;

B 型:一小时内风向变化在 15°－90°之间,起伏很不规则(无一定的平均方向),这反映了热力与动力湍流的混合作用;

C 型:风向脉动的频率很大,变化在 15°－90°之间,平均方向可以分辨出来,这是以动力为主的湍流运动;

D 型:湍流减弱的最低限度,风向脉动在 0°－15°之间,此时,热力稳定度抑制动力湍流的发展。

以上四种类型在一般气象台站瞬时风向记录纸上可以区分出来,而且并不困难。此外作者还给出这些类型的小气候描述(表 5-3)。

表 5-3　风向阵性的小气候描述

类型	铅直温度差 $T_{480}-T_{18}$(℃)	一　般　条　件
A	$-1.5\sim-2.5$	只有在 09—15 时出现,冬季少有,强烈不稳定
B	$-0.8\sim-2.0$	06—18 时(偶尔在夜间)出现,微风,中等不稳定
C	$-1.0\sim1.0$	日间或夜间,多云,中性层结
D	1.0	夜间或有逆温时

参考文献

[1] 翁笃鸣,陈万隆,沈觉成,等.小气候和农田小气候.北京:农业出版社,1981.

[2] 傅抱璞,翁笃鸣,虞静明,等.小气候学.北京:气象出版社,1994.

[3] Arya S P. Introduction to Micrometeorology. 2nd ed. San Diego:Academic Press. 2001.

第 6 章
农田植被微气象

农田植被微气象主要内容是研究农田边界层内,作物冠层以及土壤根系层以上作物生长环境内的微气候条件基本特征、变化规律和物理过程。研究农田微气象的根本目的在于利用和改变农田微气象条件,使其有利于作物生长发育,为农作物的高产、高效和优质服务。因此农田微气象的研究在农业生产上具有重要的意义。

长有作物的农田,由于作物层的可透过性,它对辐射的吸收、透射、反射,水分的蒸发和凝结,动量的吸收消耗,CO_2 的固定与释放,热量的交换与输送等物理过程和生物过程不只是涉及一个面,而是关系到整个植被层,通常称之为作物冠层。在作物冠层内,每一个作物器官都不断与周围环境进行物质的和能量交换,都可能成为热量、水汽、CO_2 和动量等原或汇。因此,在作物冠层的动量、水汽、热量、CO_2 等属性的铅直输送通量随高度的变化不再是常数,而是冠层结构的复杂函数。

农田微气象条件主要是由于植被的冠层结构形成的热力特性和辐射特性所决定。作物是有生命活动的有机体,农田的小气候条件影响着作物的生长发育、生命活动,而作物的生命活动反过来影响农田微气象条件的形成。作物的光合作用、蒸腾作用、呼吸作用等生理活动对农田微气象条件的形成起着重要作用。另外,作物是人工栽培的植被,其生长过程,冠层结构,受人工措施的强烈影响,各种农业技术措施对农田微气象条件的形成也起着重要作用。

6.1 作物群体结构的定量

6.1.1 基本概念

农田微气象的任务之一,在于分析研究农田微气象条件形成的物理制机和生物学机理,定量地描述农作物群体结构和农田微气象条件之间的关系,为调节和改善农作物生长发育的环境条件提供理论依据。

所谓农作物的群体结构是指农作物的根、茎、叶、穗等器官的生物量在空间上的分布状况。根、茎、叶、穗等器官的生物量表示方法有两种:①这些器官在单位空间的重量;②这些器官在单位空间的表面积。

常用的是单位空间的表面积,而这些器官的表面积又以叶片的表面积所占比例最大,因此,一般可讲的农作物群体结构是指农作物的叶片面积在空间的分布状况。农作物叶片面积在空间的分布状况直接影响太阳辐射尤其是直接辐射在农田中的分布,从而影响农田微气候条件的形成。

描述作物群体结构的方法很多,如殷宏章教授的稻麦群体结构分层法、日本门司一佐伯大田切片法、苏联学者洛斯的群体几何结构法等。

6.1.2 基本参数

(1)叶面积指数

单位面积上的叶面积数,是一无因次量。

(2)密度函数

假设作物器官在水平方向上是均匀随机分布的,与水平坐标无关,多器官的空间分布只与铅直坐标有关。所谓密度函数是指多器官在单位空间的表面积与铅直坐标的关系,对于叶片表面积来讲,有如下关系

$$L = \int_0^h \mu_L(z)\mathrm{d}z$$

这里,L 是叶面积系数($\mathrm{cm}^2/\mathrm{cm}^2$),$\mu(z)$ 是高度 z 处的叶面积密度,h 是作物平均株高（cm）。

同理,对于作物,根、茎、穗也可求出其表面积系数:$L_r = \int_0^h \mu_r(z)\mathrm{d}z$。

用得比较多的是叶面积密度函数,对其他器官的密度函数使用较少。

6.1.3　群体几何结构

1. 排列函数

(1)叶片排列函数的含义

叶片排列函数是表示作物的叶片在空间的排列状况。为了确定叶片排列函数,首先要确定叶片在空间的位置,苏联学者洛斯用叶片的方位角和倾斜角两个角坐标表示叶片在空间的位置。而如何确定叶片的方位角和倾斜角呢? 可以把叶片模仿为一平滑的薄片,如果叶片弯曲,可把叶片分成几部分,总可以把某一部分当成平滑的薄片看,然后以该薄片的法线的两个角度表示叶片的空间位置,一个是法线的方位角,另一个是法线与铅直线的夹角(即叶片与水平面的夹角),并且规定叶片法线是从背面指向腹面(叶片朝上半球一面为腹面,反之为背面),如果叶片直立,则规定有叶脉一侧为背面,无叶脉一侧为腹面。例如,水平面腹面朝上的叶片,它的法线铅直向上,叶片直立,而腹面朝东的叶片,它的法线朝向正东。

因此,表示叶片法线的两个坐标为:

$$r_L = r_L(\theta_L, \varphi_L)$$

这里,θ_L 为叶片法线与铅直坐标的夹角,它等于叶片与水平面的夹角——叶片的倾斜角。

φ_L 为叶片法线在水平面上的投影与午线的夹角(由正北量起)——叶面的方位角。

因此,给定了叶片法线的矢量后,叶片在空间的位置也就确定了。例如某一叶片的法线方向 $r_L = r_L\left(\dfrac{\pi}{2}, \pi\right)$,表明该叶片的法线与铅直方向的夹角为 $90°$,该方位角偏离正北刚好为 $180°$,说明该叶片是直立的,而腹面朝向正南。

由实际情况可知,大多数农作物的叶片,其腹面基本上是朝向地面的上半天球,因此,在单位半径的半球内,所有叶片法线占有的空间是 2π(以立体角表示),即:θ_L 从 0 变化到 $\dfrac{\pi}{2}$,φ_L 从 0 变化到 2π。

叶片的排列函数是指具有某一特定法线方向的叶片,在单位空间(即单位立体角)的叶面积与整个上半球(2π 立体角)各种法线叶面积之和的比值,该比值既是 θ_L,φ_L 的函数,也是厚度 z 的函数,记作:

$$q_L(z, \boldsymbol{r}_L) = q_L(z, \theta_L, \varphi_L)$$

那么,怎样确定这个函数呢?首先在作物群体的任一高度上,取一铅直厚度为 Δz,底面积为 D 的小体积元 ΔzD,在小体积之内,任取一法线 $\boldsymbol{r}_L$,用线 $\boldsymbol{r}_L$ 作一无限小的立体角。根据立体角定义,以单位半径所做的圆球,即半个圆球的立体角为 2π,而对于任意立体角的大小就等于该立体角在球面上所截的面积,因此,这个无限小的立体角可表示为:

$$d\Omega_L = \sin\theta_L d\theta_L d\varphi_L$$

然后,累加小体积元内法线落在立体角 $d\Omega_L$ 内的叶片面积。假设法线落在 $d\Omega_L$ 内的所有叶片面积为 $\overline{q_L(\boldsymbol{r}_L)}d\Omega_L$,那么 $\overline{q_L(\boldsymbol{r}_L)}$ 就是单位角内具有法线 $\boldsymbol{r}_L$ 的叶片面积。

把小体积 ΔzD 内所有朝向(即具有不同法线)的叶面积都累加起来,就得到小体内总叶片面积,设其总叶片面积为 F_L,用下式求出:

$$F_L = \int_0^{2\pi} d\varphi_L \int_0^{\frac{\pi}{2}} \overline{q_L(\boldsymbol{r}_L)} \sin\theta_L d\theta_L = \int_{2\pi} \overline{q_L(\boldsymbol{r}_L)} d\Omega_L$$

将上式两边除以 F_L,即得:

$$\int_{2\pi} \frac{\overline{q_L(\boldsymbol{r}_L)}}{F_L} d\Omega_L = \int_0^{2\pi} \int_0^{\frac{\pi}{2}} \frac{\overline{q_L(\boldsymbol{r}_L)}}{F_L} \sin\theta_L d\theta_L d\varphi_L = 1$$

令 $\dfrac{\overline{q_L(\boldsymbol{r}_L)}}{F_L} = q_L(\boldsymbol{r}_L)$,有

$$\int_0^{2\pi} \int_0^{\frac{\pi}{2}} q_L(\boldsymbol{r}_L) \sin\theta_L d\theta_L d\varphi_L \equiv 1$$

并定义 $q_L(\boldsymbol{r}_L)$ 为某一高度 z 上的叶片排列函数,它表示某一厚度 Δz 内,具有法线 $\boldsymbol{r}_L$ 单位立体角内的叶片面积占该厚度层总叶片面积的比率,这个比值实际上是频率函数或概率密度,因此,在任何情况时下列关系成立: $0 \leqslant q_L(\boldsymbol{r}_L) \leqslant 1$。它是联合密度,因为 $q_L(\boldsymbol{r}_L)$ 是 θ_L 和 φ_L 两个随之变量的函数。

(2)排列函数的确定方法

如何确定概率密度函数 $q_L(\boldsymbol{r}_L)$ 呢? 具体方法如下:

①首先根据作物生长的平均高度,自上而下等间隔地把作物分成一定数目的厚度层,例如分成 $i=1,2,\cdots,P$ 层。

②把叶片的倾斜角也等间隔地分成一定数目的区间,例如分成 N 个区间,即 $j=1,2,\cdots,N$。因为叶片倾斜变化范围是 $0 \sim \dfrac{\pi}{2}$,即把 $90°$ 等间隔地分成若干等分(区间)。

③把叶片的方位角也等间隔地分成一定数目的区间,例如分成 M 个区间,即 $k=1,2,\cdots,M$。因为叶片方位角变化范围是 $0 \sim 2\pi$,即把 $360°$ 等间隔地分成若干等

分(区间)。

一般来讲,厚度层分得愈多(P 大),倾斜角、方位角分得愈细(N,M 愈大),所求排列函数就愈精确,但这样做工作量太大。从多数资料来看,铅直方向每隔 20 ～ 30 cm 分成一个厚度层,倾斜角每隔 $10°$ ～ $15°$ 分成一个区间,方位角每隔 22.5° ～ 45.0° 分成一个区间就可以了。这样划分以后,每个厚度层就分成 $N×M$ 个区间,整个作物层即分成 $P×N×M$ 个空间。

经过这样划分以后,各个空间的范围就确定了,每一个厚度层和每一个空间内的叶面积都是可以测量的。每个空间叶面积的概率也就可以确定,可以用概率来确定概率密度。因为对概率密度函数积分就等于求概率,故有

$$\int_0^{2\pi}\int_0^{\frac{\pi}{2}} q_L(\boldsymbol{r}_L)\sin\theta_L d\theta_L d\varphi_L = \sum_{j=1}^N \int_{\frac{\pi}{2N}(j-1)}^{\frac{\pi}{2N}j} \sin\theta_L d\theta_L \left[\sum_{k=1}^M \int_{\frac{2\pi}{M}(k-1)}^{\frac{2\pi}{M}k} q_L(\boldsymbol{r}_L) d\varphi_L\right] \equiv \sum_{j=1}^N \sum_{k=1}^M q_{jk} \equiv 1$$

这里 q_{jk} 表示叶片法线与铅直线夹角 θ_L 位于 $\frac{\pi}{2N}(j-1)$ ～ $\frac{\pi}{2N}j$ 之区间内,而叶片的法线方位角位于 $\frac{2\pi}{M}(k-1)$ ～ $\frac{2\pi}{M}k$ 区间内的叶面积与该厚度层内总叶片面积之比,即为该空间内的叶面积概率,它等于

$$q_{jk} = \int_{\frac{\pi}{2N}(j-1)}^{\frac{\pi}{2N}j} \int_{\frac{2\pi}{M}(k-1)}^{\frac{2\pi}{M}k} q_L(\boldsymbol{r}_L)\sin\theta_L d\theta_L d\varphi_L = q_L(\boldsymbol{r}_L)\Omega_{jk}$$

因为区间分得很细,$q_L(\boldsymbol{r}_L)$ 在区间内变化很小,可当作常数提出积分号外面。由此得:

$$q_L(\boldsymbol{r}_L) = \frac{q_{jk}}{\Omega_{jk}}$$

这里 $q_L(\boldsymbol{r}_L)$ 就是叶片的排列函数,即联合密度,而 Ω_{jk} 是每一个空间的立体角,为

$$\Omega_{jk} = \int_{\frac{\pi}{2N}(j-1)}^{\frac{\pi}{2N}j} \int_{\frac{2\pi}{M}(k-1)}^{\frac{2\pi}{M}k} \sin\theta_L d\theta_L d\varphi_L$$

$$= \left[\frac{2\pi}{M}k - \frac{2\pi}{M}(k-1)\right]\left[\cos\frac{\pi}{2N}(j-1) - \cos\frac{\pi}{2N}j\right]$$

$$= \frac{2\pi}{M}\left[\cos\frac{\pi}{2N}(j-1) - \cos\frac{\pi}{2N}j\right]$$

由此式可知,当 M 和 N 确定后,不同空间立体角大小只与叶片的倾斜角 θ_L 有关,而与叶片方位角无关。

那么如何求这个联合概率呢?因为排列函数 $q_L(\boldsymbol{r}_L) = q_L(\theta_L,\varphi_L)$ 是一个二维随机向量,亦是联合密度,如果我们假定叶片着生的方位和叶片的倾斜角是相互独立的,不相关的,即 $q_L(\theta_L,\varphi_L)$ 可认为是独立同分布的二维随机向量。这个假定对大多数作物来讲是合理的,但对向日葵,大豆这一类油料作物未必合理,因为这类作物叶

片法线的方位角和倾斜角是依太阳位置而变,其方位角和倾斜角是相关的,不是独立的。

在独立同分布的假设条件下,根据概率公式,由边缘密度函数可求出边缘概率,即:

$$q'_j = \int_{\frac{\pi}{2N}(j-1)}^{\frac{\pi}{2N}j} q'_L(\theta_L)\sin\theta_L\,\mathrm{d}\theta_L\,\mathrm{d}\varphi_L = q'_L(\theta_L)\left[\cos\frac{\pi}{2N}(j-1) - \cos\frac{\pi}{2N}j\right]$$

这里 q'_j 是表示叶片倾斜角 θ_L 落在 $\frac{\pi}{2N}(j-1) \sim \frac{\pi}{2N}j$ 区间内,而法线方位角 φ_L 落在 $0 \sim 2\pi$ 区间内的叶片面积与该水平厚度层总叶面积之比,此即边缘概率。

$$q'_k = \int_{\frac{2\pi}{M}(k-1)}^{\frac{2\pi}{M}k} q'_L(\varphi_L)\,\mathrm{d}\varphi_L = q'_L(\varphi_L) \times \frac{2\pi}{M}$$

这里 q'_k 表示叶片方位角 φ_L 位于 $\frac{2\pi}{M}(k-1) \sim \frac{2\pi}{M}k$ 区间内,而 θ_L 落在 $0 \sim \frac{\pi}{2}$ 区间内的叶片面积与该水平厚度层总叶片面积之比,即边缘概率。

$$q'_L(\varphi_L) = \int_0^{\frac{\pi}{2}} q_L(\mathbf{r}_L)\sin\theta_L\,\mathrm{d}\theta_L$$

联合概率就等于边缘概率的乘积,根据概率的乘积定义有:

$$q_{jk} = q'_j \times q'_k = q'_L(\theta_L)\left[\cos\frac{\pi}{2N}(j-1) - \cos\frac{\pi}{2N}j\right] \times q'_L(\varphi_L) \times \frac{2\pi}{M} = q_L(\mathbf{r}_L)\Omega_{jk}$$

$$q_L(\mathbf{r}_L) = \frac{q_{jk}}{\Omega_{jk}} = \frac{q'_j \times q'_k}{\Omega_{jk}}$$

故 $q_L(\mathbf{r}_L)$ 的确定最后归结为确定边缘概率和不同区间的立体角。具体计算时,可按下列步骤计算,先作一个表。

j \ k	1	2	...	M	Σ
1	11	12	...	1M	
2	21	22	...	2M	
⋮	⋮	⋮	...		
N	1N	2N	...	NM	
Σ					

① 按行累加:$\sum\limits_{k=1}^{M} L_{jk}$,$(j=1,2,3,\cdots,N)$ 或按列累加:$\sum\limits_{j=1}^{N} L_{jk}$,$(k=1,2,3,\cdots,M)$

② 求总叶面积:$\sum\limits_{k=1}^{M}\sum\limits_{j=1}^{N} L_{jk}$

③ 求边缘概率：$q'_j = \dfrac{\sum\limits_{k=1}^{M} L_{jk}}{\sum\limits_{k=1}^{M}\sum\limits_{j=1}^{N} L_{jk}}$ 和 $q'_k = \dfrac{\sum\limits_{j=1}^{N} L_{jk}}{\sum\limits_{k=1}^{M}\sum\limits_{j=1}^{N} L_{jk}}$

④ 求联合概率：$q_{jk} = q'_j \times q'_k$

⑤ 求 Ω_{jk}：$\Omega_{jk} = \left[\cos\dfrac{\pi}{2N}(j-1) - \cos\dfrac{\pi}{2N}j\right] \times \dfrac{2\pi}{M}$

⑥ 求 $q_L(\boldsymbol{r}_L)$：$q_L(\boldsymbol{r}_L) = \dfrac{q_{jk}}{\Omega_{jk}} = \dfrac{q'_j \times q'_k}{\Omega_{jk}}$

这样叶片排列函数就确定了，它是叶片方位角和倾斜角的函数，也是高度的函数。有的文献中把叶片排列函数也称作叶片取向函数

2. 叶片面积方向分布函数

叶面积方向分布函数类似于相对叶面积密度，其定义式如下：

$$q'_L(\boldsymbol{r}_L) = \frac{\overline{q'}_L(\boldsymbol{r}_L)}{F_c/2\pi}$$

式中 $\overline{q'}_L(\boldsymbol{r}_L)$ 为单位立体角内法线为 $\boldsymbol{r}_L$ 的叶片面积，F_c 为整个 2π 立体角内（即整个水平层）所有方向的总叶片面积，2π 就是上半球总的立体角，所以 $q'_L(\boldsymbol{r}_L)$ 是表示指向为 $\boldsymbol{r}_L$ 的单位立体角叶面积与所有叶片平均单位立体角面积之比，表示各种不同取向的叶面积相对比例。

所以，$q'_L(\boldsymbol{r}_L) = 2\pi q_L(\boldsymbol{r}_L)$ ［这里 $q_L(\boldsymbol{r}_L) = \dfrac{\overline{q'}_L(\boldsymbol{r}_L)}{F_c}$ ］，或 $q_L(\boldsymbol{r}_L) = q'_L(\boldsymbol{r}_L)/2\pi$

故有：$\dfrac{1}{2\pi}\displaystyle\int_0^{2\pi} \mathrm{d}\varphi \int_0^{\frac{\pi}{2}} q'_L(\boldsymbol{r}_L)\sin\theta_L \mathrm{d}\theta_L = 1$

这里，$q'_L(\boldsymbol{r}_L)$ 为叶面积分布函数，$q'_L(\boldsymbol{r}_L) = \dfrac{L_{jk}/\Omega_{jk}}{\sum\limits_{k=1}^{M}\sum\limits_{j=1}^{N} L_{jk}/2\pi}$。

3. 叶面积倾斜指数

为了便于对各种实际农作物群体的叶片在不同倾斜角下叶面积频率分布进行分类和比较，苏联学者洛斯（Ross）等[2]提出了叶面积倾斜指数概念。

假定叶片在多个方位上的分布是均匀的，且 $q_L(z,\theta_L,\varphi_L)$ 也不随高度变化，即：

$\dfrac{1}{2\pi}\displaystyle\int_0^{2\pi} \mathrm{d}\varphi \int_0^{\frac{\pi}{2}} q'_L(\theta_L)\sin\theta_L \mathrm{d}\theta_L = 1$ 可写成 $\displaystyle\int_0^{\frac{\pi}{2}} q'_L(\theta_L)\sin\theta_L \mathrm{d}\theta_L = 1$

在这种假设条件下，一种最简单的分布是叶片在每一个倾斜角区间内面积的频率等于球面上相同倾斜角下环带面积的频率，这种分布称为球面型分布。以球面型分布为基

准,将实际群体叶面积分布函数与球面型分布进行比较,比较结果用 χ_L 表示:

$$\chi_L = \pm \int_0^{\frac{\pi}{2}} |1 - q_s(\boldsymbol{r}_L)| \sin\theta_L \mathrm{d}\theta_L$$

χ_L 表示实际群体叶角分布对球型群体叶角分布之差。如果与球型分布相比,实际群体有较多的水平叶片,则叶面积倾斜指数为正值,反之为负值;对仅有水平叶片的群体, $\chi_L = +1$;对仅有垂直叶片的群体, $\chi_L = -1$,对球型分布, $\chi_L = 0$。所以叶面积倾斜指数 χ_L 是实际群体叶倾角分布函数 $q'_L(\theta_L)$ 和球型群体叶倾斜分布函数间差值的一个量度。

以上是洛斯等对农作物叶片空间取向的数学描述方法,称为群体几何结构描述方法,这个方法为定量描述作物群体结构提供了理论方法和实际测定技术。模型中的三个基本参数可作为株型育种、调节栽培措施、改善群体结构等方面的理论依据或定量指标,同时,这些参数容易与太阳辐射投射方向建立联系,从而为作物群体内辐射传输模型的建立,以及群体光合量的计算提供依据。

4. 群体消光系数

群体消光系数 k 是探讨太阳辐射在植物群体内辐射传输的重要参数。定义为:光线通过叶片层投射水平面上的阴影面积与叶片面积的比值,即 $k = \dfrac{A_{horiz}}{A_{leaf}}$,如图 6-1 所示。

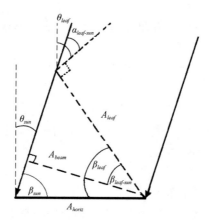

图 6-1　光线照射到叶片层在水平面上的投影示意图

通过简单数学推导,我们可以得到

$$k = \frac{A_{horiz}}{A_{leaf}} = \frac{\cos\alpha}{\sin\beta_{sun}} = \frac{G}{\sin\beta_{sun}} = \frac{G}{\cos\theta_{sun}}$$

式中,是太阳光线与叶片法线的夹角;G 为函数,定义为

$$G(\theta,\varphi) = \frac{1}{2\pi}\int_0^{2\pi}\int_0^{\frac{\pi}{2}} g(\theta_L,\varphi_L)\,|\cos(\widehat{\boldsymbol{n},\boldsymbol{n}_L})|\,\sin\theta_L\,\mathrm{d}\theta_L\,\mathrm{d}\varphi_L$$

$$\cos\alpha = \cos(\widehat{\boldsymbol{n},\boldsymbol{n}_L}) = \cos\theta_{sun}\cos\varphi_{leaf} + \sin\theta_{sun}\sin\varphi_{leaf}\cos(\theta_{sun}-\varphi_{leaf})$$

G 函数可以理解为叶面积在太阳光线垂直方向上的投影,即是太阳光线与叶片法线夹角的余弦。

对水平叶片 $k=1$,垂直叶片 $k = \dfrac{2}{\pi}\mathrm{tg}(\theta_{sun})$,叶面积均匀分布的 $k = \dfrac{1}{2}\sin(\theta_{sun})$。

6.2　太阳辐射在植被中的传输

农田的辐射收支是形成农田微气象的物理基础,这是因为投射到农田冠层的辐射是农田中一切物理过程的能源,农田植被中的热量、水汽、风速等状况皆与辐射状况密切有关。另外,农田植被中辐射强弱、光谱成分均与农作物的光合生产密切相关。所以,了解农田植被中辐射强度、光谱成分等的时空分布特征及其规律是非常重要的。

太阳辐射到达植被上表面时,将发生以下传输过程:一部分辐射能被植物(主要是叶面)反射出去;一部分被叶面吸收;而还有一部分将穿过叶面深入下一层。对于不同植物,或者同一种植物不同的生育期,其对太阳辐射的反射、吸收和透射能力是不相同的。关于植物群体对辐射吸收、反射和透射特性等基础内容可参见《农业气象学》的教材,这里不赘述。

6.2.1　农田辐射在群体中分布的简单模式

太阳辐射在群体中传输主要决定于群丛结构:叶片的聚集度、冠层间空隙、叶片倾角和方位角等。作物生育期变化和太阳辐射的周期性变化导致传输辐射在时间上产生差异。

1.简单的理论模式

对于上下均匀,被覆盖相当稠密的农田,太阳辐射的削弱过程可用以下公式表示,

$$\mathrm{d}S = -Sk\alpha nx\,\mathrm{d}y \qquad\qquad (6.1)$$

式中 S 为射入辐射的强度,n 为单位面积土地上的植株数(植株密度),x 为单位植株长度内的植物面积(包括叶面积和茎面积),α 为植物有效遮光面积 x'(垂直于光线)与 x 的比值,它表示有百分之几的叶面积才是真正的遮光叶面,k 为单位有效遮光面积的消光系数,y 为从植株顶部向下计算的距离。

显然,nx 表示单位面积土地上单位植株高度下的总的植物面积,而 αnx 则为相应的有效遮光面积,dS 表示辐射被以单位面积为底、厚度为 dy 的元量植被体积所削弱的辐射量。

那么,对于植被中任一高度 y,积分(6.1)式可得

$$S'_y = S \cdot e^{-\alpha knxy} \qquad (6.2)$$

S'_y 为植被中任一高度上的辐射强度,如果考虑光线斜射,则(6.2)式变成

$$S'_y = S \cdot e^{-\alpha knxy \cdot csch_\odot} \qquad (6.3)$$

$h_\odot$ 为太阳高度。由此可见,辐射光能在植被中的削弱,在这种理想条件下符合指数关系,它首先取决于植被密度(nx)、离植株顶部高度 y 和太阳高度角 $h_\odot$。另外还与 k(叶子排列状况,指相对于太阳光线方向)和植物本身的消光系数 k 有关,植被愈高,密度愈大,叶片愈厚,则削弱愈快。

实际上(6.3)式是 Beer 定律的一种应用。但由于农田中植物密度分布是很不均匀的,如同前面实测资料所表明的那样,无论总光强、直射光强或散射光强都不严格遵循(6.3)式。

比较合理的模式应是

$$S'_y = S \cdot e^{-kF(y)} \qquad (6.4)$$

这里 S'_y 和 S 与(6.3)式中相同,k 为植物消光系数,$F(y)$ 为由植被上表面向下累积的叶面积指数,它是距植株顶部高度 y 的函数。这种模式假设植被是均匀的介质,并吸收全部入射光,而且天空散射是各向同性的。

虽然这种理论的假设条件仍与实际情况不符,但由于考虑到植被中累积叶面积指数的铅直变化,无疑比前一种简单理想模式要好。

2. 半经验模式

根据田间照度和植被叶面积的实际观测,可以得到一种比较实用的半经验计算方法。

$$\begin{cases} S_{1z} = S \cdot e^{-b_1(H-z)^2} & \left(\dfrac{2}{3}H \leqslant z \leqslant H\right) \\ S_{2z} = cS \cdot e^{b_2 z^2} & \left(0 \leqslant z \leqslant \dfrac{2}{3}H\right) \end{cases} \qquad (6.5)$$

上式中将农田中光强(或透光率)的铅直分布分成两段,上段在 $\dfrac{2H}{3}$ 以上,下段在

$\dfrac{2H}{3}$ 以下,它们都遵循高斯曲线由上而下递减。这些曲线形式应当对各时刻的总光强、直射光强和散射光强都合适,只是系数 c,b_1,b_2 不同而已。这些系数可由经验途径确定,以小麦地 12 时实测资料为例,对拟合方程的检验结果表明,对总光强 Q、直射光强 S' 以及散射光强 D 的透光率的拟合误差都在 0.05 以下。对玉米、谷子等作物地中的光强分布,拟合效果也较满意。所以,可以认为,采用(6.5)式作为描述光能在农田中传播的模式,比简单理想模式更符合实际,而且模式一经确定,有关经验系数是容易求得的。

如果用透光率 K 表示,上式可写成

$$\begin{cases} K_{1z} = \mathrm{e}^{-b_1(H-z)^2} & \left(\dfrac{2}{3}H \leqslant z \leqslant H\right) \\ K_{2z} = c \cdot \mathrm{e}^{b_2 z^2} & \left(0 \leqslant z \leqslant \dfrac{2}{3}H\right) \end{cases} \tag{6.6}$$

其中

$$c = \mathrm{e}^{-(b_1+2a_2 nFa)\left(\frac{H}{3}\right)^2}$$

$$b_1 = \alpha_1 nFa, \quad b_2 = \frac{1}{2}\alpha_2 nFa$$

α_1,α_2 分别为作物上部和下部的消光系数。

3. 随机几何模式

这是 Ross 提出的计算农田中直射光分布的一种模式。假设植物叶片排列是随机的,且互不重叠,则太阳直射光在作物群体内的分布,可由植物体表面积的几何结构来确定,并用相对日照面积在群体内的削弱来表示。

相对日照面积 A 随深入植被距离 y 的变化可表示为

$$\cos\theta_0 \frac{\partial A}{\partial y} = -A f_L(y) G_L(y) \tag{6.7}$$

式中 θ_0 为太阳光线入射角,$\cos\theta_0$ 即为太阳光线斜射时的距离订正,A 为日照面积比率,y 为离植被上表面的距离(由上向下),$f_L(y)$ 为 y 处的叶面积密度,$G_L(y)$ 为 y 处有效叶面积系数(垂直于太阳光线的叶面积与总叶面积之比)。$G_L(y)$ 可表示为

$$G_L(y) = \int_{2\pi} q_L(y,\boldsymbol{r}_L)\cos i_L \mathrm{d}\Omega_L \tag{6.8}$$

其中 $q_L(y,\boldsymbol{r}_L)$ 为 y 处的叶片排列函数。

积分(6.7)式并取边界条件 $y=0,A=1$(植被上表面),可得

$$A(y) = \mathrm{e}^{-\sec\theta_0 \int_0^y f_L(y') G_L(y')\mathrm{d}y'} \tag{6.9}$$

由该式可看出,植物群体内相对日照面积随离植物上表面距离的增加而呈负指

数递减。这是洛斯所得的理论结果,其基本特点与前面介绍的两种模式一致。

按(6.9)式计算 $A(y)$ 是比较困难的,可采用数值积分的办法解决。为此,可将作物群体高度由顶部向下等距离划分成若干水平层次,如 P 层,即由 $i=1,2,\cdots,P$。然后,又把叶片倾角和方位角依次分成 N 档和 M 档,即 $j=1,2,\cdots,N;k=1,2,\cdots,M$。这样每一植被层内叶片按其倾角和方位角可分成 $N\times M$ 个空间。于是(6.9)式的数值积分式为

$$A(y) = \exp^{-\sec\theta_0 \sum_{i=1}^{P} \Delta F_{Di} G_L(i)} \tag{6.10}$$

式中 ΔF_{Di} 表示第 i 层叶面积指数,可通过实测得到,$G_L(i)$ 表示第 i 层有效叶面积系数,P 表示层数。$G_L(i)$ 可由(6.8)式的数值积分形式给出

$$G_L(i) = \sum_{j=1}^{N} \sum_{k=1}^{M} q_L(i,\theta_{Lj},\varphi_{Lk})\cos i_{jk} \Delta\Omega_{jk} \tag{6.11}$$

式中,q_{jk} 计算同上一节内容,$\cos i_{jk}$ 则为该小空间叶片上的太阳光线入射角余弦,可仿照坡地太阳光线入射角公式求出,即

$$\cos i_{jk} = \cos h \sin\theta_L \cos(A-\varphi_L) + \sin h \cos\theta_L \tag{6.12}$$

式中 h,A 分别为太阳高度角和方位角。在(6.12)式中由于计算的是植被层中 jk 空间的平均入射角 i_{jk},因此 θ_L,φ_L 也应是该空间的平均倾角和平均方位角,所以有

$$\overline{\theta_{Lj}} = \frac{1}{2}\left[\frac{\pi}{2N}j - \frac{\pi}{2N}(j-1)\right] = \frac{\pi}{4N}(2j-1)$$

$$\overline{\varphi_{Lk}} = \frac{1}{2}\left[\frac{2\pi}{M}k - \frac{2\pi}{M}(k-1)\right] = \frac{\pi}{M}(2k-1) \tag{6.13}$$

代入(6.12)式后,可得

$$\cos i_{jk} = \cos h \sin\left[\frac{\pi}{4N}(2j-1)\right]\cos\left[A-\frac{\pi}{M}(2k-1)\right] + \sin h \cos\left[\frac{\pi}{4N}(2j-1)\right] \tag{6.14}$$

这里需要说明一点,叶片方位角一般由正北开始计量,而太阳方位角则由正南开始计量,因此,实际计算时,需把 $(A-\varphi_L)$ 改成 $(A-\varphi_L-\pi)$。为统一起见,如果把叶片方位角计量与太阳方位角一致起来,则(6.14)式中相对方位角 $(A-\varphi_L)$ 可保持不变。

储长树等曾利用本模式对汕优 6 号杂交水稻群体透光率进行了计算,得出在拔节期(1979 年 7 月 28 日)、孕穗期(8 月 4 日)和浆期(8 月 19 日)各时刻的相对日照面积铅直分布曲线(图 6-2)。这一理论结果与同期实测结果比较一致,只是前者略低。这是理论式假设叶片不重叠所造成的。在各类禾本科作物中太阳光能的减弱具有相似的变化规律。

如把植物群体内相对日照面积的铅直分布写成(6.4)形式,则有

$$A(y) = e^{-K_D F_D(y)} \tag{6.15}$$

式中 K_D 称为相对日照面积的削弱系数, $F_D(y) = \int_0^y f_L(y')\mathrm{d}y'$ 是 $0 \sim y$ 厚度内的叶面积指数。

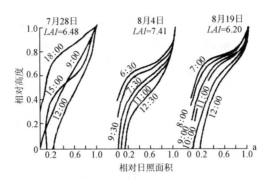

图 6-2 水稻田相对日照面积的铅直分布[4]

由(6.9)及(6.15)式可得

$$K_D = \sec\theta_0 \frac{\int_0^y f_L(y') G_L(y') \mathrm{d}y'}{\int_0^y f_L(y') \mathrm{d}y'} \tag{6.16}$$

如令

$$\frac{\int_0^y f_L(y') G_L(y') \mathrm{d}y'}{\int_0^y f_L(y') \mathrm{d}y'} = \overline{G}(y) \tag{6.17}$$

表示自植被顶部至计算高度 y 层的平均有效叶面积系数,则对整个植被层的整体平均有效叶面积系数为

$$\frac{\int_0^H f_L(y') G_L(y') \mathrm{d}y'}{\int_0^H f_L(y') \mathrm{d}y'} = \overline{G} \tag{6.18}$$

或以其近似式

$$\overline{G} = \frac{\sum_{i=1}^P \Delta F_{Di} G(i)}{\sum_{i=1}^P \Delta F_{Di}} = \frac{\sum_{i=1}^P \Delta F_{Di} G(i)}{F_D} \tag{6.19}$$

于是,可得到平均消光系数与平均有效叶面积密度及太阳高度角之间的关系,

$$\overline{K}_D = \overline{G} \sec\theta_0 = \overline{G} \csc h \tag{6.20}$$

表 6-1 为不同栽种密度玉米群体的消光系数实测资料。可见,消光系数随着群

体密度增大先增加(7.5 株/m² 时最高),而后逐渐变小,但平均变化幅度不大;从其垂直分布上看,冠层消光系数随群体密度增加而增大,且逐渐向上移动,基部消光系数有减弱的趋势。两品种间消光系数随层高和密度变化的趋势是一致的。由于地球自转,一地太阳总辐射和净辐射具有日变化,使消光系数也有日变化(图 6-3)。

表 6-1 玉米不同密度群体的消光系数

品种密度 层高(cm)	登海1号					鲁单961				
	4.5	6.0	7.5	9.0	10.5	4.5	6.0	7.5	9.0	10.5
30	0.60	0.47	0.71	0.19	0.46	0.57	0.56	0.71	0.48	0.34
60	0.66	0.87	0.86	0.48	0.34	0.52	0.46	0.38	0.35	0.28
90	0.96	0.84	0.17	0.42	0.32	0.83	0.08	0.24	0.08	0.12
120	0.38	0.65	0.29	0.48	0.28	0.42	0.74	0.34	0.32	0.22
150	0.27	0.44	0.55	0.60	0.34	0.29	0.36	0.45	0.65	0.63
180	0.22	0.19	0.61	0.55	0.68	0.15	0.83	0.71	0.47	0.32
210	0.20	0.25	0.74	0.83	0.87	0.14	0.27	0.82	0.75	0.76
240	0.25	0.07	0.15	0.17	0.20	0.16	0.15	0.14	0.17	0.17
270	0.23	0.33	0.23	0.46	0.45	0.33	0.22	0.16	0.25	0.29
平均值	0.42	0.46	0.48	0.46	0.44	0.38	0.41	0.44	0.39	0.35

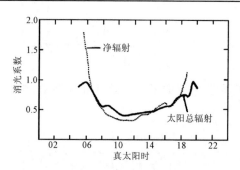

图 6-3 草地植被冠层消光系数在白天的变化

6.2.2 农田中的净辐射状况和热平衡状况

1.农田中的净辐射状况

农田植被就其整体来说是一个由地面至植被上表面的活动层,在这一层中植物通过吸收太阳辐射,以及各种能量交换过程形成固有的农田微气象。但是,由于各种农作物具有不同的群体结构和生态特点,使得它们各自的辐射状况也不一致,并造成农田微气象条件的差异。造成各种农田地面净辐射差异的原因,主要是与农田反射条件和活动面温度条件有关。

(1)净辐射在农田中的铅直分布

在农田植被中辐射交换过程是比较复杂的,一方面植被削弱短波射入辐射,同时又削弱长波射出辐射,形成固有的净辐射分布廓线(图 6-4)。

①白天,农田中净辐射廓线的总趋势是由群体上层向下递减,可称为递减型。此时,靠近地面的净辐射是比较小的,群体内上部的净辐射比群体外上方的净辐射(代表整个作物活动层)大。形成这种差异的原因主要与群体反射特点有关。在群体上部,进入群体内的短波辐射,由于茎叶的反射、吸收虽有所减弱,但削弱很少,可是群体内向外的反射辐射因植被本身的遮挡有较大的削弱。另外,还有一部分被植株茎叶向下反射的辐射,也额外地增加短波吸收辐射。再向下,由于茎叶的遮挡,进入群体下层的短波辐射削弱很快,净辐射由上向下逐渐递减。

②夜间,由群体上表面向下递增(有效辐射减小),整个农田净辐射廓线呈递增型,而且不论什么作物,只要被覆盖茂密,植被下层的净辐射都接近于零。形成这种差异的原因主要由于上层群体对下层的覆盖和隔层作用导致的,隔绝了群体下层与大气的长波辐射交换,防止了辐射降温。这种现象看来是普遍的,它揭示出夜间农田中温度特征形成的重要特点。因此可以认为,在较密的农田植被下部和地面上,夜间温度的下降不是由辐射冷却引起,而是由上层冷却后的空气下沉所造成。

农田群体中各高度的净辐射也有明显的日变化,其形式与裸地一样,只是其变化幅度由植被上部向下迅速递减。

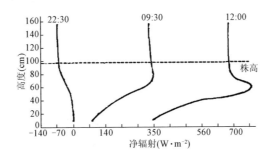

图 6-4　晴天条件下小麦植株群体中净辐射的铅直分布[5]

(2)冠层中各高度净辐射的日变化

分析棉花冠层中各高度净辐射的日变化可知(图 6-5):凌晨 5 时后,由上而下各层净辐射逐渐由负向正值过渡,并逐渐加大,正午前后达到最大值,在晴天时冠层顶极值可达 800 W·m⁻²，而阴天只有 300 W·m⁻²，午后开始降低，17:00 前后经过零通量，夜间冠层向外辐射热量，因此，净辐射为负值，且变化平稳，05:00 达最低值，晴天条件下冠顶约为 −80 W·m⁻²，阴天条件下冠顶约为 −40 W·m⁻²，不同高度净辐射差异显著。如晴天时，在植株约 2/3 高度的净辐射仅为冠顶的一半左右，递减最快的部位是冠层中上部。

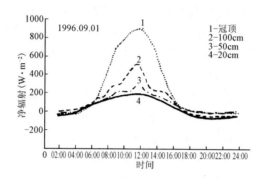

图 6-5　晴天条件下棉花冠层中不同高度净辐射的日变化[6]

（3）作物群体中净辐射计算公式

作物群体中的净辐射是全部短波辐射和长波辐射的个分量的代数和。可写成如下式子

$$R_{np} = S_{tp} - S_{tr} + L_d - L_u = S_{tp}(1 - \rho_{rt}) + L_n$$

因为净辐射通量的理论公式较复杂，通常计算净辐射采用经验公式。如 Uchijima 提出下面的指数公式计算稻田群体中的净辐射随叶面积指数变化。

$$R_{np}(L) = R_n e^{-kL}$$

Budagovsky 等曾提出下列计算公式

$$R_{np}(L) = S_n e^{-\frac{G_B L}{\sin\beta_{sun}}}$$

2.农田中的热平衡状况

关于农田的热平衡状况，只能讨论农田活动层的情形。农田活动层的热平衡方程为

$$R_n = H + LE + IA + Q_T + Q_A + Q_{SF} \tag{6.21}$$

式中 R_n 为农田活动层的净辐射，H 为活动面与大气之间的感热交换，LE 为潜热交换，IA 为同化 CO_2 消耗的热量，I 为同化单位重量 CO_2 消耗的热量，Q_T 为叶片与株茎内部的热交换，Q_A 为叶片积累的热量，Q_{SF} 为土壤与活动面之间的热交换。但是，

由于 IA, Q_T, Q_A 均很小,所以实际上还可以写成

$$R_n = H + LE + Q_{SF}$$

可见,上式与裸地热量平衡方程的形式相同,但在各个分量所占的比例方面会有差异。因为农田中由于作物根系可从深层吸水或人工灌溉的结果,在潜热项上会与裸地有很大区别,通常占的比例较大,农田获得的净辐射几乎全消耗在潜热项上。农田上方的湍流热通量不大,在下午时刻甚至为负值。图 6-6 和图 6-7 分别为冬小麦农田能量平衡各分量的日变化和随生育期的变化。

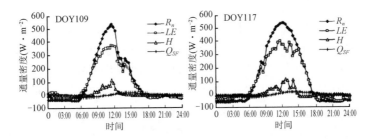

图 6-6　冬小麦田能量平衡日变化[7]

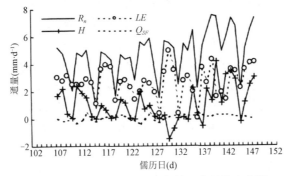

图 6-7　冬小麦主要生育期各能量分量的变化[7]

6.3　农田中的温度状况

农田中的温度不仅影响着农作物的生长发育,而且对农作物病虫害的发生、发展也有很大影响,所以,了解农田中的温度状况具有重要实际意义。

6.3.1 农田中气温的分布

农田中的温度状况主要取决于辐射和湍流交换状况,而辐射和湍流交换又与作物群体结构密切联系,故不同的作物及同一作物不同的生长期、不同的栽培措施,温度状况也不尽相同。由于农作物品种繁多,只能选最有代表性的进行分析。

1. 直立植物冠层内的气温分布

对茎秆和叶片以直立为主的植物,在其生长初期,LAI 小,植株的影响很小,午间冠层内气温的铅直分布与裸地一致,即日间温度随离地面高度增加而降低,呈日射型分布,夜间为辐射型分布;在田间封行后的生长旺盛时期(株高>1 m),白天正午,太阳辐射进入群体后,就会受到作物连续不断地削弱,是得到达地面的辐射量大大减弱,在高而密的植被下可能更小。此时,地面温度不可能升得很高,气温在植被中的铅直分布将发生变化,出现最高温度的部位将上升到某一高度上,但也不发生在辐射最强的植被上表面,因为群体上层潜热耗热较多、湍流交换也较强。最高温度出现的高度,将是获得的辐射热量比较多、湍流弱、蒸腾也较小的部位,并由此向上、向下递减(图 6-8)。在夜间,也出现最低温度的部位从地面上移现象,即随着植被高度和密度的增加,发生最低温度的高度也相应抬升。这是因为夜间地面在茂密的植被保护下,有效辐射小,而上层冷空气又不易下沉,植被上表面虽然冷却失热多,但冷却后空气下沉,同时又以湍流交换的途径从植被上方自由空气中获得热量,温度下降不会太多。最可能出现最低温度的部位恰好正是在植被中的一定高度上,从上表面下沉的冷空气在此积聚,同时株间空气又受到植被本身的辐射冷却,使得温度最低(图 6-9)。

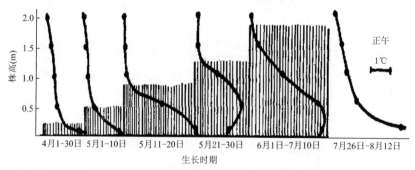

图 6-8　冬黑麦田中冠层温度的日射型分布[8]

以上是温度分布的一般特征。根据许多实测资料表明,在密集植被中,气温的铅直分布全天可为等温或逆温分布。

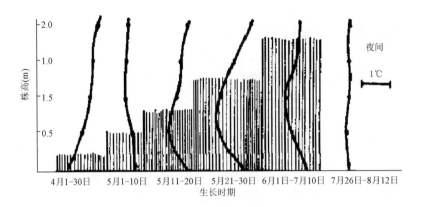

图 6-9　冬黑麦田中冠层温度的辐射型分布[8]

2.叶片呈水平状的阔叶植物冠层内的温度分布

对叶片大、倾斜角很小、水平着生为主的植物,如棉花、油菜、大豆及多种蔬菜等,白天,叶片能阻挡太阳辐射向下层传播,最高温度出现在群体上表面,并由此向下递减。夜间,群体下部叶片较少,湍流交换强,群体上部冷却后的浓密冷空气容易下沉到地表,因此最低温度总是在地面出现。图 6-10 为 R. Geiger 对金鱼草的观测结果。

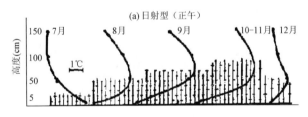

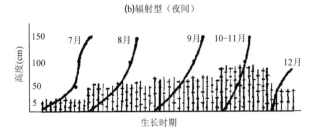

图 6-10　金鱼草冠层温度的铅直分布[8]

6.3.2 农田土壤温度的变化

旱地农田土壤温度变化与裸地有相似的变化特征：①各深度土壤温度均呈正弦曲线变化，而且比冠层气温变化更加稳定。②随土壤深度的增加，温度变化幅度急剧减小(表6-2)。③随土壤深度的增大，极值出现的时间延迟。④阴天变化趋势与晴天相同，但强度弱。图6-11为晴天时棉田不同深度土壤温度的变化。

表6-2　晴天和阴天时旱地农田土壤温度的变化

天气类型	晴天	1996-09-02				阴天	1995—08—19			
深度(cm)	0	5	10	15	20	0	5	10	15	20
T_{max}(℃)	34.4	29.2	26.6	25.5	24.8	33.1	31.5	29.5	28.7	27.8
出现时间	13:00	13:00	15:00	16:00	18:00	12:00	12:00	14:00	15:00	16:00
T_{min}(℃)	21.5	22.5	23.0	23.4	23.5	23.4	25.0	25.5	25.7	25.8
出现时间	6:00	7:00	8:00	9:00	9:00	6:00	7:00	8:00	8:00	9:00
日振幅(℃)	12.9	6.7	3.2	2.1	1.3	9.7	6.5	4.0	3.0	2.0

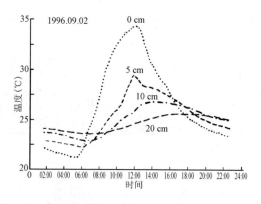

图6-11　典型晴天棉田不同深度土壤温度的日变化[6]

6.3.3 植物的温度

植物体温是指植物根、茎、叶、花、果实等器官的冷热程度，植物体各部分以叶片对温度最敏感，通常用其代表植物的体温，叶温主要受辐射、风速及蒸腾的影响。测定和了解植物体温并研究其变化规律，对于进一步了解植物对温度的要求，研究植物与其环境中温度的关系,预防高、低温度环境条件对植物生长发育的影响有着重要的意义。

植物属于变温类型,地上部分通常接近于气温,地下部分接近于土温,并随环境的变化而变化。植物茎叶的温度通常与周围空气存在差值。一般地说,在白天,活动面接受辐射热量,净辐射为正,植物的温度要比周围的空气温度高;反之,在夜间,植物叶面是上活动面,由于辐射冷却的结果,叶温要比周围气温低。而且这种差异在不同天气条件下,对于不同品种作物也不相同。A. Made 在测定两种不同植物的叶面温度和空气温度后指出,正午时叶面温度可比空气温度高出 10 ℃ 以上,夜间则可低 1~2ΔT(℃),内岛善兵卫(1962)在实验室中测得不同风速下叶面气温差与直接辐射的相关图(图 6-12),该图表明,风速越小,日射愈强,叶面气温差就愈大。

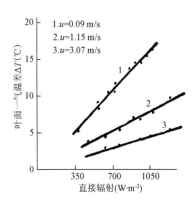

图 6-12　不同风速下叶面气温差与直接辐射的关系[1]

直接辐射和风速对植物温度的影响是明显的,Б. А. 基赫米洛夫(Б. А. Тихомиров)在北极地区测得的丝兰属(*Norosieversia glacialis*)植物温度分布表明,在同一高度上,向阳面叶、茎上的温度要比气温高;茎叶较密的基部中心,茎的温度比气温高 4.4 ℃,因为那里既有阳光的直射而风速又较小,植物体得到的辐射热不容易扩散;而在背阴面,植物温度低于气温;土中部分,由于植物体本身的影响,温度要略高于土温。

同一环境下,植物不同部位的温度很不相同,对植物的影响也有较大差异,这方面的研究,对植物生理及农业生产均有重要意义。

1.植株不同部位的温度分布

一般说,在外界条件和辐射状况相同的情况下,植株幼嫩部分温度较低,老叶较高,果实及粗厚部位温度最高。就同一部位的同龄叶片来说,受光角度不同叶温也有明显差异。据 8 月 4 日 10 时在晴天无风情况下测定,垂直于光的叶片其温度为 35 ℃,与光线呈 45°角的为 34.5 ℃,15°交角的为 34 ℃。就一个叶片来说,因大多都不是平展的,各部位受光角度不一致,温度的分布也不是均匀的。若叶片平展受光角度一致时,其中心和外围的温度,根据对棉花、葡萄等薄型叶片作物的测定,没有差异。就叶片的正反面来说,只要叶片上下表面结构一致,叶片很薄时,其受光面与背光面基本无温差。

果实的温度在植株各部分中是最高的。果温明显高于叶温,高出的程度决定于果实受光照射的时间。当果实遮阴未见直射光时,其温度与遮阴叶温相同。当果实受直射光照射时,温度逐渐上升,由于受光时间不同,各个果实之间有极大的差异。另外,也与果实类型、大小、成熟度等有关。由此可见,无风暴晒、缺乏遮阴、受光持久是造成果实日灼损害的主要原因。

植株体各部位的温度差异,与该部位的厚度和热容以及散热的难易有关。根据对不同植物的观测,结果如表二所示。很薄的叶片其正反面没有温差,随着厚度的增大,正反面温差加大,同时体温与气温差更有大幅度的增加。

2. 叶温的计算

叶温是指植被中上层叶片密集层次中的叶片平均温度。

叶温的计算方法很多,最为广泛的是根据能量平衡法推导出的叶温计算公式。如果忽略叶片储热和代谢产热或吸热,叶片的能量平衡方程可写为:

$$R_n - L_{oe} - H - \lambda E = R_n - \varepsilon_s \sigma T_L^4 - c_p g_{Ha}(T_L - T_a) - \lambda g_v \frac{e_s(T_L) - e_a}{p_a} = 0 \quad (6.22)$$

式中 R_{abs} 为吸收的短波净辐射,L_{oe} 为放出的长波辐射,T_L 为叶温,T_a 为空气温度,g_{Ha} 为热传导系数,为热传导阻力的倒数。$g_{Ha} = 1.4 \times 0.135 \sqrt{\dfrac{u}{d}}$,$u$ 为风速,d 为叶片的特征尺度(等于叶宽的 0.72 倍),g_v 为水汽传导系数,一般地,叶片近轴和远轴端的水汽传导率不相同的。假设叶片正反两面的边界层导度相等,可用下式计算 g_v

$$g_v = \frac{0.5 g_{vs}^{ab} g_{va}}{g_{vs}^{ab} + g_{va}} + \frac{0.5 g_{vs}^{ad} g_{va}}{g_{vs}^{ad} + g_{va}}$$

关于叶温的方程(6.22)是非线性方程,为了分析,我们可求得近似的解析解。长波热释放项可近似为

$$\varepsilon_s \sigma T_L^4 \approx \varepsilon_s \sigma T_a^4 + c_p g_r(T_L - T_a)$$

潜热项可变为:

$$\lambda g_v \frac{e_s(T_L) - e_a}{p_a} = \lambda g_v \frac{e_s(T_L) - e_s(T_a)}{p_a} + \lambda g_v \frac{e_s(T_a) - e_a}{p_a}$$

$$\approx \lambda g_v s(T_L - T_a) + \lambda g_v \frac{D}{p_a}$$

D 为大气饱和水汽压差,$s = \Delta / p_a$,$\Delta = de_s(T)/dT$。代入方程(6.22)可得到:

$$R_n - \varepsilon_s \sigma T_a^4 - \lambda g_v D/p_a - (c_p g_{Hr} + \lambda_s g_v)(T_L - T_a) = 0$$

式中 $g_{Hr} = g_{Ha} + g_r$。移项后得到:

$$T_L = T_a + (R_n - \varepsilon_s \sigma T_a^4 - \lambda g_v D/p_a)/(c_p g_{Hr} + \lambda_s G_v) \quad (6.23)$$

应用方程(6.23)可分析叶温与空气温度的关系。叶气温差是叶片特征尺度、气

孔导度、饱和水汽压差和净辐射等函数。由图 6-13 可见,无论气孔导度是多大,叶片越小,其温度与空气温相差越小;当气孔关闭时,大叶片的叶温比小叶片的更高;而当气孔开放时,大叶片的叶温比小叶片的更低。对宽大的叶片,当气孔开放时,叶温和气温趋于相等,而与叶片大小无关。

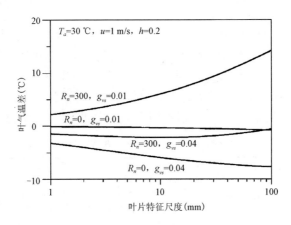

图 6-13　不同叶片特征尺度、气孔导度、辐射状况下的叶气温差[9]

6.4　农田的蒸散和湿度状况

6.4.1　农田蒸散

农田蒸散为植物蒸腾和土壤蒸发(在水田为水面蒸发)之和。在植物苗期,植物蒸腾较小,主要是土壤蒸发;在植物生长的盛期,由于植被覆盖度的增加,此时土壤蒸发变得很小,主要是植物的蒸腾。

研究表明土壤蒸发随叶面积指数增加而减小(图 6-14),植株蒸腾量随叶面积指数逐渐增加而增大。在无水分胁迫时,一般有如下指数关系式:

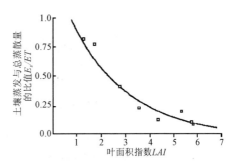

图 6-14　土壤蒸发与叶面积指数的关系图

$$E_S/ET = ae^{-bLAI}$$
$$E_T/ET = 1 - ae^{-bLAI}$$

式中 E_S 和 E_T 分别为冠层下的土壤蒸发和植株蒸腾,ET 为农田蒸散($ET = E_T + E_S$),LAI 是叶面积指数,a,b 为系数。为分开 E_S 和 E_T 的值,可用 Micro-lysimeter(微蒸渗仪)测定土壤蒸发值。下面详细介绍农田蒸散的测定和计算方法。

1.农田实际蒸散的测定方法

农田实际蒸散的测定方法有水文学方法、微气象方法、植物生理学方法、遥感遥测法等,水文学方法分为水量平衡法、蒸渗仪法;微气象方法包括空气动力学法(扩散法)、涡度相关法、鲍恩比－能量平衡法(BREB 法)等,主要用于测定较小时间(1 h 内)和空间尺度(1 km)、均匀下垫面的蒸散量;植物生理学方法包括示踪法、蒸腾室法、气孔计法、植株液流法等;遥感遥测法用于估测区域范围内的蒸散。

表 6-3 主要蒸散测定方法比较

测定方法	优　　点	缺　　点
水量平衡法	使用简便,仪器便宜	空间变异大,存在排水和毛管上升水时难以应用,土壤有裂缝时观测误差大
蒸渗仪法	对蒸散量进行直接测定的方法	测定点固定,从而不能代表小区情况,仪器建造费用较高
鲍恩比能量平衡法	仪器安装简便,造价较低,适合高秆作物,在风浪区为 20：1 时也能应用	维持费用高,为消除误差需对温湿传感器换位。使用干湿表时湿球温度测定精度差,导致误差大
空气动力学法	测量仪器相对简单,操作较简便。理论基础较可靠	需要大气稳定度修正,不适合高秆作物
涡度相关法	测定直接、快速;测量精确	仪器精密,昂贵;要求处理资料的软件;维护频繁
植株液流法	可测定植株间蒸腾的差异,适合研究高大树木的蒸腾	难以用于较大范围测定,每 1～2 周后需更换计量表
蒸腾室法	适合控制条件下,植物水分生理关系研究	易改变观测环境,难以用于较大范围测定

2.农田蒸散的模拟估算方法

实际蒸散的计算可分两类,一是通过修正潜在蒸散的间接计算,其思路是先求算参考作物蒸散,然后根据实际土壤水分状况和作物生长状况,乘以土壤水分因子和作物系数进行订正。该方案仅需要常规气象资料,常用于一天或更长时段的蒸散量估计;一是应用实际蒸散模型直接计算,如采用密集植被状况下的 Penman-Menteith(彭曼－蒙蒂思)方程和稀疏植被状况下的 Shuttleworth-Wallace(沙特尔沃思－华莱士)模式,这类模型理论推导严密,可模拟某一时刻的蒸散值,但模型需要的阻力参数较多。

(1)潜在蒸散计算模型

计算潜在蒸散的模型有许多,应用较广、机理强的模型主要有以下几种。

①Priestley-Taylor(普里斯特利－泰勒)公式

Priestley 和 Taylor 提出以下潜在蒸散计算公式:

$$\lambda ET_0 = \alpha \frac{\Delta}{\Delta + \gamma}(R_n - Q_{SF})$$

在湿润条件下,气温在 15～30 ℃时,α 取值为 1.26。该公式省略了空气动力学项,对辐射项进行了修正。由于省略了空气动力学项,使得该公式在干旱和半干旱地区表现欠佳。

②Penman 公式

假定蒸发面为饱和状态,叶温和同高度的大气温度相等,Penman[10]根据能量平衡和空气动力学原理导出计算参考高度处蒸散的综合方程:

$$ET_0 = \frac{\Delta(R_n - Q_{SF})/\lambda + \gamma E_a}{\Delta + \gamma}$$

Penman 公式具有较强的理论支持,为自然蒸发的理论研究和实验研究提供了基础,能用常规气象资料计算,所以得到广泛的应用。FAO 于 1979 年给出基于该公式的参考作物蒸散计算公式。由于假设蒸发面温度等于气温,忽略植被对水汽输送的阻抗,计算干燥力项 E_a 使用的多为经验性公式,影响了 Penman 公式理论上的完备性和计算精度。

③Penman-Monteith 方程

由于普通的蒸发面通常处于非饱和状态,Monteith 引入空气阻力和冠层阻力等参量,推导出 Penman-Monteith 方程[11]:

$$\lambda ET_0 = \frac{\Delta(R_n - Q_{SF}) + \rho_a c_p [e_s(T_r) - e_r]/r_a}{\Delta + \gamma(1 + r_c/r_a)}$$

Penman-Monteith 方程考虑了影响蒸散的大气因素和作物生理因素,成为研究农田蒸散在机理上更完善的一个基本模型。研究表明,不论在湿润或干旱半干旱地区,Penman-Monteith 方程都可以较准确的计算参考作物蒸散量,所以 1990 年 FAO 专家组成员将其定为计算参考作物蒸散量的标准方法。该模型的主要困难在于对作物冠层气孔阻力的估算。基于此,FAO(1998)定义了参考作物,高度为 0.12 m,其阻抗为 70 s·m^{-1},反射率为 0.23,在其充分覆盖地表和水分供应充分时,给出依据 Penman-Monteith 方程计算逐日参考作物蒸散 ET_0 的公式[12]:

$$ET_{0(FAO-98)} = \frac{0.408\Delta(R_n - Q_{SF}) + \gamma \cdot \frac{900}{T + 273}U_2(e_s - e_r)}{\Delta + \gamma(1 + 0.34U_2)}$$

国内外学者先后对该公式进行了应用和比较研究。

④其他方法

估算潜在蒸散的方法还有 Blancy-Criddie 公式、Thornthwaite 公式、布迪科公式等。Blancy-Criddie 公式、Thornthwaite 公式因经验性强,现在应用较少。

Blaney-Criddie 公式:该方法认为土壤水分充足时,潜在蒸散随日平均气温和每日白昼小时数占全年白昼小时数的百分率而变化。公式为:

$$ET_{oi} = C_i[P_i(0.46T_i + 8.13)]$$

Thornthwaite 公式:Thornthwaite(1948)给出了一个计算作物生长季内月潜在蒸散量的经验公式:$ET_{oi} = 1.6\left(\dfrac{10T_i}{I}\right)^a$,$T_i$ 为月平均气温,a 为经验指数,I 为热效应指数,表达式如下:

$$I = \sum_{i=1}^{12}\left(\frac{T_i}{5}\right)^{1.514}$$

布迪科公式:根据能量平衡和水汽、热量的湍流交换原理,布迪科给出如下计算潜在蒸散的综合法公式:

$$ET_0 = \frac{(R_n - Q_{SF})}{C_p\Delta T\left(1 + \dfrac{\lambda\Delta q}{c_p\Delta T}\right)}\Delta q$$

该公式需要两个高度的气象资料,由于是非常规资料,故其使用受限。

得到潜在蒸散后,利用作物系数 K_c 和土壤水分因子 K_s,根据 $ET_a = K_c \times K_s \times ET_0$ 就可估算出实际蒸散。

(2)实际蒸散直接计算模型

①Penman-Menteith 方程

对植被冠层充分覆盖地表时,可直接用 Penman-Menteith 方程计算实际蒸散。冠层阻力 r_c 是 Penman-Monteith 方程中的重要参数,难以用仪器直接测定,一般用间接方法推导,目前使用的方法主要有以下几种:根据 P-M 公式进行反推得到;利用鲍恩比—能量平衡法(BREB)反推得到;利用单叶气孔阻力,结合作物群体 LAI 的空间垂直分布计算得到;利用能量平衡原理,结合冠层温度进行估算;等。

ⓐ用 Penman-Menteith 方程反推计算 r_c:如果知道了 R_n、Q_{SF}、r_a、冠层温度及利用 Lysimeter 测算的 LE,根据 Penman-Menteith 公式就可反推 r_c。

ⓑ利用鲍恩比—能量平衡法(BR-EB),反推作物冠层阻力 r_c:

$$r_c = g_c^{-1} = \left(\frac{\Delta}{r}\beta - 1\right)r_a + \frac{\varrho c_p}{\gamma}\frac{D_a}{(Rn - Q_{SF})}(1 + \beta)$$

ⓒ利用叶片气孔阻力,结合 LAI 空间垂直分布推算作物冠层阻力 r_c[13]:

$$r_{st} = \frac{\sum\limits_i r_{st,i}}{LAI_i} g_{st} = \frac{\sum\limits_i LAI_i}{r_{st,i}} = \sum\limits_i LAI_i g_{st,i}$$

设 LAI 为叶面积指数，r_{stm} 为冠层平均气孔阻力，$r_{st} = \dfrac{LAI}{r_{stm}}$，$r_{stm}$ 值可用 $r_{stm} = K_b \left(\dfrac{W}{u_L} \right)^{-1}$ 计算。W 为叶宽（m），u_L 为叶面风速（m·s^{-1}），K_b 为系数，对叶片的单面而言，取值 $50 \sim 100 \ \text{s}^{\frac{1}{2}} \cdot \text{m}^{-1}$。

Allen[14-15] 提出用有效叶面积估算作物冠层阻力：$r_c = \dfrac{r_{ful}}{0.5LAI}$，$r_{ful}$ 为完全受光叶（full illuminated leaf）的气孔阻力（取值 100 s/m），LAI 可与植株高度建立关系。

Jarvis[16] 给出了冠层气孔阻力与环境因子关系模型，如下：

$$r_c = r_{cmin} [f_1(\zeta) f_2(D) f_3(T) f_4(\theta)]^{-1}$$

S, D, T, θ 分别为太阳总辐射、空气饱和水汽压差、气温、土壤含水量。

董振国[17] 认为影响气孔导性的主要因素为辐射、叶水势和空气饱和差。得到气孔导度计算模型为：$g_{st} = \dfrac{(a + bR_n) \cdot (1 - cD)}{\left[1 + \left(\dfrac{\psi_L}{q} \right)^p \right]}$，式中 $a = 2.867, b = 0.0277, c = 0.0254, q = -315529.0, p = 4.85$。

Rana[18] 给出的临界冠层阻力：$r^* = \dfrac{\Delta + \gamma}{\Delta \gamma} \dfrac{\rho c_p (e_s - e_a)}{(R_n - Q_{SF})}$，在 r^* 值时，无论 r_a 取何值，ET 的值不变化。当 $r_c > r^*$ 时，ET 随 r_a 的增大而增大；$r_c < r^*$ 时，ET 随 r_a 增大而降低。

ⓓ利用冠层叶温和蒸散量推算：

$$r_c = \frac{\rho c_p}{\gamma} \frac{[e_s(T_0) - e_a]}{LE} - r_a$$

式中，T_0 为冠层温度。

根据莫宁-奥布霍夫相似理论，考虑大气稳定度订正，空气动力学阻力 r_a 用下式计算：

$$r_a = \frac{\ln[(z - d)/z_m - \psi_m(\zeta)] \ln[(z - d)/z_h - \psi_h(\xi)]}{\kappa^2 u(z)}$$

z 为传感器高度（m），d 为零平面位移（m），$d = 0.63$ h，z_m, z_h 为动量和感热粗糙度（m），$z_m = 0.13$ h，κ 为卡曼常数，一般取值 0.40。$\psi_m(\xi)$、$\psi_h(\xi)$ 为稳定度修正因子。

②Shuttleworth-Wallace 模型

叶面积指数较低时，地面裸露，应用 P-M 方程直接计算作物在叶面积指数较低时的蒸散量，将产生较大误差。为此 Shuttleworth & Wallace[9] 研究稀疏覆盖表面的蒸散,假设作物冠层为均匀覆盖,引入冠层阻力和土壤阻力两个参数,建立了由作物冠层和冠层下地表两部分组成的双源蒸散模型。公式如下:

$$\lambda ET = C_s PM_s + C_c PM_c$$

$$PM_s = \frac{\Delta(R_n - Q_{SF}) + [\alpha_p D - \Delta r_a^s (R_n - R_n^s)]/(r_a^a + r_a^s)}{\Delta + \gamma[1 + r_s^s/(r_a^a + r_a^s)]}$$

$$PM_c = \frac{\Delta(R_n - Q_{SF}) + [\alpha_p D - \Delta r_a^c (R_n^s - Q_{SF})]/(r_a^a + r_a^c)}{\Delta + \gamma[1 + r_s^c/(r_a^a + r_a^c)]}$$

$$R_n^s = R_n e^{-kLAI}$$

$$r_s^c = 0.5 r_{ST}/LAI$$

$$r_a^c = 0.5 r_b/LAI$$

$$r_a^s = \begin{cases} 0.25 LAI r_a^s(\infty) + 0.25(4-LAI) r_a^s(0) & (0 \leqslant LAI \leqslant 4) \\ r_a^s(\infty) & (LAI > 4) \end{cases}$$

$$r_a^a = \begin{cases} 0.25 LAI r_a^a(\infty) + 0.25(4-LAI) r_a^a(0) & (0 \leqslant LAI \leqslant 4) \\ r_a^a(\infty) & (LAI > 4) \end{cases}$$

$$r_a^s(\infty) = \frac{\ln[(x-d)/z_0]}{\kappa^2 u} \frac{h}{n(h-d)} \left\{ e^n - e^{n[1-(d+z_0)/h]} \right\}$$

$$r_a^a(\infty) = \frac{\ln[(x-d)/z_0]}{\kappa^2 u} \left\{ \ln\frac{(x-d)}{(h-d)} + \frac{h}{n(h-d)} e^{n[1-(d+z_0)/h]-1} \right\}$$

$$r_a^s(0) = \ln(x/z'_0)\ln[(d+z_0)/z'_0]/\kappa^2 u \quad (LAI = 0)$$

$$r_a^a(0) = \ln^2(x/z'_0)/\kappa^2 u - r_a^s \quad (LAI = 0)$$

上式中,$d = 0.63h$,$z_0 = 0.13h$,$n = 2.5$,z'_0 取值 0.01 m。

r_s^s 与土壤含水量有关,许多人先后进行了研究,并建立了数学关系。

Chounddry 和 Monteith 把 S-W 模型发展成包括干燥土壤层和湿润层的双源 4 层模型,又称 C-M 模型[10]。考虑到植被冠层类型的不同,以 S-W 模型为基础,Dolman,Brenner 等分别提出了密闭冠层多层模型和稀疏冠层多层模型等多源模型[11,12]。

(3)互补相关模型

Bouchet 于 1963 年首次提出区域蒸散发互补关系(CRAE)的概念,即陆面蒸散发量增加(或减小)的速率与相应的蒸散发能力减小(或增加)的速率相等。Morton 详细研究了 CRAE 模型的理论基础,并用观测资料进行了证明。我国在这方面也做了大量工作。

区域陆面实际蒸散与潜在蒸散的互补关系可表示为 $\mathrm{d}ET_a + \mathrm{d}ET_p = 0$,式中 ET_a 为区域实际蒸散,ET_p 为区域潜在蒸散。对上式积分,并利用供水条件为完全湿润和完全干燥两种极端情况的边界条件,可得 $ET_a + ET_p = 2ET_w$。式中 ET_w 为湿润环境下陆面蒸散量。互补相关关系可以定性地加以解释。由于陆面上有效供水量的减少,引起陆面蒸发量的减少,提高近地层的气温,降低湿度,而气温的上升和湿度的下降,导致蒸发能力的增加。反之,由于陆面上有效供水量的增加,引起陆面蒸发量的增加,降低近地层的气温,增加湿度,而气温的降低和湿度的增加,导致蒸发能力减小。因此,蒸发能力和蒸发量之间的互补关系是以气温和湿度的相互影响为依据的。由上式可知,欲求 ET_a,关键在于推求 ET_p 和 ET_w。在 CRAE 模型中,Morton 提出了一整套确定蒸发能力的方法。至于 ET_w 则通过经验公式求得。

CRAE 模型的优点在于:①把复杂的土壤—植被—大气系统的相互作用归结为气温、湿度、辐射平衡值等几个气象要素的变化规律上,简化了蒸散机理分析;②输入的基本数据少,只需要常规气象观测资料,就可以求得陆面蒸发量;③既适用于计算多年平均陆面蒸发量,又适用于计算旬、月、年的陆面蒸发量。

6.4.2　农田中的空气湿度

农田中的湿度状况主要决定于总蒸发量和空气温度。通常农田中由于总的蒸发增大,且湍流交换减弱,地面和植物表面蒸发的水汽不易散出,空气湿度总要比裸地大。

农田与裸地空气湿度的差异发生在蒸发强烈且温度差异最大的日间。表 6-4 为玉米地和裸地湿度差的日变化,由表可见,就绝对湿度来说,裸地上虽然蒸发也很强,但因湍流扩散的结果,由地面蒸发的水汽很快被扩散到自由空气中去;而植物丛间空气所获得的水汽,因湍流交换较弱而不易逸散,所以较裸地高;夜间,由于蒸发减弱(或完全停止),温度下降,农田内外温差已不大,所以不论绝对湿度或相对湿度差别都比白天要小。

表 6-4　玉米地和裸地 70 cm 高度处湿度差的日变化[1]

时间	05:00	08:00	11:00	14:00	17:00	20:00
Δe(hPa)	0.7	2.3	2.6	7.2	5.9	2.6
ΔRH(%)	6	9	9	20	20	18

(山西省交城县,1978 年 7 月 5 日)

玉米群体中空气相对湿度的垂直分布表现为:由地面至株高 90 cm 逐渐降低,而后逐渐升高,210 cm 处达到最高,株高 240 cm 以上又迅速降低(图 6-15)。由于地面蒸发,近地面层空气湿度较大,地面水汽向上扩散,湿度是逐渐减小,株高 90~210 cm 空气湿度逐渐升高是因为该层叶片逐渐增多,蒸腾作用和呼吸作用放出大量水汽使空气湿度逐渐增加,株高 210~ 240 cm 是叶片较为密集层次,通风状况较差,呼吸和蒸腾较高,故

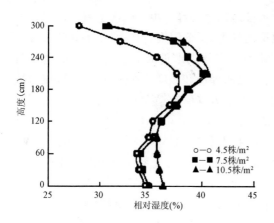

图 6-15　玉米不同密度群体中
空气相对湿度(％)的垂直分布[23]

空气湿度较高。株高 240 cm 以上层次，群体通风透光状况改善，蒸腾水汽扩散快，湿度降低。

随着密度的增加，群体中空气的平均相对湿度逐渐升高，增加密度后群体总蒸腾量增加，同时群体内风速降低、乱流减弱，水汽不易扩散出去，所以高密度群体中空气湿度增加。

田中的湿度分布和变化，除决定于湿度和农田蒸散外，还决定于乱流交换强度。在作物生长初期，植株矮小，土壤表面是农田活动面，也是主要蒸发面。白天，与裸地湿度分布类型相似，属湿型分布;夜间,湿度分布类型属干型分布。

作物生长盛期,农田中水汽压的分布是:白天靠近外活动面附近的水汽压最大;夜间外活动面上有大量露生成,水汽压较小,但各高度平均水汽比都比裸地大。

稻田相对湿度随时间变化规律是:早晨最高,达 90％以上,内活动层 16 时最低,外活动层 13 时最低,均在 65％。茎叶密集的内活动层在一天中相对湿度最大,50 cm次之。100 cm 和 150 cm 上下午相对湿度分布相反。

6.5　农田中的风状况

农田中风状况与农田中热量、水汽、痕量气体的交换关系非常密切,在一定条件下,随着农田中风速加大,可加速 CO_2 的扩散,促进作物的光合作用,所以研究农田中的风状况和湍流交换具有重要意义。植被冠层上方的风速除了用(5.31),计算外,还可以用下面的方程计算植被冠层上方的风速。

根据 Monin-Obukhov 相似理论,有

$$\frac{\kappa(z-d)}{u_*}\frac{\partial U}{\partial z} = \varphi_m(\zeta)$$

式中, $\zeta = (z-d)/L$ 为 Monin-Obukhov 相似参数。对上述方程进行积分有

$$\frac{U}{u_*} = \frac{1}{\kappa}\left[\ln\left(\frac{z-d}{z_0}\right) - \varphi_m\left(\frac{z-d}{L}\right)\right] \tag{6.24}$$

同样,还有对数-线性方程:

$$\frac{U}{u_*} = \frac{1}{\kappa}\left[\ln\left(\frac{z-d}{z_0}\right) + \beta\left(\frac{z-d}{L}\right)\right] \quad (6.25)$$

所以,考虑零平面位移,可以用(5.31)式、(6.24)式、(6.25)式计算冠层上方风速的铅直分布。即把裸地上方的风廓线代换到作物冠层上方,铅直坐标原点移到零平面位移 d_0 高度即可。

6.5.1 农田中风速的水平分布

在农田中由于受植株的影响,风速在水平分布上会产生差异,总是由边行向里不断递减。这是一种风的边际效应,它的大小与作物种类以及播种密度、生长期等都有关系。一般地说,对农田植被内任一高度上的风速大致可用如下经验函数来描述它的水平分布:

$$u_x = u_0 \cdot e^{-ax} \quad (6.26)$$

这里 u_x 为农田中任一点(离开边行 x 米)处的风速,u_0 为边行风速,a 为削弱系数,可通过经验途径取得,x 为由边行深入农田的距离。

由图 6-16 可知,在离田边 3 m 以上相对平均风速基本不变,因此可以认为该时期玉米田风速的边际效应为 3 m。一些实测资料表明,对于种植密度较大的谷子、小麦、水稻等作物,其株高比玉米矮,边际效应距离相对就要小些。

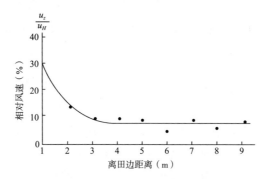

图 6-16 玉米地 2/3 株高处迎风侧相对风速的水平分布[1]

6.5.2 农田冠层内风速的铅直分布

研究植株间风速的铅直分布可以了解植株对于铅直方向动量交换影响的情况。玉米株间相对风速铅直分布如图 6-17 所示。由图可知,玉米群体内相对风速的垂直变化呈"S"形分布。地面风速较小,随着植株升高,风速逐渐增加,株高 60 cm 处达到

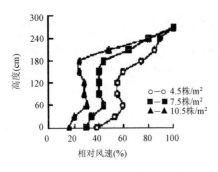

图 6-17　玉米冠层内相对
风速的铅直分布[23]

第一个峰值，而后逐渐降低，株高 $150\sim180$ cm 处达到次低值；株高再增加，风速逐渐增大，顶部风速最大且相对较稳定。随着密度的增大，风速的垂直分布表现为：基部、中部风速减小幅度逐渐增大，尤其以中部减小幅度最大而上部风速差异不大。分析表明，玉米群体中部（$150\sim180$ cm 层次），茎、叶和果穗分布稠密，风速削弱较大，而群体的上部和下部，茎、叶相对稀疏，对风速的阻力小，风速要比中部大。这种效应随群体密度的增加，变化幅度增加。

作物田间风速铅直分布的这种规律性是普遍存在的，它明显地反映出，风速在接近植株顶部的变化是非常迅速的。以下为植被冠层内的风速分布表达式在理论上的推导。

在裸地或植被冠层上方，动量通量为常数：$\dfrac{\mathrm{d}(\tau/\rho)}{\mathrm{d}z} = 0$，而在植被冠层内，动量通量不是常数，随着动量通量的向下输送，要被作物体逐渐吸收，植被冠层内任一高度的动量变化可写成

$$\frac{\mathrm{d}(\tau/\rho)}{\mathrm{d}z} = C_D F u^2$$

式中，C_D 为阻力系数，F 为叶面积，u 为风速。公式的含义是表示由于植株群体摩擦力作用所消耗的动能。

式子还可以变化为 $\dfrac{\mathrm{d}\tau}{\mathrm{d}z} = \rho C_D F u^2$，$\rho C_D F u^2$ 具有力的量纲，式子的含义就是外力的作用促使了通量随高度的变化。动量通量的向下输送时，其变化量取决于这个力的大小，而这个力大小取决于 C_D，C_D 又取决于叶面积 F，即作物密度大，动量下传时遇到植株体的机会多，那么受到的阻力就大，即作物冠层内湍流交换系数与叶面积 F 呈负相关。另外，作物层内各高度的 k 与相应高度上的风速有关，风速越大，湍流交换越强。所以，可以假设

$$k_M = c \times u \times (1 - F)$$

c 为比例系数。故 $\dfrac{\mathrm{d}(\tau/\rho)}{\mathrm{d}z} = \dfrac{\mathrm{d}}{\mathrm{d}z} k\left(\dfrac{\mathrm{d}u}{\mathrm{d}z}\right) = C_D F u^2$ 可以写为

$$\frac{\mathrm{d}}{\mathrm{d}z}\left[cu(1 - F)\frac{\mathrm{d}u}{\mathrm{d}z} \right] = C_D F u^2$$

$$cu(1 - F)\frac{\mathrm{d}^2 u}{\mathrm{d}z^2} + \frac{\mathrm{d}u}{\mathrm{d}z}\frac{\mathrm{d}}{\mathrm{d}z}\left[cu(1 - F) \right] = C_D F u^2$$

$$cu(1-F)\frac{\mathrm{d}^2 u}{\mathrm{d}z^2} + \frac{\mathrm{d}u}{\mathrm{d}z}\left[c(1-F)\frac{\mathrm{d}u}{\mathrm{d}z} - cu\frac{\mathrm{d}F}{\mathrm{d}z}\right] = C_D F u^2$$

$$cu(1-F)\frac{\mathrm{d}^2 u}{\mathrm{d}z^2} + c(1-F)\left(\frac{\mathrm{d}u}{\mathrm{d}z}\right)^2 - cu\frac{\mathrm{d}F}{\mathrm{d}z}\frac{\mathrm{d}u}{\mathrm{d}z} = C_D F u^2$$

令 $U = u^2$，则 $\dfrac{\mathrm{d}U}{\mathrm{d}z} = 2u\dfrac{\mathrm{d}u}{\mathrm{d}z}$，$\dfrac{\mathrm{d}^2 U}{\mathrm{d}z^2} = 2u\dfrac{\mathrm{d}^2 u}{\mathrm{d}z^2} + 2\dfrac{\mathrm{d}u}{\mathrm{d}z}\dfrac{\mathrm{d}u}{\mathrm{d}z} = 2u\dfrac{\mathrm{d}^2 u}{\mathrm{d}z^2} + 2\left(\dfrac{\mathrm{d}u}{\mathrm{d}z}\right)^2$

即：$\dfrac{\mathrm{d}^2 u}{\mathrm{d}z^2} = \dfrac{1}{2u}\dfrac{\mathrm{d}^2 U}{\mathrm{d}z^2} - \dfrac{1}{u}\left(\dfrac{\mathrm{d}u}{\mathrm{d}z}\right)^2$，$\dfrac{\mathrm{d}u}{\mathrm{d}z} = \dfrac{1}{2u}\dfrac{\mathrm{d}U}{\mathrm{d}z}$。代入前面的式子，变换得到：

$$cu(1-F)\left[\frac{1}{2u}\frac{\mathrm{d}^2 U}{\mathrm{d}z^2} - \frac{1}{u}\left(\frac{1}{2u}\frac{\mathrm{d}U}{\mathrm{d}z}\right)^2 + c(1-F)\left(\frac{1}{2u}\frac{\mathrm{d}u}{\mathrm{d}z}\right)^2 - cu\frac{\mathrm{d}F}{\mathrm{d}z}\frac{1}{2u}\frac{\mathrm{d}U}{\mathrm{d}z}\right] = C_D F U$$

化简可得：

$$c(1-F)\frac{\mathrm{d}^2 U}{\mathrm{d}z^2} - c\frac{\mathrm{d}F}{\mathrm{d}z}\frac{\mathrm{d}U}{\mathrm{d}z} - 2C_D F U = 0$$

假设叶面积密度不随高度而变化，即 $\dfrac{\partial F}{\partial z} = 0$，于是得到

$$\frac{\mathrm{d}^2 U}{\mathrm{d}z^2} - \frac{2C_D F}{c(1-F)}U = 0$$

其特征方程为：$r^2 - \dfrac{2C_D F}{c(1-F)} = 0$，特征根 $r = \pm\sqrt{\dfrac{2C_D F}{c(1-F)}}$

因为作物层内风速不会随高度的增加而降低，取 $r = \sqrt{\dfrac{2C_D F}{c(1-F)}}$ 符合要求。故方程的通解为：$U = Ce^{\sqrt{\frac{2C_D F}{c(1-F)}}z}$，$u = U^{1/2}$ 回代，得到 $u = C^{\frac{1}{2}}e^{\sqrt{\frac{C_D F}{2c(1-F)}}z}$。

当 $z = H$ 时，应该有 $\dfrac{u_*}{\kappa}\ln\dfrac{H-d}{z_0} = C^{\frac{1}{2}}e^{\sqrt{\frac{C_D F}{2c(1-F)}}H}$，所以，$C^{\frac{1}{2}} = \dfrac{u_*}{\kappa}\ln\dfrac{H-d}{z_0}e^{-\sqrt{\frac{C_D F}{2c(1-F)}}H}$。

设 $\beta = \sqrt{\dfrac{C_D F}{2c(1-F)}}$，则有：

$$u(z) = C^{\frac{1}{2}}e^{\sqrt{\frac{C_D F}{2c(1-F)}}z} = u_H \cdot e^{-\beta(H-z)} \qquad (z < H)$$

即：

$$u(z) = u_H \cdot e^{\alpha(z/H-1)} \qquad (0.1H < z < H) \tag{6.27}$$

式中 u_H 为植株顶部 H 高度处的风速，α 为衰减系数。表 6-5 给出了不同冠层类型的 α 值。Goudriaan 给出了一个以作物结构相关的简单公式来计算衰减系数。

$$\alpha = \left(\frac{0.2LAI \times H}{l_m}\right)^{\frac{1}{2}} \tag{6.28}$$

l_m 为冠层内叶片间的平均距离，可以用 $l_m = \left(\dfrac{4w \times H}{\pi LAI}\right)^{\frac{1}{2}}$ 计算对于草类植物的叶片间

距离;对叶片形状为方形的植物有 $l_m = \left(\dfrac{6w^2 \times H}{\pi LAI}\right)^{\frac{1}{3}}$ ，w 为叶宽。表 6-6 给出了不同作物冠层根据公式(6.28)估算的 α 值和相应的观测值。当植被覆盖度过低时，方程(6.28)得到的估算结果偏差会较大。图 6-18 是不同植被冠层内相对风速随高度的变化。

表 6-5   不同作物的冠层内风速衰减系数

冠层类型	未成熟的玉米	燕麦	小麦	玉米	向日葵	圣诞树	落叶松	柑橘林
α 值	2.8	2.8	2.5	2.0	1.3	1.1	1.0	0.4

表 6-6   作物冠层风速衰减系数计算值与测定值比较

作物类型	株高(m)	LAI	叶宽(m)	计算的 α 值	测定的 α 值
玉米 *	0.5	0.55	0.05	0.48	1.6
	1.4	2.5	0.08	1.7	2.0
	2.25	4.3	0.10	2.7	2.6
	2.77	4.2	0.12	2.7	3.0
玉米 **	1.9	3.1	0.10	2.1	1.8
	2.6	3.1	0.10	2.2	1.9
小麦	1.0	3.0	0.02	2.6	—
大豆	1.0	3.0	0.05	2.3	—
	1.0	6.0	0.05	3.6	—

注: * 源于 Inoue 和 Uchijima(1979)的结果, ** 源于 Sauer(1993)的结果。

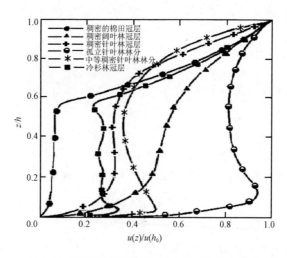

图 6-18   不同植被冠层内相对风速的铅直分布

对植被冠层底部的 $0.1H$ 高度范围内,可设零平面位移为 0,粗糙度为下垫面土壤表面的值用对数率来计算风速廓线,即可用方程(5.31)来计算。这一层顶部的风速与上面指数分布层底部的风速值相等。

对高大树木的冠层,叶片密集其顶部位置,树干位置间相对较空,冠层内风速与冠层上方风速相关性很差,对于这样的冠层,公式(6.28)只适用于冠层顶部 $30\%\sim$ 40% 的空间位置。

6.5.3 农田中平均风速的通用模式

由以上讨论可知,由公式(6.26)、(6.27)可描述农田中风速的水平分布和铅直分布,但它们只能说明农田中实际风分布的部分特点。就风的水平分布来说,(6.26)式只符合气流进入农田的最初情况,但当深入到农田的距离比较大时就不适用了。此时,实际相对风速不再减弱,而是保持在某一水平上。显然这与农田上方动量向下输送有关。(6.27)式只能描述植株上半部风速随高度变化情况,而不能反映植株下半部风速铅直分布的特点,其主要缺陷在于它未能考虑植被内水平方向的动量输送。

为此,将植被内任一高度上的动量输送过程都能分解成水平输送和铅直输送两部分。前者是由植被边行空间沿平均风方向向植被内部输送的,而后者则是由植被上方向下的湍流扩散,其结果使得农田中的风廓线明显偏离空旷地上的典型形式。所以,原则上可用下列分析式描述农田植被中的风速分布

$$u = u'\Phi(x,f) \tag{6.29}$$

这里 u' 和 u 分别为空旷地上和农田中同一高度处的风速,$\Phi(x,f)$ 为修正函数,f 为相对叶面积密度函数。

然后,把修正函数 $\Phi(x,f)$ 分成对动量的水平输送订正和铅直输送订正两部分,即

$$\Phi(x,f) = \alpha\Phi_1(x,f) + \beta\Phi_2(f) \tag{6.30}$$

其中 α,β 为权重系数,应有 $\alpha+\beta=1$。对于农田边行和植株顶部函数 $\Phi(x,f)$,$\Phi_1(x,f)$,$\Phi_2(f)$ 具有如下性质,$\Phi(0,0)=1$;$\Phi_1(0,0)=1$;$\Phi_2(0)=1$。关于 $\Phi_1(x,f)$,$\Phi_2(f)$ 的函数表达式,对水平输送订正项,可参照比尔定律写成

$$\Phi_1(x,f) = e^{-c \cdot x \cdot f} \tag{6.31}$$

式中 c 为植被对动量的削减系数。该式表示随着相对叶面积密度函数 f 和离边行距离 x 的增大,水平方向的动量输送按负指数递减,这比(6.26)式更具普遍性。

$\Phi_2(f)$ 表示了植被对动量铅直扩散的阻碍作用,它应与相对叶面积密度函数 f 有关,可得到经验式 $\Phi_2(f)=1-f$。

于是,最终可得总的植被订正函数

$$\Phi(x,f) = \alpha \cdot e^{-c \cdot x \cdot f} + \beta(1-f) \tag{6.32}$$

如把空旷地风速 u'，以公认的对数廓线方程代入，则农田植被内的风速可表示为

$$u = u_H \frac{\ln z - \ln z_0}{\ln H - \ln z_0} [\alpha \cdot e^{-c \cdot x \cdot f} + \beta(1-f)] \tag{6.33}$$

这就是农田植被中平均风速的通用模式。它能满足各种边界条件：

当 $z = H$ 时，$f = 0$，$u = u_H$；

$z = z_0$ 时，$u = 0$；

$x = 0$ 时，$f = 0$（测点位于农田边缘），有：$u = u_H \dfrac{\ln z - \ln z_0}{\ln H - \ln z_0}$；

当 $x \to \infty$ 时，可得到：$u = u_H \dfrac{\ln z - \ln z_0}{\ln H - \ln z_0} \beta(1-f)$。

(6.33)式也适用于描述植被上方平均风速铅直分布特征。此时，粗糙高度 z_0 需相应地改为 $(d + z_0)$，这里 d 为零平面位移高度，而 $f = 0$，$\alpha + \beta = 1$。

还需说明，(6.33)式是针对撒播作物的，对于条播作物田，式中 x 应改为由边行向里的行数 n，即有

$$u = u_H \frac{\ln z - \ln z_0}{\ln H - \ln z_0} [\alpha \cdot e^{-k \cdot n \cdot f} + \beta(1-f)] \tag{6.34}$$

(6.33)式和(6.34)式中系数 c, k, α, β 可通过经验途径求出，f 也可由实测得到，对于禾本科作物 f 具有相似的分布。根据条播小麦田 70 cm 高处实测平均风速的水平变化资料，得到 $\alpha = 0.74$，$\beta = 0.26$，$k = 2.78$。从检验结果看，(6.33)式、(6.34)式的反演效果比较满意。

6.5.4　农田中的风脉动和湍流交换

植被冠层内的湍流产生是一个比平坦裸地或冠层上方均一边界层更复杂的过程。冠层内空气运动也以高度湍流化为特征，冠层内的风速脉动与平均风速相比，具有同样的甚至更高的量级。植被冠层内的湍流特征使其不仅测定困难，而且不容易用与裸地上空相似的形式来简单地描述。

农田中的风脉动和湍流交换是表征植株间通风效应的重要指标。由于作物在生长过程中不断需要从空气中吸收 CO_2 才能维持其正常干物质生产，因此研究植株间的风脉动和湍流交换是必要的。

1. 农田中的风脉动

作物对于脉动风速的减弱作用由田块边缘向田块中间增强。图 6-19 清楚地反映了风速由畦埂至畦中间的减弱过程，当畦埂平均风速在 1.5 m/s 左右时，畦中间的

平均风速只有 $0.2 \sim 0.3$ m/s。

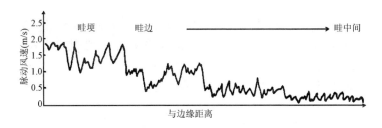

图 6-19　冬小麦农田冠层内 2/3 株高处脉动风速随边缘距离的变化[1]

2. 植被冠层内湍强随高度的变化

这方面的观测资料非常有限,农作物冠层内的纵向湍强 $i_u = \sigma_u/U$ 大约为 0.4,温带森林 i_u 为 0.6,热带森林为 $0.7 \sim 1.2$。一般而言,纵向湍强随冠层密度的增大而增大。纵向湍强廓线与叶面积指数或植株面积指数分布一致,当然还受冠层内平均风速和稳定度的影响。横向湍强 i_v 和垂直湍强 i_w 与 i_u 一般呈正比,且比 i_u 要小。Uchijima 比较水稻和玉米冠层内的湍强廓线表明前者的湍强廓线与叶面积密度分布几乎一致,而后者湍强的最大值出现在冠层顶部。图 6-20 的观测结果也表明玉米冠层内的湍强随高度的增大而增强。

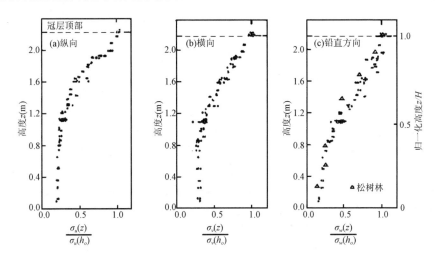

图 6-20　玉米冠层内的风速脉动方差随高度的变化[24]

3.植被冠层内的湍流交换系数变化

湍流交换系数的大小是表征湍流运动的强弱另一指标。在植被冠层内它的大小与植株密度、离地高度等有关;一般情况下,植被密度愈小,距地高度越高,湍流系数越大,反之湍流系数就越小。植株间湍流交换系数随高度的增加而增大,密度较大的作物(黑麦等)的湍流交换系数比密度较小的作物田中(玉米)小(图 6-21)。

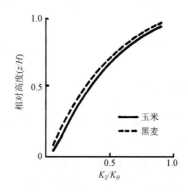

图 6-21　植株间湍流扩散系数的铅直分布[1]

关于植株间湍流扩散系数的求算,1962 年内岛善兵卫认为仍可用热量平衡法进行,即

$$K(z) = \frac{-\left[R_n(z) - Q_{SF}\right]}{\rho c_p \left[\dfrac{\mathrm{d}T}{\mathrm{d}z} + \dfrac{L}{c_p}\dfrac{\mathrm{d}q}{\mathrm{d}z}\right]} \tag{6.35}$$

式中,$R_n(z)$ 为净辐射,$\dfrac{\mathrm{d}T}{\mathrm{d}z}$,$\dfrac{\mathrm{d}q}{\mathrm{d}z}$ 分别是温度和湿度的铅直分布,Q_{SF} 是土中热交换(对于水田为水层及土壤层的热交换)。按(6.35)式计算的水稻田中的湍流扩散系数随高度的分布如图 6-22 所示。该图表明,在白天湍流扩散系数随高度迅速增大,在作物顶部,中午时的 K 值可比分子扩散系数几乎大 3 个量级,接近水面处,K 值迅速减小,但仍比分子扩散系数大 1 个量级。在微风的清晨和夜晚,植株中、下部 K 曲线有一个最大值,这是由于水稻株间的温度层结影响的结果,其中尤以清晨最为明显,因为此时水稻田间的温度层结是上冷下暖,温度层结的不稳定有助于空气的上下混合,致使株间的湍流交换在一定高度出现最大。另外,图 6-22 还表明,作物对湍流扩散系数的削弱作用在 2/3 株高以下最为显著。

4.冠层内的湍流通量

在植被冠层内直接测定其动量、热量和水汽通量等是相当困难的。图 6-23 显示

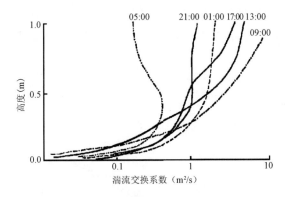

图 6-22 稻田各时刻湍流扩散系数的铅直分布[1]

了应用涡度相关法测定的玉米冠层内的动量通量随高度的变化。一般地，通量随高度的增大而增大，在接近冠层顶部附近位置达到最大值。冠层内的通量观测强烈支持通量的逆梯度传输。通过测定冠层内平均风速、温度等，用平均动量随高度的积分来估算湍流通量是相当好的方法。

6.6 农田中的 CO_2 变化

CO_2 是植物进行光合作用的主要原料之一。在适宜的光温条件下，大气中 CO_2 浓度的升高，会提高作物净光合作用速率，促进作物生长发育。所以了解农田中 CO_2 的分布、输送及其动态，对提高作物产量具有现实价值。另一方面，CO_2 也是引起全球变暖的重要温室气体，开展 CO_2 通量的监测对

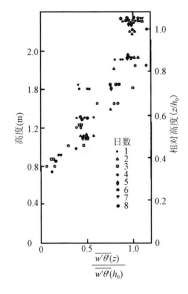

图 6-23 玉米冠层内的动量通量随高度的变化[24]

研明 CO_2 的源汇和变化评估生态生态系统对气候变化的响应和适应也具有重要意义。

6.6.1 地球底层大气中的 CO_2 浓度变化

自工业革命以来，由于人类活动持续燃烧大量化石燃料，使排放到大气中的 CO_2 量在不断增多累积。根据夏威夷莫纳罗亚观测站自 1958 年以来的观测资料，地球底

层大气中 CO_2 的含量呈显著地增长趋势(图 6-24)。显然这种趋势至少在近期还将持续发展下去,IPCC 评估报告明确指出温室气体浓度增加是引起全球气候变暖的最可能原因。

图 6-24　地球底层大气月平均 CO_2 浓度的变化(资料来源 Mauna Loa 观测站)

底层大气中 CO_2 浓度分布还具有显著的时空变化特征。在城市,由于工业、交通和居民比较集中,大量使用矿物燃料,所以大气中的 CO_2 浓度就要比农村、山区高。据测定,北京郊区 CO_2 浓度可达到 0.04%。空气中 CO_2 的季节变化是与地表植被分布密切相关。特别是在中高纬度地区,由于植物光合作用有着明显的季节变化,因而也影响到 CO_2 含量的变化。在夏季正是植物生长最旺盛的季节,光合作用强,被同化的 CO_2 多,所以空气中 CO_2 浓度在夏末秋初时达到为全年最低。随着季节的转换,植物叶片凋落,光合作用降低到停止,CO_2 含量也发生变化,从开始升高到第二年春季时的 CO_2 含量达全年最高。CO_2 浓度这种年变化,在大气的低层表现最明显,随着高度的增加而逐渐减弱。CO_2 浓度的年变幅,在大气低层的生物圈内,约为 $20\sim40$ ppm。图 6-25 清楚地反映了 CO_2 浓度随纬度变化的时空分布规律:①CO_2 浓度随时间呈增加趋势;②南北半球和高低纬度间的差异;③植物光合作用消耗 CO_2 和呼吸作用放出 CO_2 随季节的变化。由于作物的光合作用和呼吸作用,使得作物与大气间的 CO_2 交换具有明显的日变化。同时也使农田中 CO_2 浓度产生明显的日变化,并使两者具有相反的特点,白天,当作物自大气中获得 CO_2 时,农田中的 CO_2 浓度降低,并通常在午后达到最低值,理论上,冠层上方的 CO_2 浓度最小值出现在净光合作用速率为零的时刻。夜间,则由于呼吸作用,使得农田中 CO_2 浓度增高,其最大值出现在边界层厚度和呼吸作用低的时刻(图 6-26)。该变化规律尤以夏季为最突出。因为夏季作物生长最旺盛,吸收和释放 CO_2 都很多,可造成农田中

CO_2 含量的巨大的变幅。

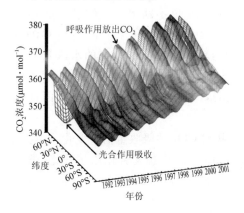

图 6-25　CO_2 浓度随纬度变化的时空分布

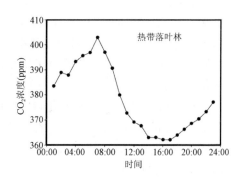

图 6-26　林冠上方 CO_2 浓度的日变化
（美国橡树岭，1996 年夏季）

6.6.2　农田 CO_2 通量变化

农作物在生长发育过程中，不断消耗 CO_2 以制造干物质，所以需不断地从外界得到 CO_2，以满足作物干物质同化的需要。农田中的 CO_2 主要从大气和土壤中通过湍流输送获得。因此，可以从湍流扩散角度来了解农田中 CO_2 的铅直输送情况。CO_2 通量可表示为

$$F_{CO_2} = K_C \frac{\partial C}{\partial z} \tag{6.36}$$

这里 K_C 为铅直输送 CO_2 的湍流系数；CO_2 浓度的铅直梯度，可通过专门仪器直接测定。K_C 通常以不分属性的湍流系数 K 代替。根据第 3 章湍流扩散相关公式，则上式写成：

$$F_{CO_2} = \frac{\kappa^2 (u_2 - u_1)[C(CO_2)_2 - C(CO_2)_1]}{\left(\ln \dfrac{z_2 - d}{z_1 - d}\right)^2} \tag{6.37}$$

式中 u_2, u_1 分别为 z_2, z_1 高度上的平均风速，$C(CO_2)_2, C(CO_2)_1$ 分别为这两个高度上的 CO_2 浓度，d 为零平面位移。随着 CO_2 传感器技术的进步，当前世界上主流的通量观测塔多数应用涡度协方差法观测 CO_2 的通量。

农田中 CO_2 通量在作物生长季节内具有明显的日变化，而且这种日变化形式在不同的生长季节也有所差异。图 6-27 是草地上方 CO_2 通量的日变化情况。日间，由于作物进行光合作用大量吸收 CO_2 的结果，农田由大气获得 CO_2 补充，通量为正；夜间，CO_2 通量则为负，表示作物因呼吸作用放出 CO_2。这是总的日变化情况。但

是,就月际变化看,1月开始直至7月,由于作物叶面积不断增长,日间光合作用和夜间呼吸作用也不断加强,所以 CO_2 通量日变化的变幅也不断增大。但进入8月以后,虽然太阳光能和作物叶面积仍然保持在较高的水平,但土壤含水量下降,对作物供水不足,造成午间 CO_2 通量出现次低值。此时,较高的叶温和植物的水汽张力限制了光合作用的进行,从而也就使得 CO_2 交换减弱。所以日间的次低值是温度条件对同化过程影响结果。冬季由于生物活动的减弱,CO_2 交换远较夏季为小,而且日变化也不够明显。

与农田中 CO_2 通量日变化相对应的是农作物对 CO_2 的吸收量的日变化,它与日射量密切相关(图 6-27)。在一般情况下,太阳光能越强,作物光合作用越旺盛,被作物同化(吸收)的 CO_2 越多,大气与农田间的 CO_2 浓度差(梯度)越大,大气向农田输送的 CO_2 通量就越大。

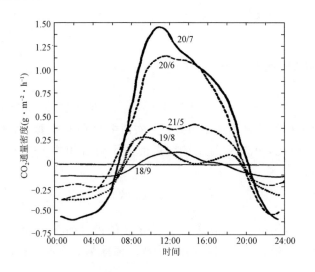

图 6-27 牧草地上生长季节逐日 CO_2 通量的日变化

参考文献

[1] 翁笃鸣,陈万隆,沈觉成,等.小气候和农田小气候.北京:农业出版社,1981.

[2] 蒙特思 J L.植被与大气——原理.卢其尧,等译.北京:农业出版社,1985.

[3] 高德力安.作物微气象学:模拟研究.北京:科学出版社,1985.

[4] 储长树,丁坤娟.水稻群体几何结构与直射光分布.南京气象学院学报,1980,2:211-222.

[5] 翁笃鸣,陈万隆,沈觉成,等.农田中辐射平衡特征的初步分析.南京气象学院学报,1980,2:19-156.

［6］申双和,李秉柏,吴洪颜. 棉花冠层微气象特征研究. 气象科学,1999,**19**(1):50-56.

［7］王纯枝,宇振荣,毛留喜,等.基于能量平衡的华北平原农田蒸散量的估算. 中国农业气象,2008,**29**(1):42-46.

［8］Geiger R. The Climate near the Ground. Harvard University Press,Cambridge,Massachusetts,USA.1950.

［9］Campbell G S, Norman J M. An Introduction to Environmental Biophysics. 2nd ed. New York:Springer,1998.

［10］Penman H L. Natural evaporation from open water,bare soil and grass. *Proc. Roy. Soc.* ,1948,**193**:120-145.

［11］Monteith J L. Evaporation and environment. *Symposia of the Society or Experimental Biology*,1965,**19**:205-234.

［12］Allen R G, Pereira L S, Raes D,*et al*. Crop Evapotranspiration:Guidelines for Computing Crop Water Requirements. FAO Irrigation and Drainage Paper,No. 56,1998.

［13］Seicz G, Long I F. Surface resistance of crop canopies. *Water Resource Res.* ,1969,5:622-633.

［14］Allen R G, Smith M, Perrier A, *et al*. An update for the definition of reference evapotranspiration. *ICID Bull.* ,1994,**43**(2):1-34.

［15］Allen R G, Jensen M E, Wright J L, *et al*. Operational estimates of reference evapotranspiration. *Agron. J.* ,1989,**81**(4):650-662.

［16］Jarvis P G. The interpretation of the variations in leaf water potential and stomatal conductance found in canopies in the field. Philosophical Transactions of the Royal Society of London,*Series B:Biological Sciences*,1976,**273**:596-610.

［17］董振国,于沪宁. 农田作物层环境生态.北京:中国农业科技出版社,1994.

［18］Rana G, Katerji N, Mastrorilli M. Environmental and soil-plant parameters for modelling actual evapotran-spiration under water stress conditions. *Ecol. Modell.*,1997,**101**:363-371.

［19］Shuttleworth W J,Wallace J S. Evaporation from sparse crops—An energy combination theory. *Q. J. R. Meteorol. Soc.*,1985,**111**(469):839-855.

［20］Choudhury B J,Monteith J L. A four-layer model for the heat budget of homogenous land surfaces. *Q. J. R. Meteorol. Soc.*,1988,**114**:373-398.

［21］Dolman A J. A multiple source land surface energy balance model for use in general circulation models. *Agric For. Meteorol.*,1993,**65**:21-45

［22］Brenner A J,Incoll L D. The effect clumping and stomatal response on evaporation from sparsely vegetated shrub land. *Agric. For. Meteorol.*,1997,**84**:178-205

［23］刘开昌,张秀清,王庆成,等. 密度对玉米群体冠层内小气候的影响. 植物生态学报,2000,**24**(4):489-493.

第7章

城市微气象

尽管城市的出现在人类历史上已至少有五千年,但直到公元 1800 年,城市人口也仅占全球人口的 2%。近代以来,随着工业化程度不断提高,全球城市规模呈不断扩大的趋势。城市人口数量是城市规模大小的最明显反映之一,从全球来看,在 20世纪初,世界人口约有 10% 集中在城市,而到 20 世纪末,已有 50% 以上的人口集中在城市。随着改革开放政策的实施和经济高速发展,我国城市人口变化呈加速增长态势,不但在数量而且在比例上也不断上升。1978 年城市人口的比例为 17.2%,在 20 世纪末到达 29.7%,到 2013 年,城市人口已超过农村人口,城市化程度愈来愈高。城市化的发展改变了下垫面状况,将产生局地气候效应,对人们的生产、生活产生影响。因此,重视和加强城市气象与气候的研究及开展相关的服务具有重要意义。

城市气候概念由英国人卢克·霍华德(Luke Howard)在 19 世纪初首次提出[3],其后关于城市气候研究不断增多并取得了许多研究成果。城市气候是在区域气候的背景上,在城市特殊下垫面和城市人类活动的影响下而形成的一种局地气候。随着城市化进程的加剧,使得原有的自然植被或裸露土地被建筑物、沥青和水泥马路等人造地表所代替。人们的生产、生活也极大地改变了城市的热力状况,城市工业排放的大量烟尘、气溶胶颗粒物和城市道路上汽车扬尘等对于城市的气候与环境产生重大影响,带来了一系列的城市问题如环境污染、缺乏绿地、城市生态环境严重恶化等,产生了"城市热岛""城市干岛""城市浊岛""城市沥涝"等城市特有的现象[3],如北半球城市太阳辐射比乡村减小 12%,而云量、雨量和雪量增多,分别为乡村的 8%、14% 和 10%,雷暴次数比乡村增加 15%;城市污染物浓度高达 10 倍,平均气温高 2 ℃[2]。

城市下垫面对气候环境影响是通过城市地表过程及城市大气边界层作用,实现自由大气和低层大气间的能量和物质交换,从而产生局地性、区域性气候,城市气候可以简单分为城市边界层（UBL，urban boundary layer）和城市冠层（UCL，urban canopy layer）[3]，如图 7-1a 所示。城市边界层指由建筑物等城市下垫面导致的局地到中尺度的现象，属于行星边界层的一部分[4]；城市冠层这个概念是 Oke 首次提出，它是指地面到建筑物顶层，该层内动力和热力过程由附近的粗糙元控制，气流、温度、感热、潜热的分布都极为复杂，在该层出现城市狭管动力效应、气流输送的阻挡以及辐射的多重反射等现象，从而形成微气候。城市边界层 UBL 在垂直方向上可分为近地层（surface layer）和混合层（mixing layer）；近地层可以划分为粗糙子层或过渡子层（roughness or transition sublayer）和惯性子层（inertial sublayer），城市冠层 UCL 处于粗糙子层内（图 7-1）。在城市气候理论研究方面包括边界层和城市冠层内的辐射平衡、能量平衡、城市下垫面粗糙度和零平面位移等空气动力学参数、湍流闭合理论等诸多方面，在应用上对城市天气气候预报、环境保护、居民保健、城市规划和城市灾害防御等多方面有着极其重要的意义。

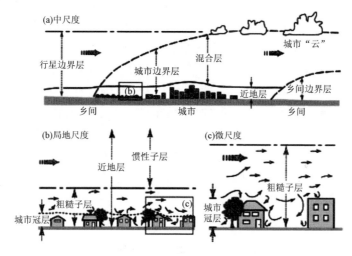

图 7-1　城市气候尺度和边界层的划分[5]

　　城市是一个复杂的地域综合体，城市地表不仅包括草地和林地、水体等（图 7-2），还有大量的道路和建筑。本章的城市小气候主要是指考虑城市冠层内的局地气候变化，城市冠层中动力和热力过程由冠层的粗糙元决定，城市建筑作为城市冠层内主要的粗糙元，因此在本章中重点考虑建筑物对城市冠层的影响，而城市中其他地表如林地和水体本章未加以讨论。

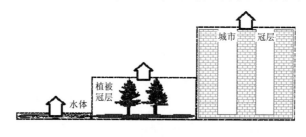

图 7-2　城市地表示意图

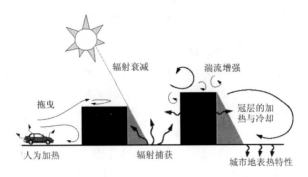

图 7-3　城市冠层效应图[10]

城市冠层对城市小气候影响有三方面(图 7-3):①因城市地区的工业生产、生活等人为活动导致城市人为热源(anthropogenic heating)增加,使得大量热量直接释放到城市地区,从而影响城市局地小气候;如城市人为热的典型值是 $20\sim70$ W/m² ,对于城市热岛及空气质量都会产生显著的影响[6~7]。②城市工业和交通等人为活动过程中排放的大量废气、气溶胶等,在一定程度上改变大气成分的浓度进而影响城市小气候;如二氧化氮、水汽和气溶胶的增加,对大气辐射特性有显著的影响。③建筑物和道路等人为地表大规模增加,不仅改变城市的下垫面热力特性(thermal properties),还将影响动力特性;如大范围的高层建筑物增加,由于高层建筑物对太阳辐射具有遮蔽作用和多次反射、吸收效应以及对地面长波辐射的截获效应,因此对辐射传输过程产生影响;高层建筑物对平均流场的拖曳作用,使平均风速减小;而高层建筑物使得地面粗糙度增加,导致湍流增强(turbulence production),因而影响城市局地小气候,表 7-1 为城乡局地小气候差异。

表 7-1　城乡局地小气候差异对比

气候要素	与邻近乡村相比			
	Landsberg[8]		Oke[9]	
太阳辐射	辐射总量	$0\sim20\%$	辐射总量	$-1\%\sim25\%$
	紫外辐射 冬季	-30%	紫外辐射	$-25\%\sim90\%$
	紫外辐射 夏季	-50%	长波辐射	$+5\%\sim40\%$
	日照时数	$-5\%\sim15\%$		
气温	年平均	$+0.5\sim3.0$ ℃	年平均	$+1\sim3$ ℃
	冬季最低	$+2.5\sim4.0$ ℃	逐时值	最大值$+12$ ℃
	夏季最高	$+1.0\sim3.0$ ℃		
风速	年平均	$-20\%\sim30\%$	强风	$-5\%\sim30\%$
	极端大风	$-10\%\sim20\%$	微风	风速增加
	无风	$+5\%\sim20\%$	风向	$1\sim10°$

7.1 城市辐射和光照条件

7.1.1 街区的辐射传输过程

在城市中,街区是最主要的组成形式。街区空间形态主要取决于街道两侧建筑物的间距、结构及布局方式,直接影响街道的风环境及太阳辐射状况。在许多城市气候数值模式中,都是基于城市街区的地表能量收支进行了数值模拟研究,因此街区辐射平衡对于理解城市小气候的形成更具有实际意义。影响街区辐射平衡的因素归因于三个方面:第一,由于建筑物的尺寸、方位以及表面材料属性的不同,从而为确定表面反射率、比辐射率等重要量值时带来了困难;第二,建筑物几何形状的不同使辐射的入射过程有多种方式;第三,建筑物中的辐射反射有多种形式。在考虑街区辐射平衡平衡时,建筑物的几何形状是一个关键的因素,建筑物外表面(壁面、屋顶面)已成为城市区域内对城市立体气候的影响有着不可忽视的热力作用面。

1.街区形态对反照率影响

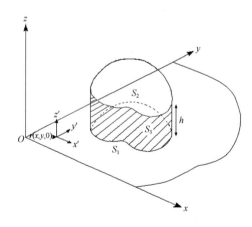

图 7-4   两种性质不同的地表组成的任意形状的网格单元示意图[11]

假设网格单元有两个地表块 S_1 和 S_2,它们各自对应的反射率为 α_1 和 α_2,其中 S_2 地表高于 S_1,其相对高度为 h,在三维坐标系 (x,y,z) 中可以计算出从任意点到两地表块之间的垂直分界线的立体角度,这种情形在城市冠层或街道小范围模型当中的常用的建筑类网格单元的情形。通常对任意几何形状的网格单元的平均反射率用如下方法计算:

$$\overline{\alpha_c} = \alpha_1\sigma_1 + \alpha_2\sigma_2 \tag{7.1}$$

其中 $\sigma_i = S_i/S$（$i = 1,2$），S_1，S_2 分别表示两种不同性质的面积，S 表示网格单元总面积。这种方法对于两块表面处于不同高度的单元网格求取平均时并不能简单地求取平均反射率，要考虑垂直面的影响，因此引入一个"损耗因子"量 k（$0 < k \leqslant 1$），用来反映两个地表因存在相对高度，使得辐射通量发生反射时出现了损耗，同时假设凡是到达垂直分界面 S_3 的辐射通量全部被损耗了，因此不需要把从 S_3 表面所反射的辐射能计算总的辐射能中。将考虑垂直面的影响计算网格单元的平均反射率用 $\overline{\alpha_n}$ 表示，则网格单元的平均反射率 $\overline{\alpha_n}$：

$$\overline{\alpha_n} = (1-k)\alpha_1\sigma_1 + \alpha_2\sigma_2 \tag{7.2}$$

定义损耗因子为：

$$k = \left(\frac{\mathrm{d}E}{\mathrm{d}t}\right)_l \bigg/ \left(\frac{\mathrm{d}E}{\mathrm{d}t}\right)_h \tag{7.3}$$

其中 $\left(\frac{\mathrm{d}E}{\mathrm{d}t}\right)_h = IS_1\pi$ 表示从地表面 S_1 向上半空间发射的辐射通量，$\left(\frac{\mathrm{d}E}{\mathrm{d}t}\right)_l$ 表示从 S_1 向 S_3 发射辐射通量，该方法已被许多城市气候模型应用，用来测算建筑物所截获的太阳辐射能及所损耗的长波辐射。

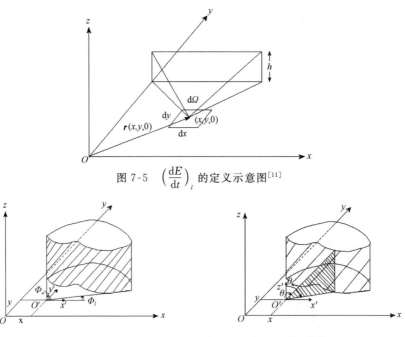

图 7-5　$\left(\dfrac{\mathrm{d}E}{\mathrm{d}t}\right)_l$ 的定义示意图[11]

图 7-6　水平方位角和垂直方位角定义示意图[11]

在地表水平面 O' 点取一无穷小 $\mathrm{d}x\mathrm{d}y$ 面积元，$\mathrm{d}x\mathrm{d}y$ 到达垂直分界面的辐射通量：

$$\left(\frac{\mathrm{d}E}{\mathrm{d}t}\right)_l = I\iint\limits_{S}\mathrm{d}x\mathrm{d}y\int_{\varphi_l}^{\varphi_u}\mathrm{d}\varphi\int_{\theta_l}^{\theta_u}\cos\theta\,\sin\theta\mathrm{d}\theta \tag{7.4}$$

其中 $\mathrm{d}\Omega$ 是立体角，从 O' 点到各分界面而得到的水平方位角（φ_l,φ_u）和垂直方位角（θ_l,θ_u），其中 l,u 分别表示从边界处的最小值和最大值。由关系式(7.3)和(7.4)可以求出损耗系数 k，进而可由关系式(7.2)得到平均反射率。以上是对任意形状提出一种通用模型，下面针对具有高度为 h 的建筑物位于 $L\times L$ 正方形网格单元(图 7-7)。

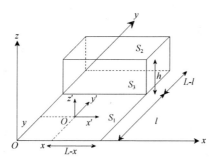

图 7-7　高度为 h 建筑物位于正方形网格单元示意图[11]

由几何关系可以求得方位角，求出损耗系数 k，进而可由关系式(7.2)得到平均反射率。

正方形网格单元由两个长方形 S_1 和 S_2 组成，其 $S_1 = L\times l$，$S_2 = L\times(L-l)$，相对应的反射率为 α_1 和 α_2，则

$$\left(\frac{\mathrm{d}E}{\mathrm{d}t}\right)_h = ILl\pi, \quad \left(\frac{\mathrm{d}E}{\mathrm{d}t}\right)_l = I\int_0^l\mathrm{d}y\int_0^L\mathrm{d}x\int_{\varphi_l}^{\varphi_u}\int_{\theta_l}^{\theta_u}\cos\theta\,\sin\theta\mathrm{d}\theta\mathrm{d}\varphi \tag{7.5}$$

其中：

$$\varphi_l = \arctan\frac{l-y}{L-x} \qquad \varphi_u = \frac{\pi}{2} + \arctan\frac{x}{l-y} \tag{7.6}$$

$$\theta_l = \arctan\frac{l-y}{h\sin\varphi} \qquad \theta_u = \frac{\pi}{2} \tag{7.7}$$

引入无量纲量 $\hat{x} = \frac{x}{L}$，$\hat{y} = \frac{y}{L}$，$\hat{l} = \frac{l}{L}$，$\hat{h} = \frac{h}{L}$，则损耗因子 k 仅是 $\hat{l}$ 和 $\hat{h}$ 两个变量的函数

$$k(\hat{l},\hat{h}) = \frac{1}{\hat{l}\pi}\times\left\{\hat{l}\arctan\frac{1}{\hat{l}} - \sqrt{\hat{h}^2+\hat{l}^2}\arctan\frac{1}{\sqrt{\hat{h}^2+\hat{l}^2}} + \hat{h}\arctan\frac{1}{\hat{h}} + \frac{1}{4}(1-\hat{l}^2)\right.$$

$$\left[\ln\left(\frac{1+\hat{l}^2}{1+\hat{h}^2+\hat{l}^2}\right)\right] + \frac{1}{4}\hat{h}^2\ln(1+\hat{h}^2+\hat{l}^2) + \frac{1}{4}(1-\hat{h}^2)\ln(1+\hat{h}^2) +$$

$$\frac{1}{4}\hat{l}^2\left[\ln\frac{\hat{l}^2}{\hat{h}^2+\hat{l}^2}\right]+\frac{1}{4}\hat{h}^2\left[\ln\frac{\hat{h}^2}{\hat{h}^2+\hat{l}^2}\right]\bigg\} \tag{7.8}$$

由此可知在 l 不变的情况下,损耗系数 k 随着 h 的增加而增加,由于平均反射率 $\overline{\alpha_n}=(1-k)\alpha_1\sigma_1+\alpha_2\sigma_2$,所以平均反射率随着 k 值的增加而减小,变化程度取决于高度 h(图 7-8);当 $\hat{l}\to 0$ 时,$k\to\frac{1}{2}$,这是因为面积 σ_1 消失了,平均反照率趋向 α_2。

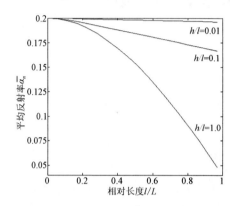

图 7-8　平均反射率 $\overline{\alpha_n}$ 随着相对长度 $\dfrac{l}{L}$ 的增加而变化的曲线

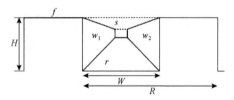

图 7-9　城市街区模型示意图

2. 街区形态对净辐射影响

城市区域的组成单元是城市街区(图 7-9)。城市街区是由两个平行的建筑群组成,建筑群具有相同的高度和平滑的房顶,因此街区有三个特征量:建筑物高度 H、街道宽度 W,以及单元宽度 R。街区面由路面 r,墙面 w_1,w_2 及可见天空 S 组成了一个表面封闭的系统。通常高宽比 H/W 是表征建筑形态度重要特征量,又称为街区特征比(canopy aspect ratio)。对任一点 p 有 $(H/W)_{p_i}=\dfrac{h_{i,1}+h_{i,2}}{2(w_{i,1}+w_{i,2})}$,$h_{i,1}$ 和 $h_{i,2}$ 分别表示街道相对的两个建筑物高度,$w_{i,1}$ 和 $w_{i,2}$ 分别表示街道任一点 p 到两个建筑物高度之间的水平距离。

只考虑反射作用对辐射平衡的影响,假设各个面的辐射通量密度都是相同的,各个面之间的介质对辐射没有吸收作用的。设 B_j 表示从 j 面发射的辐射通量密度,$A_{(i)j}$ 表征从 j 面散射出的辐射通量密度到达 i 面的那一部分,这两个量之间是通过形状因子 F_{ij} 联系,有

$$A_{i(j)}=F_{ij}B_j \tag{7.9}$$

F_{ij} 是 i,j 两个面方位之间的函数：

$$F_{sr} = F_{rs} = \left[1 + \left(\frac{H}{W}\right)^2\right]^{\frac{1}{2}} - \frac{H}{W} \tag{7.10}$$

$$F_{ww} = \left[1 + \left(\frac{W}{H}\right)^2\right]^{\frac{1}{2}} - \frac{W}{H} \tag{7.11}$$

$$F_{rw} = \frac{1}{2}(1 - F_{rs}) \tag{7.12}$$

$$F_{wr} = F_{ws} = \frac{1}{2}(1 - F_{ww}) \tag{7.13}$$

图 7-10 反映了城市街区的形状因子随着街区特征比（H/W）变化。路面对天空形状因子 F_{rs} 和墙面对天空形状因子 F_{ws} 随着 H/W 增大而减小，而 F_{rs} 则减小幅度大；路面对墙面形状因子 F_{rw} 和墙面对墙面形状因子 F_{ww} 随着 H/W 增大而增大，而 F_{ww} 则增大幅度大。

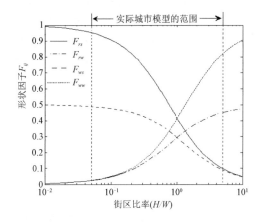

图 7-10　城市街区的形状因子 F_{ij} 随着街区比率（H/W）变化的曲线

若到达 i 面入射辐射为 A_i，i 面出射辐射为 B_i，i 的净辐射为 Q_i：

$$B_i = \Omega_i + (1 - \varepsilon_i)A_i \tag{7.14}$$

$$Q_i = A_i - B_i \tag{7.15}$$

式中 ε_i 为 i 面的比辐射率。

由此可说明街区特征比对辐射影响，当比辐射率一定时，随着街区特征比（H/W）的增加，净辐通量密度减小，且比辐射率越大，辐射通量密度的变化就越快。当街区特征比（H/W）一定时，比辐射率越大，净辐射能流密度就越大，由此可见建筑物的几何形状对净辐射通量密度有很大的影响。

城市建筑形态可分为六种类型，如图 7-11 所示，从左到右依次为：亭台型（pavilions)、平板型(slabs)、露台型(terraces)、条院型(terrace courts)、围院型(pavilion courts)和井院型(courts)。这样划分后有利于分析城市能量平衡、开阔度、表面积与体积比等。

图 7-11 典型的城市建筑形态的六种类型

7.1.2 城市能量平衡方程

1.城市能量平衡方程

在处理城市能量平衡时简单地将城市看成具有较高粗糙度和较低反射率的平面,并假设建筑物和路面具有相同的温度,这种方法被称为薄平板模式(slab or modified vegetation schemes),它由于依据植被冠层模式,因此具有很好的研究基础。Myrup 首先采用这种方法进行研究,基于这种假设,城市建筑物—空气—地面系统的能量平衡方程[12]可以写为

$$Q^* + Q_h = H + LE + Q_{SF} + \frac{\partial S}{\partial t} \tag{7.16}$$

式中:Q^* 为净辐射(W/m²);Q_h 为城市人为热(W/m²);H 为显热通量(W/m²);LE 为潜热通量(W/m²);Q_{SF} 为下垫面内部(包括建筑和地面等)热通量(W/m²),有时又称为贮热量;$\frac{\partial S}{\partial t}$ 为热平流量的变化(W/m²);

净辐射应当包括两部分净太阳短波和净长波辐射:净太阳短波指城市各种表面吸收太阳辐射 $S\alpha$,包括屋顶和其他表面两部分;净长波辐射是指城市各种表面与环境的辐射传热和与环境的长波辐射交换:

$$Q^* = S\alpha + L\downarrow - L\uparrow \tag{7.17}$$

S 为太阳总辐射包括直接和散射辐射,W/m²;α 为下垫面吸收率;$L\downarrow$ 为大气长波逆辐射(方向向下),W/m²;$L\uparrow$ 为下垫面的长波辐射(方向向上),W/m²。Q_h 为城市人为热,主要是指城市的生产和生活所需的能源消耗而产生人为热,能源消耗包括电能和其他形式的能源如天然气、煤气等。在城市街区能量平衡中 $\partial S/\partial t + G - Q_h \neq 0$[13],因此,人为热源、地表热通量及热平流项不可忽略。

单层街区模式将城市街区作为一个基本单元,许多城市冠层也是以城市街区模型为基本单元,计算各个面的能量平衡方程。将街区内空气分层,街区内的风速、温度和湿度等变量将随着空间变化,可以更真实地反映城市实际下垫面状况。城市能量平衡由建筑物表面如屋顶、墙面以及路面的能量平衡方程组成,可以直接表示出城市冠层的特点。TEB(town energy balance)模式由 Masson 提出[14,15],他分别计算街道、墙面和屋顶的能量。图 7-12 为城市能量平衡示意图。

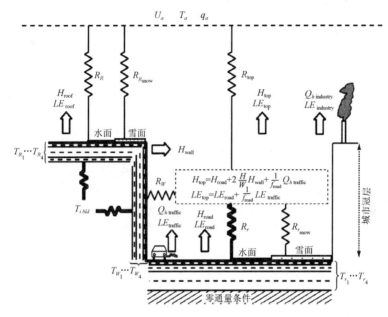

图 7-12　城市能量平衡(town energy balance,TEB)示意图[15]
(注下标 R 代表房顶、W 表示墙面、r 表示路面;T_{ibld} 表示建筑物内部温度,R 为阻力)

Oke 对比温哥华市城郊与乡村能量平衡各分量的日变化差异(图 7-13),得到如下结果:

①城市系统出现的净辐射正值时间比乡村都短,在夜间长波净辐射的失热比近郊少。

②城市街道中白天正午获得的盈余净辐射约有 64%通过湍流交换将显热输送出去,仅有 10%的热量用于蒸发潜热的输送,其鲍恩比高达 6.4,这是近、远郊无法相比的。

③城市夜间湍流微弱,显热通量、潜热通量都很小,其长波辐射损失的热量几乎全靠(90%以上)白天贮存在墙内和地面的热量来补充。

2.人为热

城市人为热已经成为影响城市热环境的重要因素,人为热包括建筑能耗(制冷和采暖)、机动车、电力和工业中产生的热量,减低能耗可以有效地减少对城市热环境的影响。人为热受人类活动的支配,随时间和空间变化而变化。目前有许多方法确定人为热的大小,有些研究中简单地将人为热源考虑为净辐射通量的 15%～40%(3月份),也有通过对居民采暖排放废热、汽车排放废热和工业生产排放废热等估算,制定了随时空变化的人为热源[16-18]。大多数研究通过能耗来确定人为热[19]。Ichinose通过能耗定量地分析人为热对城市热岛的影响[20]（图7-14），研究表明在东京城中心白天人为热源可达 400 W/m²，而在冬季最大值可达 1590 W/m²。在夏季由于短波辐射较强，人为热源的影响就较小；相反在冬季，由于短波辐射较弱，人为热源的影响就相对较大些。

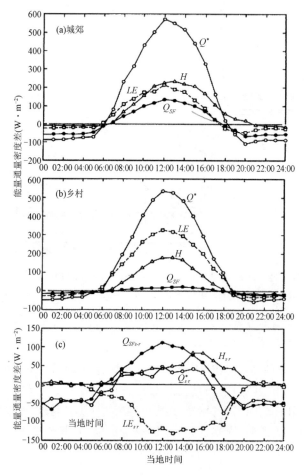

图 7-13　城市近郊与乡村能量平衡各分量的日变化差异对比

　　Bach[21]调查美国俄亥俄州的辛辛那提城夏季人为热排放，分析了人为热排放的相对值在一天中的占比情况。由表 7-2 可见，人为热以固定源为主，其次为交通移动源排放的热量。周淑贞和束炯[1]指出，人、生物新陈代谢所释放的热量是微不足道的，就其所占整个城市人为热的总量来讲，应视城市中其他人为热源排放的具体情况而定，但至多只占 3%~4%，在大多数情况下仅占 1%。在计算城市热量收支时，这

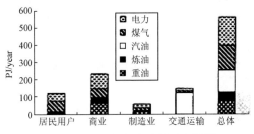

图 7-14　1989 年东京能耗示意图[20]

项热量可以忽略不计。

表 7-2　夏季人为热排放的相对值在一天中占比变化[21]　（美国辛辛那提）

人为热源	全天热量所占百分比（%）	一天中各时刻所占的百分比（%）			
		08 时	13 时	20 时	夜间
固定源	66.6	70.0	60.0	71.0	86.0
移动源	33.1	29.95	39.8	28.9	13.98
人、生物新陈代谢	0.3	0.05	0.2	0.1	0.02
总热量（W·m^{-2}）	25.8	36.3	28.6	25.8	14.0

　　人为热在城市热量平衡中其重要性究竟占多大,随城市所在的纬度、城市的规模、人口密度、人能耗水平、城市下垫面性质以及区域气候条件(沿海、山区或平原)不同而存在差异,并有明显的季节变化、日变化及周末效应。表 7-3 是 Oke[22]及 Kalma 和 Byrne[23]等根据燃料和能源消耗资料确定的不同纬度城市人为热排放量变化。

　　由表 7-3 可见,人为热在能量平衡中所占的比重各个城市是很不一致的。它首先与纬度有关,新加坡和香港的人为热与净辐射相比是微不足道的,它们分别各占净辐射的 3.0% 和 4.0%。但中高纬度的城市,如莫斯科年平均人为热为 127 W/m^2,相当于净辐射的 302%,费尔班克斯年平均人为热为 19 W/m^2,相当于净辐射的105%。不过各城市人为热的大小并不与纬度呈线性关系,它还与区域气候、人口密度、工业和交通运输量的大小等有关。例如,加拿大的温哥华纬度比蒙特利尔高3°43′,但因位于大陆西岸,具有海洋性气候,冬半年从 10 月至来年 4 月各月平均气温和年平均气温均比蒙特利尔高,冬半年取暖所消耗能量远比蒙特利尔少,其年平均人为热只有 19 W/m^2,占净辐射的 33.3%。而蒙特利尔因位于大陆东岸冬半年气温低,其取暖所需能耗多,年平均人为热为 99 W/m^2,相当于净辐射的 190.4%。再以曼哈顿和芝加哥两地相比,两者虽同在大陆东岸,区域气候条件相差不大,但因曼哈顿的人口密度、工业和交通运输耗能量都比芝加哥大。因此，两地年平均人为热的排放量相差甚大。曼哈顿年平均人为热高达 117 W/m^2，相当于芝加哥（22 W/m^2）的 5 倍多。

表 7-3 不同城市人为热的排放量对比[1,22,23]

城市名称	纬度（°N）	人口密度（人/km²）	人均耗能（MJ×10³）	时 间	人为热 ΔQ_h（W/m²）	净辐射 Q^*（W/m²）	$\Delta Q_h/Q^*$
费尔班克斯	64	810	740	年平均	19	18	1.05
莫斯科	56	7300	530	年平均	127	42	3.02
设菲尔德	53	10420	58	年平均	19	56	0.34
温哥华	49	5360	112	年平均	19	57	0.33
				夏季	15	107	0.14
				冬季	23	6	3.83
布达佩斯	47	11500	118	年平均	43	46	0.93
				夏季	32	100	0.32
				冬季	51	−8	
蒙特利尔	45	14102	221	年平均	99	52	1.90
				夏季	57	92	0.62
				冬季	153	13	11.77
曼哈顿	40	28810	128	年平均	117	93	1.26
洛杉矶	34	22000	331	年平均	21	108	0.19
香港	22	23730	34	年平均	4	110	0.04
新加坡	1	23700	25	年平均	3	126	0.02

在同一城市人为热的排放量有明显的季节和日变化，冬季太阳高度角低，日照时间短，净辐射量小，居民取暖消耗的能量多，所以人为热比净辐射多。夏季则相反，净辐射值大于人为热。这种冬夏季节的差异又因区域气候条件而异。在海洋性气候区城市冬夏季差异小，如温哥华夏季人为热为 15 W/m^2，冬季为 23 W/m^2；冬夏仅相差 8 W/m^2；而在大陆性气候城市则人为热的季节变化大，如蒙特利尔夏季为 57 W/m^2，冬季为 153 W/m^2，冬夏相差 96 W/m^2。

人为热的日变化随着人类活动规律而变，主要与生活取暖、工业生产和交通运输所消耗能源有关。城市中由于人口分布密度和工业区的不均，使得人为热的分布亦有明显差异。另外，城区与郊区人为热的分布相差甚大。Harrison 等[24]根据伦敦 1971—1976 年人为热的释放，得到 6 年年平均人为热的释放量为 17.4 GW。在伦敦城市外围为 0.0~4.9 W/m^2，远郊为 5.0~19.9 W/m^2，近郊 20.0~49.9 W/m^2，城市区大于 50.0 W/m²,而在工业、商业中心最高值达 187.0 W/m²。

随着城市化的发展和人类生活水平的提高,能源的消耗增长迅速,导致人为热的释放迅速增加。人为热在城市热量平衡中的作用将越来越大。

3.下垫面热通量

Grimmond 等引入滞后型方程来描述下垫面热通量[13]:

$$Q_{SF} = aQ^* + b\frac{dQ^*}{dt} + c \qquad (7.18)$$

式中:参数 a 表示下垫面热通量与净辐射的相关程度;参数 b 表示下垫面热通量与净辐射之间的相差(W·m⁻²);参数 c 表示下垫面热通量和净辐射变为负值的相对时间(h)。当 b 为正值时,表示下垫面热通量的峰值出现早于净辐射的峰值;截距项 c 值越大表示下垫面热通量越早于净辐射变为负数。

不同性质下垫面热量贮存 ΔQ_s 与净辐射 Q^* 的经验关系式为:

白天 $Q^* > 0$

  短草: $\Delta Q_s = 0.20 \times (Q^* + 16)$

  柏油上铺碎石子的房顶:$\Delta Q_s = 0.28 \times (Q^* - 121)$

  城市街谷中水泥碎石子:$\Delta Q_s = 0.32 \times (Q^* - 75)$

  柏油石子混合路: $\Delta Q_s = 0.32 \times (Q^* - 75)$

夜间 $Q^* < 0$

  草地: $\Delta Q_s = 0.54 \times Q^*$ 街道峡谷: $\Delta Q_s = 0.90 \times Q^*$

7.2 城市热岛

7.2.1 热岛现象及影响因素

城市热岛(UHI,urban heat island)是指城市中的温度比周围郊区或乡村高的现象,根据温度的测量方法分为三种类型:表面热岛(SHI,surface heat island)、冠层热岛(CLHI,canopy layer heat island)和边界层热岛(BLHI,boundary layer heat island)。前者根据地表温度,后面两个则是根据不同高度的气温[21]。冠层热岛主要由城市的粗糙元如建筑物和树等组成,它的上边界为建筑物高度;边界层热岛的高度要大于冠层热岛。图 7-15 表示的是城市边界层热岛强度示意图。在城市中心区建筑密度和建筑高度的增加,热岛强度也增强,呈半圆形笼罩在中心区上空,而在近郊和乡村,具有较低层建筑和低密度建筑区以及较多的植被时,热岛效应减弱。多数研究认为高密度的城市建筑群在向城市空间排热同时,减小了气流的运动速度,是导致城市热岛效应的主要原因。

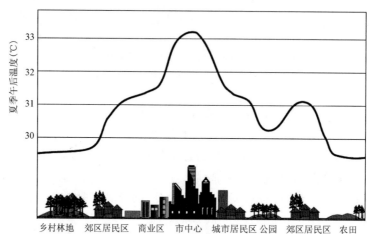

图 7-15 城市热岛强度剖面示意图

(资料来源:Heat Island Group,LBN,http://EETD. LBL. gov/heatisland)

城市热岛现象是城市气候灾害之一,随着城市化进程的迅速发展城市热岛现象也越来越受到关注。城市热岛区域的产生分布与城市下垫面类型有关,热岛强度与植被、建筑以及城市生产、交通及人口密度有关,因而城市热岛的边界具有不确定性的一面,且随着时间、空间的变化,热岛的水平结构和垂直结构也发生变化,要比较精确地描绘城市热岛特征有很大的困难。目前研究的方法也较多,归纳为以下四大类:第一是通过遥感手段如卫星资料获得的卫星图片、航片资料等,通过计算机技术,解释热岛特征;第二是通过城市和郊区的历年气象资料的分析来研究城市热岛的动态和现状;第三是通过布点观测;第四是通过建立数学模型进行数学模拟研究。第一类主要根据遥测地表温度,确定表面热岛特征;第二类根据实测气温,确定城市边界层热岛特征;第三类根据观测范围的大小,定量地确定城市冠层热岛和边界层热岛特征;第四类根据实测资料和研究尺度,建立冠层和边界层模型,分别研究城市冠层热岛和边界层热岛形成机制。

城市热岛是在城市化的人为因素和局地天气气候条件的共同作用下形成的。人为因素以下垫面性质的改变、人为热和过量温室气体排放以及大气污染等为主。在局地天气气候条件中则以天气形势、风、云量等关系最大。热岛的成因主要是以下五个因素:①城市下垫面的立体性,如城市街区吸收了更多的太阳辐射并且减少了与天空的长波辐射;②城市材料的热力特性,如表面材料具有更高的导热系数和热容;

③城市表面不透水面积增多,自然植被减少;④城市功能性质,如商业区和工业区等产生大量的人为热和大气污染;⑤局地天气条件差异,如风和云等的影响。上述诸因素中以下垫面性质改变最为重要。首先是城市下垫面的不透水性。城市的下垫面除少量的绿地外,大部分为混凝土建筑和柏油路所覆盖,下垫面的不透水性远比郊区农村大,阻断了地面水分的蒸发;城市排水系统通畅,雨水渗入地面少,使市区可供蒸发的水分远比郊区农村少,因此城市下垫面所获得的净辐射用于蒸发耗热部分比郊区农村小,而用于加热下垫面变为贮存热的部分和向大气的显热输送部分则比郊区农村多,导致城市近地层气温比郊区农村高。其次是下垫面的热力性质。城市下垫面的热导率和总的热容都比郊区农村大,下垫面热性质的城、郊差异,导致城市下垫面的储热量显著高于郊区农村。第三是城市下垫面的立体性。城市中建筑物参差错落,形成许多高宽比不同的城市街谷。这种复杂的立体下垫面,在白天能比郊区获得较多的太阳辐射,在夜晚热量比空旷的郊区不易外散。这三方面的共同作用是形成城市热岛效应主要因素。

我国开始大规模的城市热岛效应研究始于 20 世纪 80 年代,主要针对北京、上海、广州、天津等大城市[25,26]。周淑贞等(1994)以上海为研究对象,指出冬季和夏季市区与郊区温差强度分别达 6.8 ℃和 4.8 ℃,并揭示了市区风温湿等气象要素的特征及人为因素的影响[1];许多研究采用多种方法对北京及周边地区的城市热岛特征及其演变进行了研究,指出北京热岛效应一直稳定存在,秋冬季节热岛效应尤其显著。许多的研究都表明热岛冬季要比夏季明显。在季风气候区城市热岛效应以秋冬季最强,春夏季则较弱;在同一季节,以夜间的热岛强度为最大[25~27]。

遥感技术作为定期观测地表的有效工具,广泛地应用于 UHI 分布监测。近年来利用高分辨率卫星如 Landsat TM,SPOT 等研究许多城市的 UHI[28~31],遥感观测资料能客观地反映城市化导致地表和大气状态改变,在城市气候环境研究中更显得重要[32]。

7.2.2　城市热岛强度

关于热岛强度的确定目前尚无统一标准,一般把城区与郊区个别气象站的气温差定义为热岛强度。根据研究的目的不同,气温可以采用日平均气温、最高气温、最低气温或者月平均气温、年平均气温等要素。由于资料和观测条件的限制,对热岛强度的定义不同,其结果也不同,可比性差。由于观测站所处海拔不同,将气温统一订正到海平面温度后,再分别求城中心区和郊区多站平均气温,用平均值代表城区和郊区气温状况,再求两者温差[33]。对城市热岛的观测研究表明,一般夜间的城市热岛强(图 7-16),白天弱;晴朗、静风的天气条件下,热岛效应强。

城市热岛强度可以用公式 $\Delta T_{u-r} = 7.54 + 3.97\ln(H/W)$ 来计算[34]。式中，H/W 为街区特征比。该公式也可以写成开阔度（Sky – view factors）的函数，即：$\Delta T_{u-r} = 15.27 + 13.88\psi$，$\psi$ 为开阔度。路面开阔度 ψ_{road} 与 H/W 有如下关系：$\psi_{road} = [(H/W)^2 + 1]^{\frac{1}{2}} - H/W$；墙面开阔度 ψ_{wall} 与 H/W 有如下关系：$\psi_{wall} = \frac{1}{2}\{H/W + 1 - [(H/W)^2 + 1]^{\frac{1}{2}}\}(H/W)$。

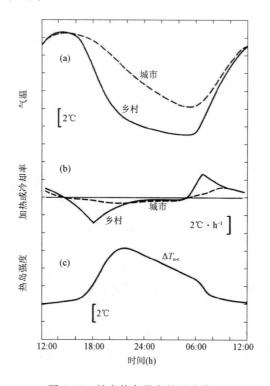

图 7-16　城市热岛强度的日变化

为了缓解城市热岛效应，使用反射性材料和进行城市绿化被认为是两种有效的方法[35]。Sailor 和 Atkinson 的研究表明[36,37]，城市平均反照率分别变化 0.03 和 0.14 时，相应的夏季最高空气温度下降 0.3 ℃和 1.5 ℃，表明了表面反照率增加是降低城市热岛的有效方法。为了更好地降低夏季热岛、减少建筑能耗和提高室外的热舒适性，Doulos 等将室外材料分为冷（cool）和热（warm）两种，分别研究了这些材料对改变城市温度的效果[38]。

7.3　街道建筑对风环境影响

城市近地层气流状况与城市的规模、建筑物的高低及密度有着直接的关系。建筑群的高度及密度将直接影响地表面粗糙度，使得城市下垫面粗糙度增大，同时建筑物对平均流场具有拖曳作用，从而导致了城市近地层平均风速相对于郊区逐渐减小[1]。

表 7-4 是根据北京气象塔观测资料得到的不同风向的平均粗糙度随年份的变化[39]，可以看出城市化的发展使气象塔从市郊下垫面变成典型的城市下垫面，空气动力学粗糙度总体的逐渐递增的。

表 7-4　不同风向的平均粗糙度随年份的变化[39]　　　　　（单位：m）

年份＼风向	东北	东南	西南	西北
1987	1.29	0.83	1.67	0.15
1994	3.17	2.74	1.93	2.93
1997	2.97	2.98	3.06	2.66
1999	2.46	2.99	5.31	2.75

7.3.1　街道风和峡谷效应

街道的走向及建筑的朝向不仅影响太阳辐射，而且还影响风场。由于建筑物的存在，使得大气流场和压力场产生变化（图 7-17），这种现象称为大气动力学畸变[39]，当风向与高层建筑垂直时，气流将在建筑物的背风向的一定距离内产生很长的风影区，风影区的长度约为建筑高度的 1.5 倍左右。在风影区内，风速减小到约为遇到障

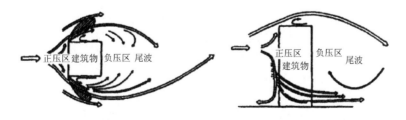

图 7-17　建筑物对气流运行的影响

碍物前风速的一半,且风向改变,形成涡流。这种由于建筑物和街道热力和动力共同作用形成的"街道风",它的方向和大小与建筑物方位、形态有关,变化非常复杂。白天,东西向街道屋顶受热最强,热空气从屋顶处上升,街道冷空气随之补充,构成了微尺度热力环流;夜间,屋顶急剧冷却,冷空气下沉,促使街道热空气向上,构成与白天流向相反的环流,下沉气流形成涡流,这种"街道风"会影响汽车尾气的扩散输送。

城市中的高层建筑位于街道两侧,犹如两座高山之间形成的峡谷一样。由于受密集的高层建筑的影响,街道中的气流出现"峡谷效应"。当盛行风与街道平行时,气流回以相对快的速度流过街谷。当盛行风与街道垂直时,气流受街道旁建筑的影响,根据城市建筑物特征 H/W 的不同,可将气流垂直流经成排的建筑物运行的空气流场分为三种情形[34,40](图 7-18):

(a)孤立绕流(isolated roughness flow)。当 $H/W \leqslant 0.30$ 时,街道两边的建筑对气流的运行影响互相独立,各建筑对气流运行的影响可分离考虑。

(b)尾迹干扰流(wake interference flow)。当 $0.30 < H/W \leqslant 0.70$ 时,气流经过前一建筑物产生的尾流会干扰气流流经下方方向建筑物上方的气流运行。由于建筑物间距离变小,对污染物扩散不利。

(c)顶部掠流(skimming flow)。当 $H/W > 0.70$ 时,在街区内的气流形成垂直环流,与建筑物顶部高度上方气流交换很少。气流从建筑物顶部高度掠过,不能清除街区内的污染物。

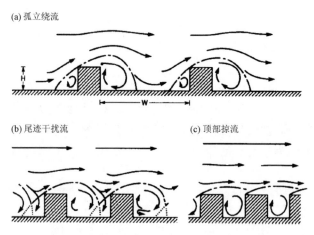

图 7-18　不同建筑物密度下气流垂直流经成排建筑物的三种情形[34]

因此,进行建筑设计时,需要考虑建筑分布、建筑高度及间距对局地流场的影响,在建筑群之间需要留有足够的绿地或空地,尽可能地减少污染物在某个地区重叠,以利于减少污染物的浓度。

7.3.2 城市街区内风速的估算

大气近地层中风速变化非常复杂,而城市近地层中由于建筑物的存在,使风场计算更加复杂。在确定城市地表能量平衡时计算路面和墙面之间的对流交换,需要计算街谷内风的流动,通常分为沿着墙的垂直运动和街渠内风的水平运动。首先确定地面粗糙度 z_0 和零平面位移高度 d,它们的大小与建筑物形状和位置有关,是粗糙元间距、形状、高度等的函数。对于比较规整建筑,在 z_0/H 变化范围在 $0.05\sim0.1$,通常取建筑物高度(H)的十分之一,零平面位移高度 d 约为建筑物顶部以下的三分之一高度[41]。

1. 城市街区内风速的垂直分布

假定城市冠层高度为 h,则当 $z\geqslant h$ 时风速廓线规律为:

$$u(z) = u(h)\left[\frac{z-d}{h-d}\right]^P$$

当 $z<h$ 时,有:

$$u(z) = u(h)\mathrm{e}^{-\gamma\left(1-\frac{z}{h}\right)}$$

指数 P 是大气稳定度和粗糙度的函数,经验表达式为:$P = a\mathrm{e}^{\beta \log z_0}$。$\alpha$ 和 β 是依赖 Obukhov 长度 L 的系数。当 $L<0$ 时,$\alpha = 0.28 - \frac{1.35}{|L|}$,$\beta = 0.57 + \frac{2}{|L|}$;当 $L>0$ 时,$\alpha = 0.28 + \frac{10}{L}$,$\beta = 0.57 - \frac{15}{L}$。建筑物顶以上的风速 U_r 和街道峡谷内的风速 U_s 为:

$$U_r = U_a \frac{\psi_{mr}}{\psi_m}, \qquad U_s = U_r \mathrm{e}^{-0.386\frac{h}{w}}$$

U_a 为参考高度处的风速。普适函数 ψ_m,ψ_{mr} 的积分式分别为:

$$\psi_m = \int_{\zeta_0}^{\zeta} \frac{\varphi_m}{\zeta'}\mathrm{d}\zeta', \qquad \psi_{mr} = \int_{\zeta_0}^{\zeta_r} \frac{\varphi_m}{\zeta'}\mathrm{d}\zeta'$$

这里,$\zeta_r = (z_r - d)/L$。

2. 城市街区内风速的水平变化

通常,用幂指数方程来描述街渠内风的流动,水平风速 V_h 计算式为:

$$V_h = \frac{2}{\pi}\mathrm{e}^{-\frac{h}{4w}} \frac{\ln\left(\frac{h/3}{z_0}\right)}{\ln\left(\frac{z_r + h/3}{z_0}\right)} V_a \qquad (7.19)$$

式中:z_r 表示参考大气高度距屋顶的距离(m),V_a 为参考大气高度处风速。

街渠内的垂直风速 V_w:

$$V_w = u_* = \sqrt{C_d} \mid V_a \mid \qquad (7.20)$$

式中:C_d 表示拖曳系数,它是粗糙度、大气稳定度等因素的函数。

7.4 城市湿度、降水和雷电等状况

城市的水泥地面截断了地表和大气的水汽交换,城市园林、绿地比重的减少使得植物蒸腾作用向大气输送的水汽减少,而建筑材料水容性小,大气降水迅速的转入下水道,同时建筑材料接收辐射能量后升温迅速、市区气温也很快升高,这样使得市区白天的相对湿度要小于郊区,而晚间城市的温度要高于郊区,饱和水汽压大,使得市区的绝对湿度要大于郊区,但一般日均相对湿度城市要小于郊区。随着城市建筑面积不断地扩大,建筑密度地不断增大,市区的园林绿地不断的收缩,城市中心区的相对湿度在减少,"干岛效应"明显形成了相对于郊区的城市"干岛"。

由于城市建筑增加了陆面粗糙度,城区空气中的水汽凝结核丰富,再者城市上空热力对流较郊区强烈,所以一般市区及其下风方向地区降水将偏多。1971—1975 年美国在中部平原密苏里州的圣路易斯城及其附近郊区设置了稠密的雨量观测网,进行了连续五年的大城市气象观测实验(METROMEX),证实了这一结论[14]。对于不同的城市或城市在不同季节会出现这种现象,如上海城市对对降水影响在汛期(5—9月)比较明显;在兰州并未出现这样影响,其市、郊降水的差值没有增加反而略有减少[42],40年以来的北京城区和郊区年平均降水量都呈下降趋势,且城区的下降幅度比郊区大,约为 12 mm/(10 a),郊区为 9.75 mm/(10 a),夏季(7 月)城区降水量下降趋势比郊区缓慢,另外,城区降水的波动性增强,旱年愈旱,涝年愈涝[43]。

城市对降水影响因素:①城市空气中含有较多的凝结核,有利于云雨的形成;②城市热岛效应产生的热岛环流使市区内的上升气流加强,有利于云雨的形成;③城市的摩擦障碍作用使得锋面、切变线等天气系统在市区的移速减慢,云层在市区滞留时间长;④建筑物加大了空气被迫抬升,有利于云雨的形成。城市热岛效应使大气层结不稳定,产生热力对流,对流性天气增强。而雷电是对流层中最剧烈的大气放电过程,是从积雨云中发展起来的一种天气现象。由于城区及近郊高层建筑增多,各种电子设备(如:通讯、广播、电视、雷达、巡航、电传、电报、电话、电脑、公用天线、卫星接收等等)的增多,故极易诱发雷击灾害。雷击有两种基本形式:一种是雷电直接对建筑物或其他物体放雷,其高电压引起强大的雷击电流通过建筑物入地,产生破坏性很强的热效应和机械应力,这种雷击对建筑物和建筑内的电气设施有很强的破坏力;另一种形式是产生雷击静电感应电压和电磁感应电压,这种电压作用在电力系统中也会造成很强的破坏作用。现代化城市建设导致楼层越来越高,而楼层越高越易引发雷电灾害。因为建筑物高度越高,雷击建筑物时的迎面放电路程就越长,如从雷击30 m 高的建筑物时迎面放电路程只有几米长,而雷击 100 m 高的建筑物可达几百米。20 世纪 70 年代以后,北京城区逐年遭雷击的次数呈波动式的增多,5 年平均数来看北京城区雷击次数多于郊区,这也反映了随着城市的发展而增多雷击灾害次数,因此高层建筑物的防雷非常重要。

表 7-5　北京城区 5 年平均雷击灾害次数多年变化趋势

年代	1956—1960	1961—1965	1966—1970	1971—1975	1976—1980	1981—1985	1986—1990	1991—1995	1996—2000
雷击次数(d)	0.8	0.2	0.2	0.4	0.8	2.4	3.6	10.8	12.6

7.5　城市污染物对能见度影响

城市是电力、水和化石燃料的消耗中心,同时也是废弃物和污染物的产生中心,当二氧化硫、二氧化氮、一氧化氮等污染物质排放到大气中,不仅会直接形成一次污染,而且在一定条件下,在大气中发生化学变化后还会形成二次污染物,如臭氧、硝酸、硫酸类物质等,这些污染物堆积在城市上空,形成了城市污染岛,对城市局地小气候产生重要的影响。城市中人类生产和生活产生了大量烟尘和废气,在大气层结稳定时这些大量的烟尘和废气聚集于空气中形成雾或霾,使得城市中的雾或霾比乡村明显增多,城市能见度下降。近年来,随着城市工业的发展、汽车数量的增加,这种现象更加明显,图 7-19 中市区平均能见度 10 km,近郊 15～20 km,水平能见度从市区向郊区逐渐增大。

能见度主要受大气气溶胶对光的散射和吸收影响,在极干净的大气中能见度可达 30 km 以上,而在城市污染大气中能见度在 5 km 左右甚至更低,在强浓雾中能见度甚至只有几米。影响能见度最主要的是粒径在 $0.1～1.0~\mu m$ 的颗粒物,这一粒径范围的颗粒物含有大量的最易散射可见光的 SO_4^{2-} 和 NO_3^-,且硫酸盐细颗粒物的光散射效应最强,由颗粒物导致的平均散光系数占总消光系数的 49%。

1. 能见度

由于大气气溶胶能散射和吸收太阳辐射,从而增加大气的消光系数,因而当达到一定的浓度时,会对大气能见度产生较大影响。在大气光学中通过定义目标—背景

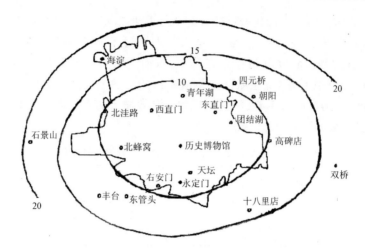

图 7-19　北京城近郊区多年平均 08 时水平能见度(km)分布图

对比度 C 确定目标物在背景中明显程度：

$$C = \left| \frac{B - B'}{B'} \right| \tag{7.21}$$

式中 B 是目标物的亮度，B' 是背景的亮度。

只有当 $C > \varepsilon$ 时，人眼才能看见目标物，ε 为人眼对比视感阈值。根据能见度的定义可得出能见度 L 的公式：

$$L = \frac{1}{k_v} \ln \frac{C}{\varepsilon} \tag{7.22}$$

其中 C 是目标物与背景的固有对比度，而 ε 是观测者的对比视感阈。k_v 为消光系数。

依据气象能见度的定义，其指定观测的目标物是以天空为背景的黑色物体，所以它与天空的固有对比度 $C = 1$，气象能见度规定观测者是标准视力，因此对比视感阈 $\varepsilon = 0.02$，因而(7.22)式变为：

$$L = \frac{1}{k_v} \ln \frac{1}{\varepsilon} = \frac{3.912}{k_v} \tag{7.23}$$

式中，k_v 是大气的消光系数，应包括分子和粒子消光作用两部分，用下标 m 和 p 区分，则可写为：

$$k_v = k_m + k_p \tag{7.24}$$

式中 k_v 单位为 m^{-1}，L 单位为 m，通常用 km 表示。由此可见，气象能见度仅由消光系数 k_v 决定。

对于一般的大气成分，k_v 的数值有很宽的范围，对于标准空气的分子散射，在可

见光 $\lambda = 0.55\ \mu\mathrm{m}$ 处，k_m 的数值是 $0.012\ \mathrm{km}^{-1}$。对于大气霾粒子散射，由于粒子直径一般大于可见光波长的 0.03 倍，故可利用米散射理论计算，于是有：

$$k_v = \frac{4}{3}\pi\rho_v\int Qr^2 n(r)\,\mathrm{d}r \tag{7.25}$$

式中 $n(r)$ 为大气粒子半径分布函数，Q 为散射效率因子，不同粒度参数 α 的效率因子不同。若用粒子尺度参数 $\alpha = 2\pi r/\lambda$ 来表示不同尺度的粒子，根据尺度参数 α 查表得到 Q。

2.混浊度

通常用太阳散射辐射与直接辐射的比值来表示大气混浊度。表 7-6 所示，北京市中心（建国门）的大气混浊度比近郊区各站都大，说明了城区空气污染比郊区重，大气混浊度比郊区大。

表 7-6　不同季节北京城区和近郊区大气混浊度

站名　　　季节	冬(12—翌年2月)	春(3—5月)	夏(6—8月)	秋(9—11月)	年平均
建国门(市中心)	0.86	0.85	0.86	0.65	0.81
观象台(城区)	0.70	0.83	0.78	0.61	0.73
朝阳(近郊区)	0.55	0.68	0.61	0.48	0.58
丰台(近郊区)	0.65	0.73	0.77	0.57	0.68
石景山(近郊区)	0.68	0.81	0.76	0.57	0.71

7.6　城市绿化对小气候的调节

城市绿地是城市区域及周边为植被或水面所覆盖的空间，它城市生态系统中的重要组成部分，是削弱城市环境负效应、调节城市生态平衡的重要途径和措施。开阔的绿地对其毗邻的地区具有降温增湿等调节城市小气候作用，其原因归纳为如下四点：①由于植被增加，植被的热容较建筑物的热容要小，同时没有人为热源，这样会使周围环境气温减低；②由于遮蔽作用，当阳光照射到树干和树叶时约有 $20\%\sim50\%$ 的热量反射到天空，还有 35% 被吸收；③植物表面强大的蒸腾作用会消耗大量的能量，绿地因蒸腾作用散失的热量大于所吸收的太阳辐射能，因而达到降温目的。蒸腾带出的水汽也可以降低环境的温度，增加大气湿度和大气环境的舒适度；④当空气冷却收缩下沉，地面气压则升高，气流则从高气压区的绿地吹向非绿地的低压区，形成局部环流,在地面导致绿地的"可透性现象",这种温度梯度引起的局地环流,客观上起到了降低周围环境气温的作用。

植被能有效地减低辐射温度。图 7-20 表明了树荫下不同朝向的墙面和地面人行道降温量,降低幅度最大可达 20 ℃[44]。大面积绿色植被如公园能有效影响气温,改善城市热力环境,如墨西哥市面积为 500 hm² 公园对周围 2 km 范围的气温产生显著的影响;日本的多摩新镇(Tama New Town)中心公园面积为 35 hm²,当风速较大时影响范围可达 1 km;以色列海法的宾尼阿明(Biniamin)公园面积为 0.5 hm²,对其外围 20~150 m 范围内具有冷却作用[45]。小块绿地若保持足够的间隔也有利于冷却作用,一方面小块绿地通过阻挡太阳辐射,产生遮阴而产生冷却作用,另一方面绿地本身的冷却作用,另外绿地的几何形态不同时对温度影响差异也大。

对绿化覆盖率和热岛强度进行的抽样统计和分析表明[45],绿化覆盖率越高,热岛强度越低。当一个区域的绿化覆盖率大于 30％时,绿地对热岛有较明显的削弱作用,覆盖率大于 50％,绿地对热岛的削减作用极其明显。当覆盖率达到 60 ％以上的绿地,其内部的热辐射强度明显降低,基本与郊区自然下垫面热辐射强度相当。

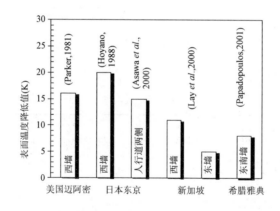

图 7-20　不同城市的树荫下各地表温度降温量[45]

通常街道面积占城市面积多达 25％,因此街道边树木和小块绿地对气温的冷却作用不可忽视。有研究表明街道边树木冷却效果比较明显[46],即使在交通最繁忙的街道冷却作用仍可达到 1 ℃,街道的小块绿地冷却作用也可达 100 m,因此街道树木和小块绿地能有效地减轻交通热力效应,在城市规划中应当考虑街道树木和小块绿地的影响。另外绿地具有净化城市空气能力,城市大气中有很多有害气体如二氧化硫和氮氧化合物等气体污染物,在植物生长季节,植物的吸毒能力较大,同时城市绿地植物对灰尘有滞留、吸附、过滤等作用,因此绿地对减少大气中有害气体和飘尘量的效果非常显著。通过大面积增加绿地能有效地净化大气,净化后的大气具有较高大气透明系数,使城市水平能见度加大。

参考文献

[1] 周淑贞,束炯. 城市气候学. 北京:气象出版社,1994.

[2] Taha H. Urban climates and heat islands:albedo,evapotranspiration,and anthropogenic heat. *Energy and Buildings*,1997,**25**:99-103.

[3] Arnfield A J. Two decades of urban climate research:a review of turbulence,exchanges of energy and water,and the urban heat island. *International Journal of Climatology*,2003,**23**:1-26.

[4] Roth M. Review of atmospheric turbulence over cities. *Quarterly Journal of the Royal Meteorological Society*,2000,**126**(A):941-990.

[5] Grimmond C S B,Oke T R. Turbulent heat fluxes in urban areas:Observation local-scale urban meteorological parameterization scheme (LUMPS). *J. of Appl. Meteorol.*,2002,**41**:792-810.

[6] Sailor D J,Lu L A. Top-down methodology for developing diurnal and seasonal anthropogenic heating profiles for urban areas. *Atmospheric Environment*,2004,**38**:2737-2748.

[7] Crutzen P J. New Directions:The growing urban heat and pollution"island" effect—impact on chemistry and climate. *Atmospheric Environment*,2004,**38**:3539-3540.

[8] Landsberg H. The Urban Climate. Vol. 28,International Geophysics Series. New York:Academic Press,1981.

[9] Oke T R. Urban climates and global environmental change. In:Thompson R D,Perry A,editors. Applied Climatology:Principles and Practice,New York:Routledge,1997,273-287.

[10] Masson V. Urban surface modeling and the meso-scale impact of cities. *Theoretical and Applied Climatology*,DOI:10. 1007/s00704-005-0142. 2005.

[11] Mihailovic D T,Kapor D,Hogrefe C,*et al*. Parameterization of albedo over heterogeneous surface in coupled land-atmosphere schemes for environmental modeling,Part Ⅰ:Theoretical background. *Environmental Fluid Mechanics*,2004,**4**:57-77.

[12] Myrup L O. A numerical model of the urban heat island. *Journal of Applied Meteorology*,1969,**8**:908-918.

[13] Grimmond C S B,Oke T R. Heat storage in urban areas:local-scale observations and evaluation of a simple model. *Journal of Applied Meteorology*,1999,**38**:922-940.

[14] Masson V. A physically-based scheme for the urban energy budget in atmospheric models. *Boundary Layer Meteorology*,2000,**94**:357-397.

[15] Masson V,Grimmond C S B,Oke T R. Evaluation of the town energy balance (TEB) scheme with direct measurements for dry districts in two cities. *Journal of Applied Meteorology*,

2002,**41**:1011-1026.

[16] Torrance K E,Shum J S W. Time-varying energy consumption as a factoring urban climate. *Atmospheric Environment*,1976,**10**:329-337.

[17] 佟华,刘辉志,桑建国,等. 城市人为热对北京热环境的影响. 气候与环境研究,2004,**9**(3): 409-421.

[18] 蒋维楣,陈燕. 人为热对城市边界层结构影响研究. 大气科学,2007,**31**(l):37-47.

[19] 何晓凤,蒋维楣. 人为热对城市边界层结构影响的数值研究. 地球物理学报,2007,**50**(1): 75-83.

[20] Ichinose T. Shimodozono K. Impact of anthropogenic heat on urban climate in Tokyo Keisuke Hanaki. *Atmospheric Environment*,1999,**33**:3897-3909.

[21] Bach W. An urban circulation model. *Arch. Meteor. Geophys. Bioclimatol. Ser. B.*,1970,**18**: 155-168.

[22] Oke T R. Review of urban climatology 1968-1973,W. M. O. Tech. Note NO. 134. World Meteor. Organization,Geneva,1974.

[23] Kalma J D,Byrne G F. Energy use and the urban environment:some implications for planning,Proc. Symp. Meteor. Related. To Urban,Regional Land-Use Planning,Ashville, N. C., World Meteor. Organiz.,Geneva,1975.

[24] Harrison R,McGoldrick B,Williams C G B. Artificial heat release from Greater London in 1971-1976. *Atmospheric Environment*,1984,**18**:2291-2303.

[25] 周明煜,曲绍厚,李玉英,等. 北京地区热岛和热岛环流特征. 环境科学,1980,**5**:12-17.

[26] 林学椿. 北京城市热岛强度的变化. 气候变化通讯,2004,**3**(2)12-13.

[27] 罗树如,刘熙明. 北京市夏季城市强热岛边界层气象特征. 科学技术与工程,2005,**5**(11): 644-651.

[28] Streutker D R. Satellite-measured growth of the urban heat island of Houston,Texas. *Remote Sensing of Environment*,2003,**85**(3): 282-289. 2003.

[29] Klysik K,Fortuniak K. Temporal and spatial characteristics of the urban heat island of Lódź, Poland. *Atmospheric Environment*,1999,**33**(24-25): 3885-3896.

[30] Montáuez J P,Rodríguez A,Jiménez J I. A study of the urban heat island of Granada. *International Journal of Climatology*,2000,**20**(8): 899-911.

[31] Weng Q. Fractal analysis of satellite-detected urban heat island effect. *Photogrammetric Engineering & Remote Sensing*,2003,**69**(5):555-566.

[32] Menglin J,Shepherd J M. Inclusion of urban landscape in a climate model. *Bulletin of American Meteorological Society*,2005,**86**(5): 681-689.

[33] 林学椿,于淑秋. 北京地区气温的年代际变化和热岛效应. 地球物理学报,2005,**48**(1):39-46.

[34] Oke T R. Boundary Layer Climates. London:Routledge,1987.

[35] Voogt J A. Urban heat island. In "Encyclopedia of Global Environmental Change",Munn T,

John Wiley&Sons,Ltd,2002,660-666.

[36] Sailor D J. Simulated urban climate response to modification in surface albedo and vegetative cover. *Journal of Applied Meteorology*,1995,**34**:1694-1704.

[37] Atkinson B W. Numerical modelling of urban heat-island intensity. *Boundary Layer Meteorology*,2003,**109**(3):285-310.

[38] Doulos L,Santamouris M,Livada I. Passive cooling of outdoor urban spaces. The role of materials. *Solar Energy*,2004,**77**:231-249.

[39] 李倩,刘辉志,胡非,等. 城市下垫面空气动力学参数的确定. 气候与环境研究,2003,**8**(4):443-450.

[40] Harman I N,Barlow J F,Belcher S E. Scalar fluxes from urban street canyons part II:model. *Boundary Layer Meteorology*,2004,**113**(3):387-409.

[41] 关滨蓉,马国馨. 建筑设计和风环境. 建筑学报,1995,(11):45-48.

[42] 程胜龙,王乃昂. 近六七十年来兰州城市发展对城市气候环境的影响. 城市环境与城市生态,2004,**17**(4):28-31.

[43] 郑思轶,刘树华. 北京城市化发展对温度、相对湿度和降水的影响. 气候与环境研究,2008,**13**(2):123-133.

[44] Wilmers F. Effects of vegetation on urban climate and buildings. *Energy and Buildings*,1990-1991,**15**(3-4):507-514.

[45] Jauregui E. Influence of a large urban park on temperature and convective precipitation in a tropical city. *Energy and Buildings*,1990-1991,**15**(3-4):457-463.

[46] Shashua-Bar L,Hoffman M E. Vegetation as a climatic component in the design of an urban street:An empirical model for predicting the cooling effect of urban green areas with trees. *Energy and Buildings*,2000,**31**(3):221-235.